Sibylle

Mangler

Prozessorganisation und Organisationsgestaltung

Praxisorientierte Organisation

herausgegeben von Prof. Dr. Wolf-Dieter Mangler

Wolf-Dieter Mangler

Prozessorganisation und Organisationsgestaltung

Herstellung und Verlag: Books on Demand GmbH, Norderstedt

ISBN 3-8334-6415-1
ISBN 978-3-8334-6415-7

Bibliographische Information der Deutschen Bibliothek:
Die Deutsche Bibliothek verzeichnet diese Publikation in der Deutschen Nationalbibliografie; detaillierte bibliografische Daten sind im Internet über http://dnb.ddb.de abrufbar.

Vorwort

Mit eine der wichtigsten Voraussetzungen für die Erhaltung und Steigerung der Wettbewerbsfähigkeit von Unternehmen ist die Organisation. Da die Erstellung und der Absatz konkurrenzfähiger Produkte und Dienstleistungen ein arbeitsteiliges Vorgehen erfordert, verlangt die zunehmende Komplexität und Dynamik der zu bewältigenden Aufgaben geeignete organisatorische Maßnahmen zur Sicherstellung der Leistungsfähigkeit und Leistungsbereitschaft. Organisation, einerseits gescholten als einengend, begrenzend und regulierend und andererseits gepriesen als Handlungsspielräume schaffend und Strukturen gestaltend, zeigt die gesamte Bandbreite dessen, was dabei geschehen kann. Eine langfristige Erfolgssicherung bedarf aber der "richtigen" Organisation, d. h. der zielgerichteten Planung und Umsetzung organisatorischer Maßnahmen durch die auf allen Ebenen einer Organisation handelnden Mitarbeiter.

Ein Rückblick in die Geschichte der Organisationslehre zeigt, dass bei der Suche nach der „richtigen" Organisation sehr lange die Aufbauorganisation im Vordergrund stand, also institutionale Fragestellungen des Systems Organisation. Der Mittelpunkt der Betrachtung war die Gliederung des Unternehmens in einzelne aufgabenteilige Organisationseinheiten und die Schaffung derartiger funktionsfähiger (Teil)Einheiten. Mit Beginn der 80er-Jahre (des vorigen Jahrhunderts) und ganz ausgeprägt dann in der Mitte der 90er-Jahre traten Fragen nach den optimalen Arbeitsabläufen bzw. Prozessen deutlich in den Vordergrund und erhielten damit den gebührenden Stellenwert. Bei dieser prozessualen Sichtweise geht es nun nicht mehr lediglich darum, (Teil)Aufgaben auf Organisationseinheiten zu übertragen. Im Rahmen der **Prozessorganisation** erfolgt vielmehr die Betrachtung von ganzheitlichen Arbeitszusammenhängen mit dem Ziel, diese Prozesse sowohl für sich gesehen als auch in ihrer Gesamtheit optimal zu gestalten. Auslöser war und ist der Markt bzw. es sind die Kunden, denn Unternehmen, die infolge optimierter Prozesse mit ihren Produkten und Dienstleistungen schneller am Markt sind, „machen das Geschäft". Die Prozessorganisation ist somit für Organisatorinnen und Organisatoren eine zentrale Aufgabe und in sehr hohem Maße erfolgen derartige Vorhaben der **Organisationsgestaltung** projektorientiert.

Das vorliegende Buch ist so aufgebaut, dass zuerst eine Darstellung organisatorischer Begrifflichkeiten erfolgt mit dem Ziel der Einordnung und Abgrenzung dieser Begriffe. Dem schließt sich eine Betrachtung der Prozessorganisation an, wobei hier neben einer Situationsanalyse sowie den Grundlagen und Zielen der Prozessorganisation insbesondere auf die methodischen Schritte zum Design von Geschäftsprozessen eingegangen wird. Dann folgt die Darstellung der projektorientierten Organisationsgestaltung, d. h. das Aufzeigen eines Vorgehensmodells, da die Optimierung von Prozessen (aber auch aufbauorganisatorische Reorganisationsmaßnahmen) in Unternehmen in hohem Maße im Rahmen von Projekten erfolgen. Das letzte Kapitel „Techniken der Organisationsgestaltung" stellt gewissermaßen einen „Werkzeugkasten" dar, da sich Organisatorinnen und Organisatoren im Rahmen von Projekten bestimmter Techniken bedienen.

Die vorliegende Publikation richtet sich in erster Linie an Studierende, die sich sowohl im Grund- als auch im Hauptstudium mit Fragen der Prozessorganisation und der Methodik der projektorientierten Organisationsgestaltung auseinandersetzen müssen, wollen oder dürfen. Das Buch wendet sich ebenso an Praktiker, die mit derartigen Fragen zu tun haben und an

Leser, die ganz einfach an der Kenntnis prozessorganisatorischer und projektorientierter Zusammenhänge interessiert sind.

Auch wenn an vielen Stellen die männliche Sprachform gewählt wurde, wendet sich diese Publikation selbstverständlich an Leserinnen und Leser. Um keine sprachlichen Sonderkonstruktionen verwenden zu müssen und um Wiederholungen zu vermeiden (Projektleiterinnen und -leiter, Mitarbeiterinnen und Mitarbeiter usw.), ist mit Formulierungen wie z. B. "der" Projektleiter, "der" Mitarbeiter, "der" Stelleninhaber immer auch die weibliche Form gemeint. Die grammatikalische Verwendung der männlichen Form ist als geschlechtsneutral aufzufassen.

Das vorliegende Buch versteht sich als ein Arbeitsbuch. Es erlaubt die aktive Auseinandersetzung mit den Inhalten durch die Vorgabe von Lernzielen zu Beginn eines jeden Kapitels, durch zahlreiche Beispiele und Abbildungen und durch Quellen- und Literaturverweise zur weiteren Vertiefung sowie durch Arbeitsaufgaben am Ende eines jeden Kapitels.

In die vorliegenden Ausführungen sind die unterschiedlichen Erfahrungen des Autors eingeflossen. Dazu gehören sowohl die Erfahrungen aus der mehrjährigen Tätigkeit im Organisationsbereich von Unternehmen und der Beratungstätigkeit in der Praxis als auch die Erfahrungen aus der eigenen Studienzeit und der Lehrtätigkeit im Hochschulbereich.

Nicht zuletzt sind die Ausführungen auch das Ergebnis eines ständigen Meinungsaustausches mit der Praxis sowie mit Fachkolleginnen und Fachkollegen und der Vielzahl von Studierenden. Ihnen allen sei dafür gedankt.

Nichts ist jedoch so gut, als dass man es nicht noch besser machen könnte. Hinweise und Anregungen zur Verbesserung der vorliegenden Publikation werden vom Verfasser gerne aufgenommen.

Düsseldorf, im Oktober 2006 *Wolf-Dieter Mangler*

Inhaltsverzeichnis

Abkürzungsverzeichnis

Abb.	Abbildung
Bbl	Betriebswirtschaftliche Blätter
BetrVG	Betriebsverfassungsgesetz
BPR	Business Process Reengineering
d. h.	das heißt
DIN	Deutsches Institut für Normung / Deutsche Industrienorm
et al.	et alii (und andere)
f.	folgende
ff.	fortfolgende
FB/IE	Fortschrittliche Betriebsführung und Industrial Engineering
GVR	Gewinnvergleichsrechnung
HWFü	Handwörterbuch der Führung
HWO	Handwörterbuch der Organisation
HWP	Handwörterbuch des Personalwesens
HWPlan	Handwörterbuch der Planung
Kap.	Kapitel
KVR	Kostenvergleichsrechnung
MAK	Mitarbeiterkapazitäten
MPM	Metra Potential Method
NWA	Nutzwertanalyse
o. J.	ohne Jahresangabe
PIN	Persönliche Identifikationsnummer
PERT	Program Evaluation and Review Technique
PKW	Personenkraftwagen
PPS	Produktionsplanung und -steuerung
REFA	Verband für Arbeitsstudien und Betriebsorganisation e. V. (ursprünglich "Reichsausschuß für Arbeitszeitermittlung")
RVR	Rentabilitätsvergleichsrechnung
S.	Seite
s.	siehe
Sp.	Spalte

u. a.	unter anderem / und andere
usw.	und so weiter
WiSt	Wirtschaftswissenschaftliches Studium
WISU	Das Wirtschaftsstudium
z. B.	zum Beispiel
zfbf	Zeitschrift für betriebswirtschaftliche Forschung
zfo	Zeitschrift Führung + Organisation (ab 1982, davor ZO)
ZO	Zeitschrift für Organisation (bis 1981, dann zfo)

1 Grundlagen

A Lernziele

Im ersten Kapitel soll der Leser

- *die drei inhaltlichen Bedeutungen des Begriffs Organisation kennen lernen,*
- *innerhalb der Tätigkeit des Organisierens zwischen Effektivität und Effizienz unterscheiden können,*
- *bei geschaffenen Regelungen zwischen Improvisation, Disposition und Organisation unterscheiden können,*
- *bei geschaffenen Systemen (Organisationen) deren Merkmale darstellen können,*
- *Unterschiede zwischen der Aufbau-, Ablauf-/Prozess- und Führungsorganisation kennen lernen,*
- *die Begriffe Technik(en), Methode(n) und Verfahren abgrenzen können.*

B Sachanalyse

Auf die Frage wie der Begriff Organisation zu erklären ist, ergibt sich eine Vielfalt an Definitionsmöglichkeiten. Häufig wird dann entweder eine Aufzählung von Einzelaufgaben vorgenommen, die Organisation ausmachen, oder es erfolgt eine wissenschaftliche Definition des Begriffs. Da aber sowohl unterschiedliche wissenschaftliche Definitionen vorliegen als auch umgangssprachliche Erklärungen bestehen, wird der Ausdruck Organisation und die damit verbundenen Begrifflichkeiten erläutert.

1.1 Grundbegriffe

1.1.1 Organisation

Beim Versuch, sich dem Begriff Organisation über eine lexikalische Erklärung zu nähern, werden im Regelfall zwei grundsätzliche Bedeutungen deutlich. Zum einen geht es beim Begriff Organisation um bestimmte Gebilde. Organisation wird demnach aus dem Begriff **Organismus** abgeleitet und bedeutet dann ein einheitliches, gegliedertes (lebendiges) Ganzes bzw. Gefüge. Zum anderen geht es beim Begriff Organisation um bestimmte Handlungen. Organisation wird dann als planmäßiges, ordnendes Gestalten bzw. als die zweckmäßige Gestaltung eines (Gesellschafts-)Gebildes verstanden.

An diese Bedeutungen lehnt sich *Kosiol* an, wenn er ausführt, dass Organisation verstanden werden kann als integrative, strukturierende Gestaltung von Ganzheiten im Bereich menschlicher Handlungen (vgl. *Kosiol* 1962, S. 19 f.).

Löst man diese Erklärung von *Kosiol* auf, so deutet der Begriff **Gestaltung** darauf hin, dass es dabei um ein zweckorientiertes (zielorientiertes) Handeln geht.

Dieses Gestalten soll strukturierend erfolgen. Versteht man unter Struktur den (Auf-)Bau bzw. ein Gefüge oder eine Gliederung, die aus Elementen besteht, zwischen denen Beziehungen bestehen, so bedeutet **strukturierende Gestaltung**, einerseits von der Existenz solcher Elemente und Beziehungen auszugehen und andererseits solche Elemente und Beziehungen zu gestalten.

Diese strukturierende Gestaltung soll **integrativ** erfolgen. Ausgehend vom Begriff der Integration, als einem Prozess, der ein selbständiges Nebeneinander von Elementen zu einem übergeordneten Ganzen zusammenschließt, weist die Definition darauf hin, dass bei der Gestaltung die wechselseitige Abhängigkeit der Glieder bzw. Elemente zu berücksichtigen ist. Veränderungen in einem Element haben somit immer auch Auswirkungen auf andere Elemente.

Die Bezugnahme auf **Ganzheiten** hebt noch einmal hervor, dass es um miteinander in Beziehung stehende Elemente geht. Solche Ganzheiten können als gegliederte Gesamtheiten verstanden werden. Ihre Elemente behalten nur im Rahmen des Ganzen ihre Eigenschaft.

Durch den ausdrücklichen Hinweis auf **Ganzheiten im Bereich menschlicher Handlungen** erfolgt die Abgrenzung gegenüber Ganzheiten in der anorganischen und organischen Natur. Tatbestände aus der unbelebten und belebten Natur (z. B. aus dem Tierreich) - zweifellos lassen sich auch dort Ganzheiten beobachten - bleiben mit dieser Definition unberücksichtigt. Da die grundlegenden Elemente von Ganzheiten (Systemen) im Bereich menschlicher Handlungen Menschen, Aufgaben, Sachmittel und Informationen sind, kann Organisation als die Gestaltung/Schaffung (zielorientierter) sozio-technischer Systeme verstanden werden. Damit werden im Folgenden ausschließlich technische, d. h. ingenieurmäßige Systeme, wie z. B. Maschinen, aus der Betrachtung ausgeschlossen.

Die Verwendung der Begriffe Gestaltung bzw. Schaffung hinterlässt den Eindruck, dass Organisation grundsätzlich vom Bestehen oder Werden eines Gebildes ausgeht. Eine derartige **enge Definition** lässt jedoch unberücksichtigt, dass auch beim Auflösen von Gebilden organisatorische Maßnahmen erforderlich sind. Der Abbau von Stellen, dass Schließen eines Werkes, die Auflösung einer Niederlassung sind zweifellos Vorgänge bei denen keine Gebilde entstehen. Trotzdem ist dabei planmäßiges Gestalten erforderlich.

Die Abb. 1-1 verdeutlicht, dass sich die weiteren Ausführungen in erster Linie auf die Gestaltung bzw. Schaffung beziehen, aber auch die Auflösung bzw. Beseitigung von Regelungen und zielgerichteten sozio-technischen Systemen berücksichtigen. Die Folgen bzw. Ergebnisse (von Organisation als planmäßigem ordnenden Gestalten) liegen damit zwischen der weiten und engen Definition von Organisation.

Die **weite Definition** ist deswegen zu weit, weil dabei die gesamte außermenschliche Welt mit einbezogen wird. Die enge Definition ist deswegen zu eng, weil im Folgenden davon ausgegangen wird, dass nicht nur das Erstellen und Werden von sozio-technischen Systemen und Regelungen, sondern auch deren Beseitigung bzw. Auflösung zum Repertoire des Organisators gehört.

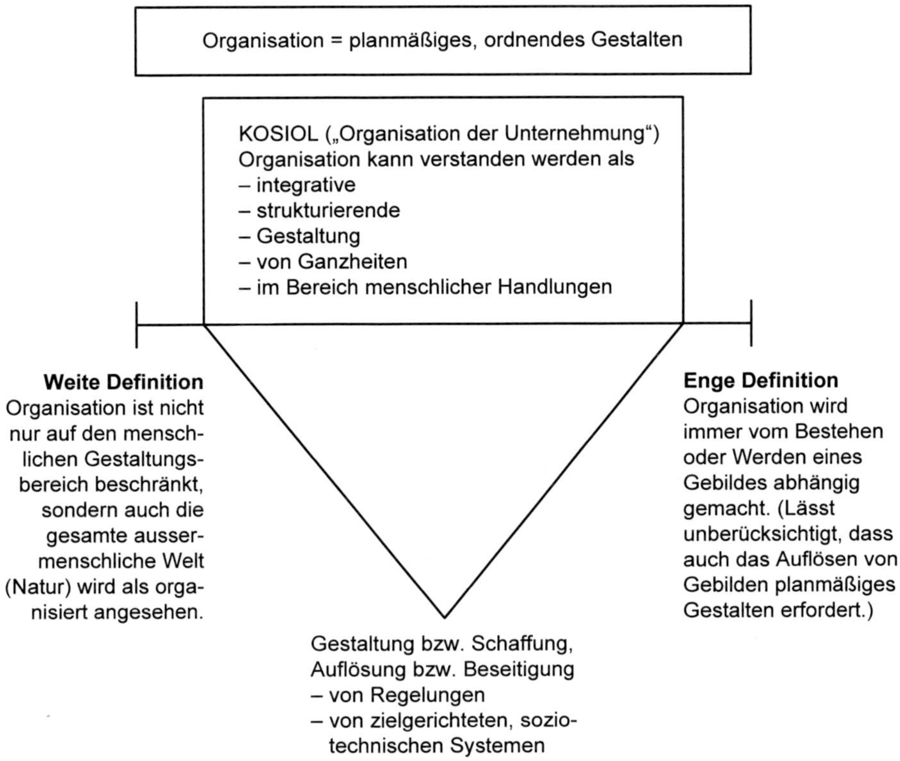

Abb. 1-1: Einordnung des Begriffs Organisation

Inhaltlich ergibt sich aus der bisherigen Einordnung des Organisationsbegriffs eine Unterteilung in drei Kategorien.

Organisation =	Die Tätigkeit/ das Tun: „das Organisieren"	Funktionaler Organisationsbegriff
Organisation =	Geschaffene Regelungen	Strukturaler Organisationsbegriff
Organisation =	Geschaffene Systeme: „die Organisation"	Institutionaler Organisationsbegriff

Abb. 1-2: Inhalte des Begriffs Organisation

1.1.1.1 Funktionaler Organisationsbegriff

Die bisherigen Ausführungen beinhalten die Funktion des Organisierens, d. h. der funktionale Organisationsbegriff hebt auf das gestaltende Handeln ab. Wenn von Organisation die

Rede ist, kann damit immer auch die konkrete Tätigkeit, das Organisieren, gemeint sein. In der Umgangssprache kommt dies durch die Redewendungen "Organisieren Sie 'mal ..." zum Ausdruck.

Unter der funktionalen bzw. tätigkeitsbezogenen Sichtweise bedeutet demzufolge Organisation dauerhaft gültiges Ordnen von zielorientierten sozio-technischen Systemen.

Organisieren als Tätigkeit beinhaltet den Anspruch, dieses Handeln bzw. Gestalten als zielbewusste Tätigkeit (vgl. *Hoffmann* 1980, Sp. 1428) zu verstehen, d. h. effektiv und effizient zu tun.

Die **Effektivität** bezieht sich auf die Zielorientierung, d. h. stets zu hinterfragen und sicherzustellen, **die richtigen Dinge zu tun.** Es geht darum, mit dem organisatorischen Tun die richtigen Ziele anzustreben und zu erreichen. Handlungen und Maßnahmen können dann als effektiv bezeichnet werden, wenn sie grundsätzlich zur Erreichung eines definierten Zieles beitragen.

Die **Effizienz** bezieht sich auf die Tätigkeitsorientierung, d. h. den Anspruch zu haben und auch danach zu handeln, **Dinge richtig zu tun.** Effizienz beinhaltet somit die richtige Vorgehensweise und den Einsatz der richtigen Mittel, um ein gesetztes Ziel zu erreichen. Handlungen und Maßnahmen können dann als effizient bezeichnet werden, wenn sich mit ihnen oder durch sie ein vorgegebenes Ziel möglichst sicher erreichen lässt.

Das Ergebnis dieses effektiven und effizienten Handelns und Gestaltens, d. h. das Resultat der Funktion des Organisierens, sind einerseits Regelungen und andererseits bestimmte Gebilde, Ganzheiten oder Systeme.

1.1.1.2 Strukturaler Organisationsbegriff

Neben der Funktion des Organisierens beinhaltet der Begriff Organisation somit auch die Gesamtheit aller in einem Unternehmen ausdrücklich geschaffenen Regelungen. Wenn von Organisation die Rede ist, können daher immer auch die als eine Folge des Tuns entstandenen Regelungen gemeint sein. Dies lässt sich durch die Redewendung

"Die Unternehmung **hat** eine Organisation"

(*Hoffmann* 1980, Sp. 1427; *Krüger* 1994, S. 13) verdeutlichen.

Im strukturalen Organisationsbegriff werden somit die durch das organisatorische Handeln entstandenen Regelungen als Organisation bezeichnet.

Da derartige Regelungen kein Selbstzweck sind, sondern ein Mittel zur effizienten und effektiven Führung von Unternehmen darstellen, kommt ihnen ein instrumentaler Charakter zu. Man spricht daher in diesem Zusammenhang auch vom instrumentalen Organisationsbegriff (vgl. *Schulte-Zurhausen* 2005, S. 3).

Grundsätzlich lassen sich drei **Arten von Regelungen** unterscheiden:

(1) Improvisation
Improvisatorische Regelungen sind **vorläufig wirksame** oder zeitlich befristete **Regelungen.** Improvisation schafft eine vorübergehende (aber nicht gefestigte) Struktur. Im Alltag wird der Begriff Improvisation häufig mit einem nicht gründlich durchdachten Vorgehen gleichgesetzt. Improvisation kann aber dennoch notwendig und sinnvoll sein. Dies ist immer dann angebracht, wenn zum gegenwärtigen Zeitpunkt eine dauerhafte Regelung nicht sinnvoll oder möglich ist oder noch keinerlei Erfahrungen mit einem Sachverhalt vorliegen und die Improvisation dazu dient Erfahrungen zu sammeln (vgl. *Wittlage* 1993, S. 28; *Schmidt* 2000, S. 16).

Obwohl Improvisation den Charakter von etwas Vorläufigem hat, ist es ein Gestaltungsprinzip des organisatorischen Handelns und Gestaltens. Ausschließlich nach diesem Prinzip vorzugehen, d. h. nur improvisatorische Regelungen zu schaffen, reicht jedoch nicht aus.

(2) Disposition
Disposition bedeutet die **einmalig wirksame Regelung** von Einzelfällen. Ein derartiges Vorgehen kann erforderlich sein, denn es lassen sich nicht alle Maßnahmen zur Erfüllung der Aufgaben vorherbestimmen. Im täglichen Betriebsablauf sind vielfach Einzelmaßnahmen erforderlich, die für den jeweiligen Fall einmalig geregelt werden müssen. Disposition schafft solche einmaligen, fallweisen Maßnahmen. Diese einmaligen Regelungen verlieren mit der Erfüllung der Aufgabe ihre Gültigkeit und haben somit keine strukturierende Wirkung.

(3) Organisation
Organisation als das dritte Gestaltungsprinzip schafft **dauerhaft wirksame Regelungen,** die im Sinne einer effizienten Abwicklung der Aufgaben unbefristet eingeführt werden. In der betrieblichen Praxis beginnt immer beim Auftreten wiederkehrender Aufgaben die Überlegung, generelle Regelungen zu schaffen, die dazu beitragen, diese Aufgaben möglichst effizient zu erledigen. Solche generellen Regelungen sind sinnvoll für verhältnismäßig gleichartige Vorgänge, die sich häufig wiederholen:

Würden solche generellen Regelungen nicht getroffen werden, dann müssten alle wiederholt auftretenden und gleichartigen Vorgänge immer wieder neu entschieden und geregelt werden. Daher besteht in der praktischen Organisationsarbeit das Bestreben, "...nach Möglichkeit fallweise Entscheidungen durch generelle Regelungen zu ersetzen..." (Substitutionsgesetz der Organisation; *Gutenberg* 1958/1990, S. 50).

Das Gestaltungsprinzip Organisation schafft somit eine dauerhafte, feste Struktur für längere Zeit. Diese **formale Organisation** wird bewusst und mit dem Anspruch der Effektivität und Effizienz gestaltet. Ihren Niederschlag findet die formale Organisation beispielsweise in Richtlinien und Arbeitsanweisungen.

Von der formalen Organisation ist die **informale oder informelle Organisation** zu unterscheiden. Sie ergibt sich aus dem Aufeinandertreffen der Mitarbeiter und deren Verhaltensweisen und individuellen Zielen. Die nicht durch die Arbeitssituation vorgegebenen Beziehungen zwischen den Mitarbeitern treten als informale Gruppen, informale Kommunikation, informale Führung und informale Normen in Erscheinung:

- Ein Mitarbeiter stellt fest, dass es in dem Unternehmen außer ihm noch drei weitere Kolleginnen und Kollegen gibt, die aus der gleichen Region stammen. Die gemeinsame landsmannschaftliche Herkunft lässt diese vier Personen zu einer **informellen Gruppe** werden.
- Jeden Mittag treffen sich in der Kantine zur gleichen Zeit fünf Mitarbeiter am gleichen Tisch. Obwohl sie alle aus unterschiedlichen Abteilungen kommen (also formal nichts miteinender zu tun haben) sprechen sie über Vorkommnisse im Unternehmen **(informelle Kommunikation).**
- Der Leiter einer Abteilung wird von seinen Mitarbeiterinnen und Mitarbeitern nicht respektiert. Unausgesprochen sind sie sich darüber einig, dass sie ihn für fachlich nicht qualifiziert halten. Ein Mitarbeiter der Abteilung tut sich häufig durch sein Fachwissen hervor. Obwohl er nicht der formale Vorgesetzte ist, wird er von den anderen der Abteilung geachtet und geschätzt. Er gewinnt zusehends an Einfluss in der Abteilung und ihm kommt dadurch die **informelle Führung** zu.
- Die Mitarbeiter in einem Teilbereich der Fertigung müssen täglich eine bestimmte Anzahl von Werkstücken erstellen. Es gilt als "Ehrensache" unter den Mitarbeitern, die täglich vorgegebene Mindeststückzahl um nicht mehr als 10% zu überschreiten **(informelle Normen).**

Die informale Organisation überlagert die formale Organisation. Sie kann die formale Organisation fördern oder ihr entgegenwirken.

1.1.1.3 Institutionaler Organisationsbegriff

Ergebnis des Organisierens können neben Regelungen auch Gebilde, Ganzheiten oder Systeme sein.

Außer der Funktion des Organisierens und den geschaffenen Regelungen beinhaltet der Organisationsbegriff daher auch die aus dem Organisieren **entstandenen Systeme.** Wenn von Organisation die Rede ist, können daher immer auch die als Folge des Tuns entstandenen Gebilde gemeint sein. Dies lässt sich durch die Redewendung

"Die Unternehmung **ist** eine Organisation"

(*Hoffmann* 1980, Sp. 1427; *Krüger* 1994, S. 13) verdeutlichen.

Im institutionalen Organisationsbegriff werden somit die durch das organisatorische Handeln entstehenden Gebilde, Ganzheiten oder Systeme (Institutionen) als Organisation bezeichnet (vgl. *Schanz* 1992, Sp. 1460).

Solche Gebilde im Sinne des institutionalen Organisationsbegriffs haben bestimmte Merkmale, d. h. Organisationen sind "soziale Gebilde, die dauerhaft ein Ziel verfolgen und eine formale Struktur aufweisen, mit deren Hilfe Aktivitäten der Mitglieder auf das verfolgte Ziel ausgerichtet werden sollen" (*Kieser/Walgenbach* 2003, S. 6).

Betrachtet man diese Definition etwas genauer (vgl. *Kieser/Walgenbach* 2003, S. 7 ff.), so wird durch den Hinweis auf **soziale Gebilde** deutlich gemacht, dass es sich hierbei um eine

Zusammenkunft von Menschen handelt. Aufgrund des Zusammenwirkens von Menschen und Maschinen spricht man von sozio-technischen Systemen.

Mit dem Merkmal der **dauerhaften Zielverfolgung** hebt die Definition die Zielgerichtetheit bzw. Zweckbezogenheit hervor. Verfolgen Menschen Ziele, die sich durch eine Einzelperson allein nicht realisieren lassen, dann versuchen Menschen diese Ziele gemeinsam mit anderen zu erreichen. Diese von allen Beteiligten verfolgten Ziele müssen jedoch dauerhaften Charakter haben. Grundsätzlich können dabei in Organisationen Sach-, Formal- und Handlungsziele von Bedeutung sein (vgl. *Grochla* 1972, S. 38 ff.; *Weidner u. a.* 1998, S. 31).

Spricht man von den Zielen einer Organisation, ist dabei zu berücksichtigen, dass die Mitarbeiter persönliche Ziele haben und verfolgen, die nicht zwangsläufig mit den Organisationszielen deckungsgleich sind (vgl. *Kieser/Walgenbach* 2003, S. 7 f.).

Um das Verhalten der Mitarbeiter und das Organisationsverhalten so weit wie möglich in Einklang zu bringen, weisen Organisationen eine **formale Struktur** auf. Solche Strukturen sollen sicherstellen, dass sich die Mitarbeiter bzw. Organisationsmitglieder an den Zielen orientieren und sich dementsprechend, d. h. zielorientiert verhalten. (vgl. *Kieser/Walgenbach* 2003, S. 16 ff.).

Organisationen sind daher angewiesen auf Regelungen zur Steuerung des Verhaltens der Organisationsmitglieder. Ein solches System von geltenden Regelungen bildet die formale Struktur. Der Organisationsstruktur kommt die Aufgabe zu, die **Aktivitäten der Organisationsmitglieder** zu steuern bzw. zu beeinflussen.

Alle Handlungen der Organisationsmitglieder sollen durch bestimmte Strukturen auf **das von der Organisation verfolgte Ziel** konzentriert werden. Regelungen bzw. Strukturen beabsichtigen, die Verhaltensweisen der Organisationsmitglieder auf die Erreichung des Organisationszieles hin auszurichten.

1.1.2 Aufbauorganisation

Sowohl in der Organisationstheorie als auch in der Organisationspraxis wird zwischen Aufbauorganisation und Ablauforganisation unterschieden.

Aufbauorganisatorisch tätig zu werden bzw. sich mit Aufbauorganisation zu beschäftigen, bedeutet, statische Beziehungszusammenhänge eines sozio-technischen Systems dauerhaft wirksam zu gestalten. Dahinter steht die Aufgabe, umfassende Konzepte (weiter) zu entwickeln, mit dem Ziel, funktionsfähige Teileinheiten zu schaffen.

Gegenstand der Aufbauorganisation sind somit insbesondere folgende Bereiche (s. dazu z. B. *Mangler* 2006):

- Zusammenfassung von (Teil)Aufgaben, so dass das Arbeitsvolumen von einer Person bewältigt werden kann
- Zuordnung der Aufgaben auf Personen in Form der Stellenbildung
- Gestaltung der zur Aufgabenerfüllung erforderlichen Informationen
- Gestaltung der Kommunikationsbeziehungen
- Gestaltung der Leitungsbeziehungen

Die Aufbauorganisation bezieht sich auf **institutionale Probleme.** Sie beschäftigt sich mit den Elementen des Systems Organisation und gliedert das Unternehmen in einzelne aufgabenteilige Einheiten. Diesen Teileinheiten werden (Teil)Aufgaben und Befugnisse zugewiesen. Durch die Koordination der einzelnen Teilbereiche, d. h. das abgestimmte Zusammenwirken der einzelnen Elemente, wird das Erreichen der Organisationsziele angestrebt.

Obwohl bei der Aufbauorganisation die einzelnen Elemente des Systems Organisation im Mittelpunkt der Betrachtung stehen, können die Beziehungen zwischen diesen Elementen nicht unberücksichtigt bleiben. Die damit verbundene Trennung in Aufbau- und Ablauforganisation hat sich in der deutschsprachigen betriebswirtschaftlichen Organisationslehre durchgesetzt, wird aber in der angelsächsischen Organisationsliteratur nicht oder nur sehr selten vorgenommen (vgl. *Kosiol* 1969a, Sp. 174).

Diese Zweiteilung hat arbeitstechnische Gründe. Sie erleichtert die gedankliche Auseinandersetzung mit organisatorischen Fragestellungen und erlaubt eine bessere Durchdringung der ganzheitlichen organisatorischen Problemstellung. Da aber in der praktischen Organisationsarbeit aufbau- und ablauforganisatorische Aspekte eng miteinander verflochten sind, ist diese Trennung eher theoretischer Natur. Die Unterteilung besitzt lediglich analytischen Charakter, denn in den meisten Fällen ist eine isolierte Betrachtung überhaupt nicht möglich. In einer derartigen Trennung liegt zudem die Gefahr einer unzureichenden Integration dieser beiden Sachverhalte mit der Konsequenz, dass dadurch ineffiziente Gesamtstrukturen entstehen können (vgl. *Hoffmann* 1992, Sp. 208; *Schulte-Zurhausen* 2005, S. 14).

1.1.3 Ablauforganisation / Prozessorganisation

Im Gegensatz zur Aufbauorganisation, die sich insbesondere auf Bestandsphänomene bezieht, d. h. die Organisation bzw. Unternehmung in aufgabenteilige zu koordinierende Einheiten gliedert, beschäftigt sich die Ablauforganisation in erster Linie mit der Strukturierung der Arbeits- und Bewegungsvorgänge vor dem Hintergrund der räumlichen und zeitlichen Strukturierung (vgl. *Kosiol* 1962, S. 32).

Mit Beginn der 90er Jahre hat sich auf dem Gebiet der Ablauforganisation ein deutlicher Wandel vollzogen. So hat sich mittlerweile statt dem Begriff Ablauforganisation der Begriff **Prozessorganisation** durchgesetzt. Parallel zur begrifflichen Veränderung ist eine kritische Auseinandersetzung mit den bis in die 80er Jahre bestehenden (ablauforganisatorischen) Ansätzen zu beobachten. Das in den 80er Jahren nicht oder nur schwach ausgeprägte Prozessbewusstsein hat sich seither deutlich verändert. Heute genießt das Thema Prozessorganisation und der damit verbundene Ansatz einen sehr hohen Stellenwert (s. Kap. 2).

Ablauforganisatorisch tätig zu werden bzw. sich mit Prozessorganisation zu beschäftigen bedeutet, Maßnahmen zur Strukturierung der zur Aufgabenerfüllung erforderlichen Arbeitsprozesse (weiter) zu entwickeln.

Bezogen auf die Tätigkeit bzw. das Tun des Organisierens bedeutet dies, die **Aufgabenerfüllungsprozesse** eines Systems zu gestalten. Im Hinblick auf das Resultat dieses organisatorischen Tuns beinhaltet Ablauforganisation dann alle dauerhaft gültigen Regelungen der Aufgabenerfüllungsprozesse. Sowohl der tätigkeitsbezogene Aspekt, d. h. die Gestaltung der Aufgabenerfüllungsprozesse, als auch der ergebnisbezogene Aspekt, d. h. die Gesamtheit der dauerhaft gültigen Regelungen der Aufgabenerfüllungsprozesse eines Systems, sind vor dem Hintergrund der Erreichung der Organisationsziele jeweils in zeitlicher, räumlicher, mengenmäßiger und logischer Hinsicht zu sehen. **Gegenstand der Ablauforganisation** sind damit insbesondere folgende Bereiche (vgl. *Liebelt/Sulzberger* 1993, S. 13):

- Untersuchung, welche Aufgaben in welchen Bereichen in welcher zeitlichen, räumlichen, mengenmäßigen und logischen Folge erfüllt werden müssen, um zur Zielerreichung beizutragen, und die entsprechende Gestaltung dieser Aufgaben
- Zerlegung von Projekten in deren einzelne Aufgaben und Gestaltung der zeitlichen und logischen (Reihen)Folge der Projektaufgaben

Inhalt der Ablauforganisation ist die Ausübung der betrieblichen Funktionen innerhalb der jeweiligen Teileinheiten sowie der Ablauf des gesamten betrieblichen Geschehens. Die Arbeit als zielbezogene Handlung ist dabei Mittelpunkt der Betrachtung (vgl. *Schulte-Zurhausen* 2005, S. 14).

Der Bestandsdimension Aufbauorganisation steht somit die Ablauforganisation als die dynamische Komponente gegenüber. Die Aufbauorganisation, d. h. die Ausstattung und Verteilung von Beständen und Potentialen an materiellen und immateriellen Größen innerhalb der Organisation (Personalbestände, Sachmittelbestände, Aufgaben- und Kompetenzgefüge), wird ergänzt durch die Ablauforganisation, die den Ablauf des betrieblichen Geschehens und die Ausübung oder Erfüllung von Funktionen beschreibt (vgl. *Gaitanides* 1992, Sp. 1). Diese 'Ergänzung der Aufbau- durch die Ablauforganisation' erweckt den Eindruck, dass die Aufbauorganisation in der praktischen Organisationsarbeit wie eine Vorgabe wirkt, während sich die Ablauforganisation dann wie in einem nicht zu verändernden Rahmen innerhalb dieser Grenze(n) bewegt.

Das in Organisationen zu beobachtende stark zugenommene Bewusstsein für Prozesse ergibt sich jedoch aus der Frage, welche Ziele unmittelbar von der Gestaltung und Optimierung der Prozesse beeinflusst werden. Die **Ziele der Prozessorganisation** sind demnach (s. dazu z. B. *Fischermanns/Liebelt* 2000, S. 88 ff. und s. Kap. 2):

- Verkürzung der Be- und Verarbeitungs-, Transport-, Liege- und Rüstzeiten
- Erhöhung der Qualität von Produkten und Dienstleistungen
- Verbesserung der Innovationsfähigkeit
- Senkung der (Prozess-)Kosten

1.1.4 Führungsorganisation

Sowohl die Aufbauorganisation, d. h. die Bildung funktionsfähiger Teileinheiten, als auch die Ablauforganisation, d. h. die Strukturierung von Arbeitsprozessen, dienen in ihrer Gesamtheit dem Bestreben, das Erreichen der Organisationsziele sicherzustellen.

Die Führungsorganisation beinhaltet einige Aspekte der Aufbau- und Ablauforganisation, greift aber weitere Sachverhalte auf, die für das Erreichen der Organisationsziele ebenfalls von Bedeutung sind. Führungsorganisatorisch tätig zu werden bzw. sich mit Führungsorganisation zu beschäftigen, bedeutet, institutionalisierte und formalisierte Verfahren zur zielgerichteten Verhaltenssteuerung der in der Organisation tätigen Menschen (weiter) zu entwickeln. **Gegenstand der Führungsorganisation** sind zwei grundlegende Bereiche:

(1) Aufbauorganisatorische Gestaltung des Führungssystems
Dieser Bereich beschäftigt sich mit der Fragestellung, welche Einheiten einer Organisation Leitungsfunktionen wahrnehmen. Im engeren Sinne ist dies identisch mit der Organisation der Unternehmensleitung (vgl. *Chmielewicz* 1992, Sp. 2464 ff.). Im weiteren Sinne geht es um den Sachverhalt, dass Führung delegiert wird bzw. werden kann, und damit nicht nur ein oberstes Führungsorgan Leitungsfunktionen ausübt, sondern auch noch weitere Teileinheiten der Organisation Führungsaufgaben wahrnehmen (können). Die Bildung von Instanzen auf den unterschiedlichen Ebenen einer Organisation (vgl. *Gaugler* 1980, Sp. 959 ff.) ist ein Anzeichen dafür, Führungs- bzw. Leitungsfunktionen auf mehrere Einheiten zu verteilen.

(2) Zielgerichtete Verhaltenssteuerung der in der Organisation tätigen Menschen
Dieser Bereich beschäftigt sich mit der Fragestellung, wie die Verhaltenssteuerung der Mitarbeiter erfolgen soll. Dies beinhaltet einerseits die Art und Weise bzw. die Form der sachbezogenen Weisungen und andererseits die Frage, wie mit den Mitarbeitern umgegangen werden kann. Dabei können z. B. das Ausmaß der Autonomie und der über die zur Aufgabenstellung hinausgehenden Informationen sowie die Art und der Umfang der Beteiligung der Mitarbeiter an der Meinungsbildung und an Entscheidungen von Bedeutung sein.

Außer den im Rahmen der Aufbauorganisation geschaffenen Systemen und außer den im Rahmen der Ablauforganisation geschaffenen Regelungen, lässt sich somit das zielorientierte Verhalten der Organisationsmitglieder auch durch den Umgang untereinander und insbesondere durch den Umgang zwischen Vorgesetzten und Mitarbeitern in erheblichem Maße beeinflussen.

Solche innerhalb der Führungsorganisation entwickelten Verfahren zur Steuerung des Mitarbeiterverhaltens führen dazu, dass nicht nur ausschließlich institutionale und strukturale Gegebenheiten verhaltenssteuernd wirken. Durch die Art und Weise des zwischenmenschlichen Miteinander bestehen weitere nicht zu unterschätzende Möglichkeiten, auf das Verhalten der Mitarbeiter einwirken zu können.

1.1.5 Technik(en)

Organisatorische Maßnahmen zur Strukturierung von Arbeitsprozessen (Prozessorganisation) aber auch zur Bildung funktionsfähiger Teileinheiten (Aufbauorganisation) sowie zur Entwicklung von Verfahren zur Verhaltenssteuerung (Führungsorganisation) geschehen mit Hilfe von Techniken.

Eine Technik stellt ein Hilfsmittel dar, welches dazu beiträgt ein bestimmtes Ziel, etwa bei der Erhebung, Analyse, Auswertung oder Darstellung eines Sachverhalts oder Zusammenhangs, zu erreichen. Daraus ergibt sich ein Spektrum von Hilfsmitteln und Instrumenten, z. B. Erhebungs-, Analyse-, Kreativitäts- und Darstellungstechniken (s. Kap. 4). Techniken helfen bei der Lösung oder Bewältigung eines bestimmten Problems. Vor dem Hintergrund der Organisationsgestaltung können dies beispielsweise die Gewinnung von Informationen, die Analyse von Arbeitsabläufen bzw. Prozessen, die Gewinnung alternativer Lösungen und die Darstellung von Strukturen sein. Techniken sind im so verstandenen Sinn anwendungsneutral, denn dabei geht es um die logische Struktur eines Problems und nicht um das jeweilige Anwendungsgebiet (vgl. *Schwarze* 1995, S. 73 f.).

1.1.6 Methode(n)

Werden Techniken oder die Kombination mehrerer Techniken um Regeln zur Anwendung für einen abgegrenzten Anwendungsbereich ergänzt, handelt sich um eine **Methode im engeren Sinn.** Diese beziehen sich somit auf die Anwendung von Techniken in einem spezifischen Problembereich und die besonderen Regelungen zur Bewältigung von Problemen in genau diesem Bereich. Beispiele für Methoden im engeren Sinn sind Datenflusspläne zur graphischen Darstellung von Abläufen im DV-Bereich und Organigramme zur graphischen Darstellung von Organisationsstrukturen. Beide Methoden im engeren Sinn sind Techniken, die sich ausschließlich zur Bewältigung der genannten Probleme einsetzen bzw. anwenden lassen (vgl. *Schwarze* 1995, S. 74).

Eine **Methode im weiteren Sinn** ist eine planmäßig angewendete (systematische) Vorgehensweise bei der Problemlösung, d. h. zur Erreichung von festgelegten Zielen. Beispiele für Methoden im weiteren Sinn sind Phasenmodelle zur Abwicklung von Projekten (s. Kap. 3) und die strukturierte Programmierung (vgl. *Schwarze* 1995, S. 74; *Abts/Mülder* 2004, S. 300; *Hansen/Neumann* 2005, S. 782; *Stahlknecht/Hasenkamp* 2005, S. 212).

1.1.7 Verfahren

Verfahren stellen eine geregelte Folge von Arbeitsschritten zur Lösung einer bestimmten Aufgabe dar bzw. sind Anweisungen zum gezielten Einsatz von Methoden. Vielfach sind Methoden und Verfahren eng miteinander gekoppelt und lassen sich deswegen nicht immer konsequent auseinander halten. Die Definition der beiden Begriffe Verfahren und Methode im weiteren Sinn zeigen nur graduelle Unterschiede. Beide verstehen darunter eine systematische Anwendung einer Abfolge von Arbeitsschritten bzw. die Konkretisierung von Methoden zur Lösung einer Aufgabe bzw. eines Problems (vgl. *Schwarze* 1995, S. 74; *Stahlknecht/Hasenkamp* 2005, S. 212).

1.2 Begriffliche Zusammenhänge

Die Abb. 1-3 verdeutlicht noch einmal die Zusammenhänge zwischen den bisher verwendeten Organisationsbegriffen. Dabei wird vorausgesetzt, dass im betrieblichen Geschehen sowohl das organisatorische Tun als auch die daraus resultierenden Systeme und Regelungen durch eine Vielzahl von Gegebenheiten beeinflusst werden.

In der Abb. 1-3 sind exemplarisch fünf Kategorien von **Einflussfaktoren** aufgeführt.

Abb. 1-3: Aufbau-, Ablauf- und Führungsorganisation

Ein Beispiel für **wirtschaftliche Impulse** und deren Auswirkungen lassen sich am Auftreten von weiteren konkurrierenden Unternehmen aufzeigen. In vielen Fällen führt eine derartige Intensivierung der Konkurrenzsituation dazu, dass im eigenen Unternehmen sowohl Arbeitsprozesse als auch der gesamte Aufbau der Organisation kritisch beleuchtet und hinterfragt werden. Eine Optimierung der Arbeitsabläufe und eine "Verschlankung" des gesamten Systems mit seinen Teileinheiten sind ein Anzeichen für die Beeinflussung der Organisation und des Organisierens.

Die Auswirkungen **gesellschaftlicher Impulse** lassen sich beispielsweise daran festmachen, dass etwa veränderte Einstellungen zum Datenschutz oder zur Stellung der Frau in der Gesellschaft im Ergebnis dazu führen, dass im Aufbau der Organisation die Stelle eines Datenschutzbeauftragten und/oder die Stelle einer Gleichstellungsbeauftragten geschaffen wird.

Technisch-organisatorische Innovationen, wie z. B. die alle Bereiche eines Unternehmens betreffende Computerunterstützung, führen zu einer nachhaltigen Veränderung vieler Arbeitsprozesse.

Ein **Wandel in den Ansprüchen der Kunden** kann sich in einer veränderten Einstellung zum Umweltschutz bemerkbar machen. Die zunehmende Nachfrage nach recyclingfähigen

Produkten hat dann z. B. zur Folge, dass bestimmte Arbeitsabläufe für die Erstellung von umweltfreundlichen Produkten verändert bzw. neu strukturiert werden müssen.

Die **Verhaltensweisen der Mitarbeiter** können sich auf die Organisation und das Organisieren in der Form auswirken, dass z. B. aufgrund einer veränderten Einstellung zu den Mitwirkungsmöglichkeiten von Mitarbeitern stärker teamorientierte Strukturen geschaffen werden.

Die beispielhaft aufgeführten Einflussfaktoren, denen eine Organisation ausgesetzt ist, zeigen, dass sich Auswirkungen sowohl auf die Aufbau- und Ablauf- als auch auf die Führungsorganisation ergeben können. Je nach Art und Weise sowie Ausmaß der Impulse sind (Teil-)Einheiten bzw. Elemente zu verändern, neu zu schaffen oder zu beseitigen bzw. aufzulösen, Arbeitsprozesse zu (re-)strukturieren und Verfahren zur zielgerichteten Verhaltenssteuerung (weiter) zu entwickeln. Das in der Realität zu beobachtende Zusammenwirken der Einflussfaktoren kann auch eine Kombination aufbau-, ablauf- und führungsorganisatorischer Maßnahmen erforderlich machen.

Die Abb. 1-4 verdeutlicht noch einmal die Zusammenhänge zwischen den für die Strukturierung und Optimierung von Arbeitsprozessen und den zur Bildung funktionsfähiger Organisationseinheiten sowie den für die Entwicklung von Maßnahmen zur Verhaltenssteuerung erforderlichen Techniken, Methoden und Verfahren.

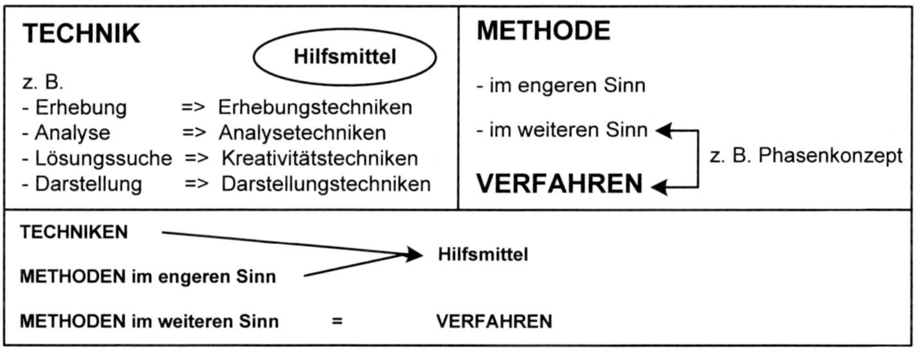

Abb. 1-4: Zusammenhänge zwischen den Begriffen Technik(en), Methode(n) und Verfahren

C Arbeitsaufgaben

1. Was versteht *Kosiol* unter Organisation, wenn er dabei von integrativer, strukturierender Gestaltung von Ganzheiten im Bereich menschlicher Handlungen spricht?
2. Erläutern Sie den funktionalen Organisationsbegriff.
3. Grenzen Sie die Begriffe Effektivität und Effizienz voneinander ab.
4. Erklären Sie den strukturalen Organisationsbegriff.
5. Was versteht man unter Improvisation?
6. Beschreiben Sie an einem Beispiel die Regelungsart der Disposition.
7. Organisation als Gestaltungsprinzip schafft dauerhaft wirksame Regelungen. Zeigen Sie dies an zwei Beispielen auf.
8. Unterscheiden Sie die formale von der informalen Organisation.
9. Erörtern Sie den institutionalen Organisationsbegriff.
10. Nennen Sie Merkmale von Organisationen.
11. Was versteht man unter Aufbauorganisation?
12. Stellen Sie zwei Bereichen dar, die Gegenstand der Ablauf- bzw. Prozessorganisation sind.
13. Nennen Sie Ziele der Prozessorganisation.
14. Mit welchen beiden grundlegenden Fragestellungen beschäftigt sich die Führungsorganisation?
15. Grenzen Sie die Begriffe Technik(en), Methode(n) und Verfahren voneinander ab.

2 Prozessorganisation

A Lernziele

Im zweiten Kapitel soll der Leser

- *die funktions- und bereichsorientierte Betrachtung der Organisation von der prozessorientierten Sichtweise unterscheiden können,*
- *Merkmale und Arten von Prozessen kennen lernen,*
- *Geschäftsprozessmodelle und deren Elemente kennen lernen,*
- *Geschäftsprozessmodelle unterscheiden können,*
- *die Ziele der Prozessorganisation verstehen,*
- *die für das Design von Geschäftsprozessen erforderlichen Schritte verstehen,*
- *Verständnis für die Forderung nach einer permanenten Reorganisation der Geschäftsprozesse entwickeln,*
- *Handlungseinheiten und deren Funktion im Prozessmanagement unterscheiden können,*
- *Grenzen der Prozessorganisation kennen lernen.*

B Sachanalyse

Die Hauptaufgabe der Gestaltung von Organisationen besteht nach dem **traditionellen Konzept der Aufgabenanalyse und -synthese** darin, den Aufgabenkomplex der Gesamtaufgabe einer Organisation (Leistungsaufgabe im Markt) auf die Mitglieder der Organisation zu verteilen. Damit die Leistungsaufgabe im Markt erbracht werden kann, muss dann das Zusammenwirken der übertragenen Teilaufgaben koordiniert werden. In der deutschsprachigen Organisationslehre hat sich aus dieser zweigeteilten Vorgehensweise die Unterscheidung in Aufbau- und Ablauforganisation ergeben.

Diesem Konzept steht die prozessuale Sichtweise gegenüber. **Prozessorganisation** bedeutet dann nicht mehr lediglich die Verteilung von (Teil-)Aufgaben auf Organisationseinheiten, sondern die Betrachtung von ganzheitlichen Arbeitszusammenhängen mit dem Ziel, diese Prozesse sowohl für sich gesehen als auch in ihrer Gesamtheit optimal zu gestalten.

2.1 Situationsanalyse

2.1.1 Funktions- und bereichsorientierte Betrachtung

Organisation in seiner funktionalen Bedeutung, d. h. das Organisieren (s. 1.1.1.1), hat zunächst das Ziel, den Aufgabenkomplex der Leistungsaufgabe im Markt in seine Teil- und Unteraufgaben zu zerlegen. Dieser **Aufgabenanalyse** schließt sich dann im Rahmen der **Aufgabensynthese** die Zusammenfassung von Teilaufgaben zu Aufgabenbereichen an, die dann auf Aufgabenträger übertragen werden (vgl. *Kosiol* 1969b, Sp. 199 ff.; *Frese* 1980a, Sp. 207 ff.).

Ziel dieses in der Organisationslehre mit dem Namen *Kosiol* verbundenen klassischen **Analyse-Synthese-Konzepts** ist die **Gestaltung der Aufbauorganisation**, denn die analytische Zergliederung der Gesamtaufgabe erfolgt mit der Absicht, die einzelnen Teilaufgaben zu Aufgabenbündeln zusammenzufassen und diese auf Organisationseinheiten zu übertragen. Die Aufgabensynthese führt in ihrer Wirkung aber nicht nur zur Bildung von Organisationseinheiten (z. B. Stellen), sondern sie legt auch eine formale Über- und Unterordnung zwischen den Stellen fest und begründet damit die Stellenhierarchie.

In diesem Analyse-Synthese-Konzept scheint die **Ablauforganisation zweitrangig** zu sein, denn nach *Kosiol* handelt es sich dabei "... um die zusätzliche, in Einzelheiten gehende *raumzeitliche Strukturierung* der Arbeitsprozesse". Als Gestaltungsziele der Ablauforganisation verbleiben dann "... die Regelung der zeitlichen Belastung von Arbeitsträgern ... und die Erreichung der *kürzesten Durchlaufzeit* aller Bearbeitungsobjekte durch die Unternehmung" (*Kosiol* 1962, S. 187).

Der Ansatz von *Kosiol* führt im Ergebnis zu einer **Dominanz der Aufbauorganisation** über die Ablauforganisation, denn die Bildung von Hierarchien basiert auf den Resultaten der Aufgabenanalyse. Die aus diesem Konzept entstehenden Stellen zeichnen sich durch eine starke Arbeitsteilung aus. Die unterschiedlichen Zentralisationsformen (vgl. *Mangler* 2006, S. 52 ff.) machen deutlich, dass bis auf das Objektprinzip alle anderen Formen eine funktionale Spezialisierung der Stellen zur Folge haben.

Das Analyse-Synthese-Konzept berücksichtigt nicht, dass **viele Arbeitsprozesse** jedoch, wie die folgenden Beispiele zeigen, **stellenübergreifend** ablaufen:

- Entwicklung eines Produktes oder einer Dienstleistung von der Idee bis zum Angebot,
- Abwicklung eines Auftrages von der Erstellung eines Angebotes bis zur Auslieferung der Ware an den Kunden und der Rechnungsstellung,
- Bearbeitung einer Kreditanfrage vom Kreditantrag bis zur Genehmigung des Kredites und Auszahlung des Kreditbetrages oder bis zur Ablehnung des Kreditantrages,
- Bearbeitung eines Schadenfalles in einer Versicherung von der Schadensmeldung bis zur Begleichung der Schadenssumme.

Da eine Organisation von vielen derartigen stellen- und bereichsübergreifenden Prozessen durchzogen ist, müssen Prozesse eigentlich ganzheitlich betrachtet und gestaltet werden, Wie die Abb. 2-1 zeigt, werden in einer aus dem Analyse-Synthese-Konzept entstandenen funktionalen Organisation solche Prozesse jedoch zerrissen.

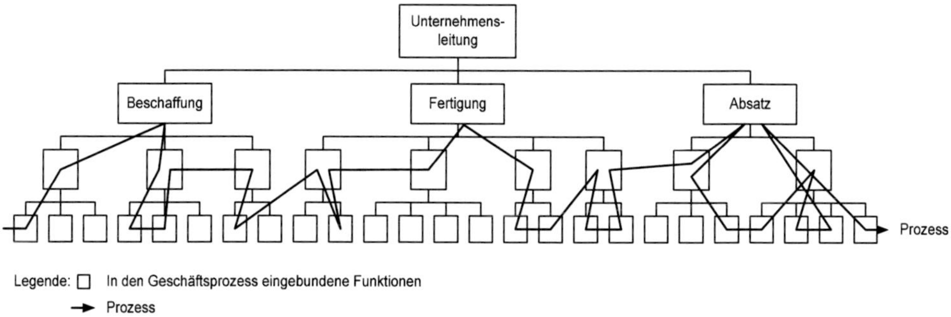

Abb. 2-1: Prozessabwicklung in einer nach Funktionen gegliederten Organisation

Da an solchen Prozessen in der Regel mehrere Organisationseinheiten (z. B. Stellen, Abteilungen) beteiligt sind, wird jeder Prozess in eine Vielzahl von einzelnen Arbeitsschritten zerlegt. Diese **funktions- und hierarchiebedingte Zerlegung der Prozesse** erfordert eine intensive Abstimmung zwischen allen an einem Prozess beteiligten Organisationseinheiten. Auftretende Steuerungsprobleme verursachen einen hohen Bedarf an Koordination und Regelungen. Die **Zersplitterung eines eigentlich ganzheitlichen Prozesses** bringt darüber hinaus die Gefahr von Doppelarbeiten mit sich. Entstehende Schnittstellen machen zusätzliche Kontrollen erforderlich und können zu Nacharbeiten führen. Da Rücksprünge in einem Prozess nicht ausgeschlossen werden können, werden betriebliche Abläufe unübersichtlich, und sie dauern länger.

Auch die in einer solchen funktionalen Betrachtungsweise erforderlichen Gestaltungsmaßnahmen oder Optimierungen setzen ebenfalls in der Regel an einem einzelnen Sachverhalt an. Traditionelle Maßnahmen zur Beseitigung einer ineffizienten Organisation greifen aus der hohen Komplexität einer Organisation einen Aspekt heraus und stellen diesen in den Vordergrund der Organisations- und Optimierungsbemühungen. So ist immer wieder zu beobachten, dass der Versuch unternommen wird, z. B. ausschließlich durch den verstärkten Einsatz von Sachmitteln (z. B. Computer, Werkzeuge, Maschinen), Optimierungen zu erzielen.

Vielfach wird auch nur ein Bereich herausgegriffen (z. B. der Einkauf, die Fertigung, der Vertrieb), der dann allein Gegenstand von Optimierungen ist. Optimierungen dieser Art werden dann häufig so vorgenommen, dass sie bei genauer Betrachtung zu Lasten anderer Bereiche des Unternehmens erfolgen.

Im Ergebnis zeigen diese herkömmlichen Vorgehensweisen jedoch nur punktuelle Wirkungen. Der erhoffte Durchbruch bleibt in der Regel aus, weil die internen Abläufe und Strukturen nicht den speziellen Anforderungen des Marktes entsprechen, d. h. die Prozesse und die interne Organisation passen nicht zueinander.

2.1.2 Prozessorientierung

Technologischer Wandel, verstärkter Wettbewerbsdruck, zunehmende Internationalisierung, Verkürzung der Produktzyklen, Verkürzung der Zeiträume von Vormachtstellungen auf dem Markt und ein gestiegenes Bewusstsein der Kunden sind für viele Unternehmen Anlässe, bisherige Strukturen und Abläufe in Frage zu stellen. Diese "neue Marktdynamik" (*Eiff* 1996, S. 5) ist der eigentliche Auslöser für eine ganzheitliche Prozessorientierung, denn vor dem Hintergrund der Wettbewerbs- und Überlebensfähigkeit von Unternehmen geht es weniger um die Optimierung einzelner Verrichtungen. Im Mittelpunkt steht vielmehr die **Beschleunigung und Kostenoptimierung vollständiger Prozesse.**

Im Gegensatz zur traditionellen Vorgehensweise berücksichtigen neuere Konzepte, dass die Gestaltung von Organisationen und damit auch die Bildung von Hierarchien von Geschäftsprozessen auszugehen haben. Stellen und Abteilungen entstehen nun erst im Rahmen einer prozessorientierten Organisationsgestaltung unter Berücksichtigung der Besonderheiten des Ablaufs betrieblicher Prozesse (vgl. *Gaitanides* 1983, S. 62). Während der traditionelle aufgabenorientierte Ansatz in der Aufgabensynthese lediglich gleichartige Verrichtungen zu Funktionsbereichen zusammenfasst, geht der prozess-orientierte Ansatz von zusammenhängenden Abläufen aus, die insgesamt optimal zu gestalten sind. Die organisatorische Umsetzung dieser Prozesssicht geschieht in Unternehmen durch (Geschäfts-)Prozessmanagement, Business Process Reengineering, Process Redesign oder Geschäftsprozessoptimierung. Trotz dieser Begriffsvielfalt liegt die Gemeinsamkeit dieser Ansätze in der prozessorientierten Betrachtung der Organisation (s. dazu auch *Gaitanides/Scholz/Vrohlings* 1994, S. 3 ff.). Für eine **prozessorientierte Organisationsgestaltung** sprechen die folgende **Vorteile** (s. dazu z. B. *Reiß* 1993, S. 49 ff.; *Vahs* 2005, S. 206):

- **Reduzierung von Abhängigkeiten zwischen einzelnen Abläufen**
  Da sich die Organisation auf die wichtigen und bedeutenden Prozesse konzentriert, lassen sich die gegenseitigen Abhängigkeiten zwischen einzelnen Abläufen und die daraus resultierenden Schnittstellenprobleme reduzieren. Dies führt dazu, dass der Koordinationsaufwand abnimmt, denn auf Schnittstellen zurückzuführende Doppelarbeiten und Fehler gehen zurück.

- **Anpassung an veränderte Situationen**
  Das Unternehmen kann sich besser an veränderte Situationen anpassen. Eine erforderliche Neuausrichtung und die sich anschließende Restrukturierung können sich auf die relevanten Prozesse konzentrieren.

- **Aufzeigen notwendiger Erfolgsfaktoren**
  Es werden alle für eine erfolgreiche Restrukturierung notwendigen Erfolgsfaktoren aufgezeigt. Dies begünstigt eine permanente Optimierung aller Abläufe des Unternehmens.

- **Ganzheitliche Prozessverantwortung**
  Die Festlegung von Prozessen über Bereiche hinweg lässt die Möglichkeit zu, personelle Zuständigkeiten für Prozesse festzulegen. Einer oder mehreren Personen können Kompetenzen und die Verantwortung für vollständige Prozessabläufe übertragen werden.

- **Externe und interne Kundenorientierung**
  Denken und Handeln in bereichsübergreifenden Prozessen stellt den Kunden in den Mittelpunkt aller Bemühungen und nicht bereichsspezifische Interessen. Diese Kundenorientierung bezieht sich nicht nur auf Kunden des Unternehmens, sondern sie gilt auch intern, denn auch das Denken und Handeln der Mitarbeiter untereinander soll durch eine Lieferanten-Kunden-Beziehung gekennzeichnet sein.

- **Konzentration auf das erfolgreiche Geschäft**
  Unternehmen sind einem stetigen Wandel ausgesetzt. Um Anpassungen an derartige Veränderungen erfolgreich zu bewältigen, müssen sich Unternehmen mit aller Kraft auf das konzentrieren, was ihren eigentlichen Erfolg ausmacht. Die Orientierung an Geschäftsprozessen ermöglicht es den Unternehmen sich auf das Wesentliche, d. h. auf das erfolgreiche Geschäft, zu konzentrieren.

Die wachsende Bedeutung einer Prozessorientierung ergibt sich daraus, dass der wirtschaftliche Erfolg von Unternehmen in dem Maße zunimmt, wie es gelingt, die Unternehmensstrukturen an den Kundenanforderungen auszurichten. Die prozess-orientierte Sichtweise der Unternehmensaktivitäten mit dem **Ziel einer kundenorientierten Wertschöpfung** erfordert die funktionsübergreifende Neuausrichtung aller betrieblichen Tätigkeiten (vgl. *Wirtz* 1996, S. 1024; *Zink/Brandstätt* 1996, S. 743).

Dieses Konzept zur umfassenden und grundlegenden Reorganisation von Unternehmen erfordert ein "fundamentales Überdenken und radikales Design von Unternehmen oder wesentlichen Unternehmensprozessen". Nur dann ergeben sich "...Verbesserungen um Größenordnungen in entscheidenden, heute wichtigen und messbaren Leistungsgrößen in den Bereichen Kosten, Qualität, Service und Zeit" (*Hammer/Champy* 1994, S. 48).

2.2 Grundlagen der Prozessorganisation

2.2.1 Begriff des Prozesses

In der Regel erfolgt das Erreichen eines bestimmten Zustandes oder das Erstellen eines bestimmten Objektes in der Form, dass innerhalb einer bestimmten Zeit logisch zusammenhängende Aktivitäten in einer Abfolge vollzogen werden. Ein Prozess hat demzufolge eine **Ausgangssituation** bzw. einen Ausgangszustand und wird durch ein **(Start-)Ereignis** in Gang gesetzt. In Prozessen zur Erstellung von realen Gütern entsteht aus einem Input in Form von Einsatzgütern durch eine Folge von Aktivitäten ein Output in Form eines Ausbringungsgutes. Prozesse zur Erstellung von (Dienst-)Leistungen lassen aus einer Ausgangsleistung oder einer Ausgangssituation durch die Aneinanderreihung von Aktivitäten eine neue Leistung entstehen. Prozesse enden demzufolge mit einem **Zielobjekt** oder mit dem **Erreichen eines Zielzustandes**.

Ein Prozess umfasst einen inhaltlich abgeschlossenen Vorgang. Die dabei vorgenommenen Operationen, Verrichtungen, Aktivitäten und Tätigkeiten stellen einen Transformationsprozess dar, bei dem durch das Erreichen eines Zielobjektes oder eines Zielzustandes in der Regel auch ein **Wertzuwachs** erfolgt. Dieser Wertzuwachs ergibt sich aus der Differenz zwischen dem Wert des Input und dem Wert des Output. Bei Prozessen zur Erstellung von

Produkten bzw. Sachgütern verkörpert das Ausbringungsgut einen höheren Wert als das Einsatzgut oder die Einsatzgüter. Dieser Wertzuwachs ergibt sich auch bei der Erstellung von Dienstleistungen, d. h. dem Zielzustand wird ein höherer Wert beigemessen als dem Ausgangszustand. In der Regel wird dieser Wertzuwachs in einem Marktpreis oder in einem internen Verrechnungspreis gemessen.

Ein **Prozess** ist somit
- die zielgerichtete Erstellung oder Veränderung eines Objektes oder einer Leistung
- durch eine Abfolge von logisch zusammenhängenden Aktivitäten und Tätigkeiten
- innerhalb einer bestimmten Zeit
- mit dem Ziel, einen Wertzuwachs zu erreichen.

Ein **Prozess** ist somit
- die zielgerichtete Erstellung oder Veränderung eines Objektes oder einer Leistung
- durch eine Abfolge von logisch zusammenhängenden Aktivitäten und Tätigkeiten
- innerhalb einer bestimmten Zeit
- mit dem Ziel, einen Wertzuwachs zu erreichen.

2.2.2 Merkmale von Prozessen

Ein Prozess stellt die innerhalb eines bestimmten Zeitraumes ablaufende **Folge von logisch zusammengehörenden Aktivitäten und Tätigkeiten** dar. Bezieht man diese Prozesssichtweise auf den "*Arbeitsprozeß* als raumzeitlich sich abspielenden Vorgang, der zur *Zielerreichung* hinführt und sie bewirkt..." (*Kosiol* 1962, S. 185), dann lassen sich folgende **Merkmale von Prozessen** festhalten (vgl. hierzu z. B. *Bea/Schnaitmann* 1995, S. 278 ff.; *Schulte-Zurhausen* 2005, S. 52 f.; *Vahs* 2005, S. 211 ff.):

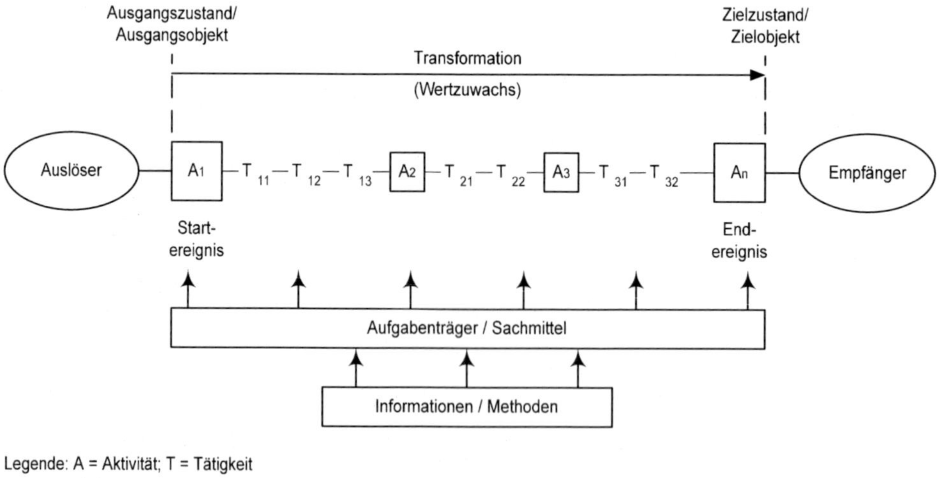

Abb. 2-2: Merkmale eines Prozesses

- Ein Prozess ist in seiner Gesamtheit immer durch eine **Aufgabe** gekennzeichnet, die auf das Erreichen von **Zielen** ausgerichtet ist.

- Ein Prozess ist ein **inhaltlich abgeschlossener Vorgang**, der durch ein fest definiertes **Startereignis** in Gang gesetzt wird und durch ein fest definiertes **Endereignis** abgeschlossen wird.

- Innerhalb eines Prozesses findet eine **Transformation** statt von einem **Ausgangszustand oder Ausgangsobjekt** hin zu einem **Zielzustand oder Zielobjekt.**

- Diese Transformation vollzieht sich durch die Aneinanderreihung von **Aktivitäten und Tätigkeiten** in einem bestimmten **zeitlichen Rahmen.**

- In der Regel ergibt sich aus der Transformation ein **Wertzuwachs.**

- Das Startereignis hat einen **Auslöser oder Initiator**; das mit dem Endereignis erreichte Prozessergebnis wird an einen **Empfänger** weiter gegeben.

- In einem Arbeitsprozess wirken **Aufgabenträger und Sachmittel** zusammen.

- Um die Aktivitäten und Tätigkeiten durchführen zu können, müssen sowohl Aufgabenträger als auch Sachmittel auf **Informationen** und **Methodenwissen** zugreifen.

Was jeweils konkret als ein Prozess anzusehen ist, entzieht sich jedoch einer objektiven Beurteilung, denn Beginn und Ende eines Prozesses sowie die dazwischen ablaufenden Aktivitäten und Tätigkeiten ergeben sich erst aus der subjektiven Sicht und Festlegung durch einen Betrachter oder Gestalter.

2.2.3 Arten von Prozessen

Eine Unterscheidung nach **Arten von Prozessen** hat zwischenzeitlich insbesondere in der betrieblichen Praxis zu einer Vielfalt von Begriffen zur Abgrenzung von Arbeitsprozessen geführt. Vor dem Hintergrund der organisatorischen Gestaltung erscheint dabei eine **Differenzierung nach fünf Kriterien** als wesentlich:

(1) Prozessgegenstand (Objekt)
Der Unterscheidung nach dem Gegenstand von Prozessen liegt die Frage zugrunde, in welcher Form betriebliche Leistungen auftreten. Da dies materielle und immaterielle Güter sein können oder aber die Kombination von beidem, lassen sich materielle Prozesse (Warenprozesse) von Informationsprozessen unterscheiden.

- **Materielle Prozesse**
  Zu dieser Gruppe gehören alle Prozesse, die Materialien oder körperliche Gegenstände bzw. real existierende Objekte transportieren (z. B. Rohstoffe, Hilfsstoffe, Betriebsstoffe, Halbfabrikate, Fertigfabrikate) oder in materielle Güter transformieren. Die an diesen Ausgangsobjekten vorgenommenen körperlichen Veränderungen können so weit führen, bis sich als Zielobjekte marktfähige Produkte (Waren) ergeben.

- **Informationsprozesse**
  Dazu gehören alle Prozesse, die sich auf die Entstehung und den Austausch von Informationen beziehen. Informationsprozesse beinhalten daher alle Aktivitäten und Tätigkeiten zur Umwandlung von Daten in Informationen (Verarbeitung) und deren Weiterleitung. Die Behandlung materieller Informationsträger, wie z. B. Notizen, Akten, Formulare und Disketten, werden auch dieser Gruppe von Prozessen zugerechnet (vgl. *Schulte-Zurhausen* 2005, S. 54).

(2) Art der Aktivitäten und Tätigkeiten
Dieser Gruppe von Prozessen liegt die Frage zugrunde, welche Art von Aktivitäten und Tätigkeiten auftreten können. Dabei lassen sich operative Prozesse von Leitungs- oder Führungsprozessen unterscheiden (vgl. *Hill/Fehlbaum/Ulrich* 1994, S. 26).

- **Operative Prozesse**
  Sie beinhalten alle Prozesse der eigentlichen Leistungserstellung. Diese Prozesse führen entweder zu einem (materiellen) Zielobjekt (z. B. Produkt oder Sachgut) oder zu einem (immateriellen) Zielzustand (z. B. Dienstleistungen).

- **Leitungs- oder Führungsprozesse**
  Zu dieser Gruppe gehören alle Prozesse, die sich auf die Planung, Steuerung und Kontrolle der Geschäftsabwicklung beziehen. Dies beinhaltet alle Aktivitäten und Tätigkeiten zur Planung und Kontrolle von Zielen und Maßnahmen des Unternehmens sowie zur Führung von Mitarbeitern und der Gestaltung von Organisationsstrukturen.

(3) Bezug zum Markt
Die Unterscheidung nach dem Marktbezug ergibt sich aus der Frage, wie nah die betrachteten in einem Prozess zusammengefassten Aktivitäten und Tätigkeiten am Marktgeschehen liegen. Dabei kann zwischen Primär- und Sekundärprozessen (vgl. *Porter* 1996, S. 65 ff.) und Innovationsprozessen unterschieden werden

- **Primärprozesse (Marktprozesse)**
  Diese Gruppe von Prozessen trägt dazu bei, ein Produkt oder eine Dienstleistung zu erstellen, zu vertreiben und zu betreuen. Marktprozesse bilden alle Aktivitäten und Tätigkeiten ab, die zur Erzielung der Marktleistung erforderlich sind. Sie sind damit direkt an der Wertschöpfung beteiligt. In einem Güter produzierenden Unternehmen gehören dazu z. B. die Fertigung, Montage und der Vertrieb. Marktprozesse von Dienstleistungsunternehmen beinhalten alle Prozesse zur Erstellung und zum Absatz der jeweiligen Dienstleistung.

- **Sekundärprozesse (Marktfolgeprozesse)**
  Diese Gruppe von Prozessen bildet alle Aktivitäten und Tätigkeiten ab, die zur Unterstützung der Primärprozesse erforderlich sind und damit die Betriebsbereitschaft sicherstellen. Da sie für den reibungslosen Ablauf aller Funktionen des Unternehmens von großer Bedeutung sind, werden sie auch als Unterstützungsprozesse bezeichnet. Kennzeichen dieser Prozesse ist, dass sie Leistungen aufgrund der Anforderungen der übrigen Prozesse erbringen. Dazu gehört z. B. die Beschaffung, Bereitstellung und Pflege von Einsatzgütern, Finanzen und Personal.

- **Innovationsprozesse**
  Diese Gruppe von Prozessen beinhaltet die Aufgaben der Produkt-, Prozess- und Strukturinnovationen. Sie bilden alle Aktivitäten und Tätigkeiten ab, die der Sicherstellung und Verbesserung der Wettbewerbsposition des Unternehmens dienen. Gegenstand dieser Prozesse ist z. B. die Entwicklung und die Einführung von neuen Produkten, Verfahren und Strukturen.

(4) Umfang der Abbildung

Dieser Gruppe von Prozessen liegt die Frage zugrunde, welcher Ausschnitt von Aktivitäten und Tätigkeiten als Prozess definiert und betrachtet werden soll. Hinsichtlich der Unterscheidung nach dem Umfang der Abbildung liegt demzufolge entweder ein Totalprozess vor, oder es ergeben sich verschiedene Partialprozesse (vgl. *Bea/Schnaitmann* 1995, S. 281 f.).

- **Totalprozess**
  Beinhaltet ein Prozess alle Aktivitäten und Tätigkeiten eines ausgewählten Betrachtungsgegenstandes vollständig, liegt ein Totalprozess vor. Ist z. B. die interne Situation eines Unternehmens Gegenstand der Betrachtung, dann stellt der Unternehmensprozess den entsprechenden Totalprozess dar.

- **Partialprozesse**
  Im Vergleich zum Unternehmensprozess wären dann einzelne Funktionen, wie z. B. Einkauf, Forschung und Entwicklung, Fertigung und Vertrieb Partialprozesse.

Die Unterscheidung zwischen Total- und Partialprozess lässt sich nur in Abhängigkeit von der jeweiligen Sichtweise und Aufgabenstellung vornehmen. Soll beispielsweise die Art und Weise der Beschaffung untersucht werden, dann verkörpert der Beschaffungsprozess in seiner Gesamtheit den Totalprozess. Einzelne Funktionen der Beschaffung wären aus dieser Perspektive dann Partialprozesse.

(5) Wiederholbarkeit

Die Unterscheidung nach der Wiederholbarkeit ergibt sich aus der Frage, ob Vorgänge eher häufig und gleich bleibend wiederholt werden oder eher selten und jeweils anders verlaufen. Dabei kann zwischen repetitiven und innovativen Prozessen unterschieden werden (vgl. *Bea/Schnaitmann* 1995, S. 282).

- **Repetitive Prozesse**
  Zu dieser Gruppe gehören alle Prozesse, die einfache, schematische und sich ständig wiederholende Aufgaben beinhalten, z. B. die Prozesse 'Bestellung' und 'Archivierung'.

- **Innovative Prozesse**
  Diese Gruppe enthält Prozesse, die in der Regel, verglichen mit dem jeweils letzten Ablauf des Prozesses, bei jedem Vollzug andersartig ablaufen. Sie sind daher vielfach nur wenig strukturiert und zeichnen sich durch einen hohen Entscheidungsbedarf aus. Dazu gehört z. B. der Prozess der Produktentwicklung.

2.3 Geschäftsprozesse

2.3.1 Begriff des Geschäftsprozesses

Ein **Geschäftsprozess** ist der durch eine bestimmte Produkt- oder Leistungsart des Unternehmens festgelegte Weg vom Wunsch des Kunden (z. B. Anfrage, Auftrag), bis zur Erfüllung des Kundenwunsches durch das eigene Unternehmen, z. B. in Form der Produktauslieferung oder der Bereitstellung einer Dienstleistung. Geschäftsprozesse sind genau diejenigen Prozesse, die das eigentliche Geschäft eines Unternehmens abbilden. Ein Geschäftsprozess ist die logische Aneinanderreihung der dafür erforderlichen Aktivitäten und Tätigkeiten. Da die Aneinanderreihung aller in einem Unternehmen vorkommenden Aktivitäten und Tätigkeiten zu sehr langen, unübersichtlichen und vor allem schwer handhabbaren Geschäftsprozessen führen würde, werden Gruppen von Geschäftsprozessen gebildet (s. 2.4).

Auslöser solcher Geschäftsprozesse und Empfänger der daraus resultierenden Zielobjekte oder Zielzustände, sind jedoch nicht nur Lieferanten und Kunden von außerhalb des Unternehmens. Auch **interne Lieferanten** (vorgelagerte Prozesse) und **interne Kunden** (nachgelagerte Prozesse) können selbst Geschäftsprozesse anstoßen und beenden. Diese Gemeinsamkeit von externer und interner Kunden-/Lieferanten-Beziehung bedeutet, dass z. B. der Geschäftsprozess *Materialbeschaffung* als Lieferant für den Produktionsprozess verstanden werden kann. Der Produktionsprozess als Kunde des Prozesses *Materialbeschaffung* ist seinerseits Lieferant für den Prozess *Vertrieb* (vgl. *Gaitanides/Raster/Rießelmann* 1994, S. 208).

Im Rahmen der prozessorientierten Gestaltung eines Unternehmens spielen Geschäftsprozesse eine zentrale Rolle, denn sie sind der Ausgangs- und Ansatzpunkt für Optimierungen. Zum Management von Geschäftsprozessen gehören somit alle Maßnahmen, um Geschäftsprozesse zu identifizieren, zu konkretisieren, anzupassen, zu kontrollieren und zu steuern (s. 2.6). Um diese Aufgaben erfüllen zu können, werden Geschäftsprozesse nach Aktivitäten und Tätigkeiten gegliedert.

2.3.2 Elemente von Geschäftsprozessen

Jeder Geschäftsprozess setzt sich aus mehreren Aktivitäten und Tätigkeiten zusammen. Die beiden Beispiele (Abb. 2-3 und 2-4) zeigen jeweils einen **Ausschnitt** aus einem **Geschäftsprozess** und stellen exemplarisch dazugehörende Aktivitäten und Tätigkeiten dar. Dabei dient die Unterteilung in Aktivitäten und Tätigkeiten zunächst der logischen Durchdringung und Gliederung eines Geschäftsprozesses.

So fallen im Rahmen des Geschäftsprozesses der Produktion eines PKW (Abb. 2-3) neben vielen anderen Aktivitäten u. a. die in diesem Ausschnitt dargestellten Aktivitäten an. An den beiden Aktivitäten *Lackierung* und *Endkontrolle* ist zu erkennen, dass sich diese aus einzelnen Tätigkeiten zusammensetzen. Die *Lackierung* besteht selbst wieder aus einer Vielzahl von Tätigkeiten, z. B. wird die Karosserie zuerst einer *Tauchlackierung* unterzogen bevor die Tätigkeiten *Spülen* und *Trocknung* folgen. Dem schließt sich die *Grundlackierung* an. Weitere Tätigkeiten, wie z. B. *Schleifen*, *Reinigen*, *Klarlackierung* usw. gehören ebenfalls dazu.

Die Aktivität der *Endkontrolle* besteht u. a. aus den Tätigkeiten, wie z. B. *Achsenkontrolle*, *Kontrolle der Lichtanlage* und *Bremsentest*.

Produktion des Personenkraftwagens vom Typ „...“

• Unterbau einlegen	Aktivität
• Seitenwände anbringen	"
•	"
• Kotflügel montieren	"
•	"
•	"
• Lackierung	"
- Tauchlackierung	Tätigkeit
- Spülen	"
- Trocknung	"
- Grundlackierung	"
-	"
-	"
•	Aktivität
• Scheibenmontage	"
•	"
• Rädermontage	"
•	"
• Endkontrolle	"
- Achsenkontrolle	Tätigkeit
- Kontrolle der Lichtanlage	"
-	"
- Bremsentest	"
•	Aktivität

Abb. 2-3: Ausschnitt aus einem Geschäftsprozess eines PKW produzierenden Unternehmens

Der für eine Bank bedeutende Geschäftsprozess der Hereinnahme von Spareinlagen (Abb. 2-4) kann u. a. die Aktivitäten beinhalten, Kunden über Sparformen zu beraten bzw. das Sparkonto zu verkaufen sowie die eigentliche Kontoführung und, wenn der Kunde es wünscht, die Auflösung bzw. Schließung des Sparkontos. Zur Aktivität der Kontoführung gehören u. a. die Tätigkeiten der Bearbeitung von Kontoänderungen (z. B. Änderung des Zinssatzes, Änderung der Anschrift des Kunden) und die Berechnung von Zinsen. Soll das Sparkonto aufgelöst werden, fallen beispielsweise die Tätigkeiten an, das Konto abzurechnen, dem Kunden den angesparten Betrag auszuzahlen und die Kontounterlagen zu archivieren.

Die Erstellung bzw. Entwicklung solcher Geschäftsprozesses vollzieht sich zunächst in der Form, dass für jeden Geschäftsprozess getrennt untersucht wird, aus welchen Aktivitäten er sich zusammensetzt. Liegen alle zu einem Geschäftsprozess gehörenden Aktivitäten vor, wird dieser **Analysevorgang** weiter heruntergebrochen. In einem nächsten Schritt wird nun untersucht, aus welchen Tätigkeiten sich die jeweiligen Aktivitäten zusammensetzen. Aus dieser hierarchischen Darstellung aller in einem Geschäftsprozess vorkommenden Aktivitäten und Tätigkeiten ergibt sich die Prozessstruktur.

Annahme einer Spareinlage	
• Beratungs-/ Verkaufsgespräch	Aktivität
-	Tätigkeit
-	"
-	"
-	"
•	Aktivität
• Kontoführung	"
-	Tätigkeit
- Kontoänderungen bearbeiten	"
-	"
- Zinsen berechnen	"
•	Aktivität
• Kontoschließung	"
- Abrechnung des Kontos	Tätigkeit
- Auszahlung	"
-	"
- Archivierung der Kontounterlagen	"

Abb. 2-4: Ausschnitt aus einem Geschäftsprozess eines Dienstleistungsunternehmens (Bank)

Diese **Prozessidentifikation** kann entweder unternehmensspezifisch oder idealtypisch erfolgen. Dahinter verbergen sich zwei Hypothesen über die prozessorientierte Interpretation von Unternehmen (vgl. *Gaitanides/Scholz/Vrohlings* 1994, S. 6 ff.; *Corsten* 1996, S. 1091):

(1) Idealtypische Prozessidentifikation
Diese **allgemeine Definition** von Prozessen geht davon aus, dass alle Unternehmen über die gleichen Rahmenprozesse oder Prozesshülsen verfügen, die dann dem Unternehmen und der Branche entsprechend präzisiert sind. Prozesse sind somit nicht identisch, aber in jedem Unternehmen oder in der Branche in ähnlicher Form zu finden.

(2) Unternehmensspezifische Prozessidentifikation
Demgegenüber geht diese **situative oder singuläre Identifikation** davon aus, dass jedes Unternehmen eigene Prozesse hat, die sich nicht mit denen anderer Unternehmen vergleichen lassen. Ausschlaggebend für die Abgrenzung der Prozesse sind demzufolge unternehmensspezifische Merkmale, die einmalig sind und sich nicht wiederholen. Jede betriebliche Prozesskonstellation ist daher als einzigartig anzusehen.

Vor dem Hintergrund einer unternehmensspezifischen Optimierung von Geschäftsprozessen sind jeweils die für das zu untersuchende Unternehmen geltenden Geschäftsprozesse zu identifizieren. Die eventuell für die Branche des betreffenden Unternehmens vorliegenden Prozesshülsen müssen daher so konkretisiert bzw. angepasst werden, dass sie das Unternehmen in seiner gesamten Einmaligkeit widerspiegeln. Im Rahmen der Gestaltung bzw. Optimierung von Geschäftsprozessen (s. 2.6) kann erst diese **unternehmensspezifische Identifikation von Prozessen, Aktivitäten und Tätigkeiten**, beispielsweise bei der Erhebung der dafür erforderlichen Zeit- und Mengengerüste, behilflich sein. Darüber hinaus lässt sich damit auch überprüfen, welche Aktivitäten und Tätigkeiten verändert werden müssen oder eventuell sogar ersatzlos entfallen können. In diesem Zusammenhang ist auch die

Frage zu stellen, ob überhaupt alle Aktivitäten und Tätigkeiten vom Unternehmen selbst erbracht werden müssen oder auf Externe übertragen werden können.

2.4 Geschäftsprozessmodelle

2.4.1 Strukturen von Geschäftsprozessmodellen

Die Gesamtheit der für ein Unternehmen relevanten Geschäftsprozesse stellt das Geschäftsprozessmodell dar. Dabei lässt sich eine Hierarchie beobachten. Die für das betreffende Unternehmen relevanten Geschäftsprozesse - aus der Sicht des Unternehmens sind es Kern-, Schlüssel- oder Hauptprozesse - können in Prozessgruppen zusammengefasst werden. Das Geschäftsprozessmodell in Abb. 2-7 zeigt, dass es sinnvoll sein kann, innerhalb einer Gruppe, z. B. in der Gruppe der Marktprozesse, noch einmal nach einzelnen Prozessbereichen zu unterscheiden. Die zu einem Prozessbereich gehörenden Prozesse setzen sich dann ihrerseits aus Aktivitäten und Tätigkeiten zusammen. Die sich daraus ergebende **hierarchische Struktur von Geschäftsprozessmodellen** (Abb. 2-5) gewährleistet die Transparenz der Prozessstrukturen (s. dazu auch *Scholz/Vrohlings* 1994c, S. 39 f.).

- Geschäftsprozessmodell
  - Prozessgruppen
    - Prozessbereiche
      - Geschäftsprozesse
        - Aktivitäten
          - Tätigkeiten

Abb. 2-5: Die hierarchische Struktur von Geschäftsprozessmodellen

Der Zweck dieser Strukturierung liegt darin, alle für das Unternehmen relevanten Aktivitäten und Tätigkeiten zu identifizieren. Aus der Sicht des Unternehmens sollen in Zukunft nur solche Leistungen erbracht werden, die eine **Wertschöpfung** darstellen, d. h. einen Nachfrager haben, der auch bereit ist, die Kosten zu übernehmen.

Dieses **Prinzip der Marktorientierung** gilt auch für die innerbetriebliche Leistungsverflechtung. Eine derartige interne Marktorientierung geschieht dann in der Absicht, auch die Erstellung dieser Leistungen bedarfsorientiert vorzunehmen, d. h. für inner-betriebliche Leistungen muss ebenfalls ein Kunde bzw. ein Abnehmer gefunden werden, der diese Leistung honoriert. Aus dieser Input-Output-Verknüpfung der Prozesse ergibt sich ein Netzwerk zur Erstellung von (Dienst-)Leistungen. Dies führt dazu, dass unterstützende bzw. indirekte Bereiche nicht mehr nur als Kostenfaktor aufgefasst werden. Finden sie einen Abnehmer im Unternehmen, dessen Wünsche und Bedürfnisse durch deren Produkte oder Dienstleistungen befriedigt werden, werden auch unterstützende oder indirekte Bereiche zu einem wertschöpfenden Faktor (vgl. *Scholz/Vrohlings* 1994d, S. 22).

2.4.2 Beispiele für Geschäftsprozessmodelle

Aus Gründen der Übersichtlichkeit, der Pflege und Optimierung werden die für ein Unternehmen relevanten Geschäftsprozesse in Gruppen zusammengefasst. Das Geschäftsprozessmodell für ein Industrieunternehmen könnte z. B. aus Führungs-, Markt-, Innovations- und Unterstützungsprozessen bestehen (Abb. 2-6). Für jede Gruppe werden exemplarisch ausgewählte Geschäftsprozesse aufgeführt:

Führungsprozesse
- Finanzplanung
- Personalplanung
- Geschäftsfeldplanung
- Fertigungsplanung

Marktprozesse (Primärprozesse)
- Auftragsabwicklung (vom Angebot bis zur Auslieferung)
- Vorfertigung
- Endmontage

Innovationsprozesse
- Produktentwicklung (von der Idee bis zur Marktverfügbarkeit)
- Anmeldung von Patenten
- Qualitätsmanagement

Unterstützungsprozesse (Sekundärprozesse)
- Beschaffung von Finanzen
- Beschaffung von Personal
- Beschaffung von Roh-, Hilfs- und Betriebsstoffen

Abb. 2-6: Geschäftsprozessmodell eines Industrieunternehmens mit **ausgewählten** Geschäftsprozessen

Die Abb. 2-7 lässt erkennen, wie das Geschäftsprozessmodell eines Dienstleistungsunternehmens aussehen könnte. Am Beispiel einer Bank werden die dabei eventuell in Frage kommenden Gruppen von Geschäftsprozessen sowie ausgewählte Geschäftsprozesse dargestellt.

Da Dienstleistungen als immaterielle Produkte verstanden werden können, gilt auch hier, dass sie von einem Lieferanten für einen Kunden erbracht werden. Für die Außenbeziehungen eines Unternehmens bedeutet diese **Marktorientierung**, dass das Dienstleistungsunternehmen Lieferant für derartige Dienstleistungen ist und Kunden diese Dienstleistung nachfragen. Im Falle einer Bank werden z. B. die Produkte Reiseschecks und Baufinanzierungen angeboten und Kunden fragen diese nach, d. h. kaufen Reiseschecks, beantragen Kredite bzw. nehmen diese in Anspruch.

Führungsprozesse
- Personalplanung
- Steuerung von Geschäftsstellen

Marktprozesse
- Aktivgeschäft (Kreditgeschäft)
  - Kontokorrentkredit
  - Baufinanzierung
- Passivgeschäft (Einlagengeschäft)
  - Spareinlagen
  - Termineinlagen
- Provisionsgeschäft
  - Aktien (An- und Verkauf)
  - Reiseschecks (Verkauf)
- Dienstleistungsgeschäft
  - Überweisung
  - Kassenverkehr
- Vermittlungsgeschäft
  - Vermittlung von Versicherungen
  - Vermittlung von Immobilien

Marktfolgeprozesse
- Datenerfassung
- Nachforschungen/ Reklamationen

Übergreifende Prozesse
- Statistik und Meldewesen
- Aus- und Fortbildung

Abb. 2-7: Geschäftsprozessmodell eines Dienstleistungsunternehmens mit **ausgewählten** Geschäftsprozessen

2.5 Ziele der Prozessorganisation

Eine prozessorientierte Unternehmensorganisation soll wesentlich zum Erfolg eines Unternehmens beitragen. Aus diesem zunächst global wirkenden Anspruch ergeben sich folgende **Einzelziele einer prozessorientierten Organisationsgestaltung** (vgl. *Scholz/Vrohlings* 1994a, S. 68 ff.; *Eversheim* 1996, S. 27 ff.; siehe auch *Vahs* 2005, S. 218 ff.):

(1) Verkürzung der Durchlaufzeiten
Unternehmen, die mit ihren Produkten und Dienstleistungen schneller am Markt sind, haben einen erheblichen Wettbewerbsvorteil gegenüber ihren Konkurrenten. Dabei geht es einerseits um die Reduzierung der Zeiten für die Be- und Verarbeitung eines materiellen oder immateriellen Objekts (Ausführungszeiten), andererseits liegen aber auch in den Rüstzeiten und insbesondere in den Transport- und Liegezeiten oft erhebliche Reserven zur Beschleunigung. Vielfach lassen sich deutliche Zeitgewinne z. B. durch kürzere Produktentwicklungszeiten erzielen. Der mit Zeiteinsparungen zusätzlich beabsichtigte Imagegewinn und die damit einhergehende Kundenzufriedenheit, wirken sich insgesamt positiv auf die Kundenbeziehung aus. Die Frage der Verkürzung von Durchlaufzeiten ist jedoch nicht nur bei Güter

produzierenden Unternehmen, sondern gleichermaßen bei Dienstleistungsunternehmen von Bedeutung.

(2) Erhöhung der Prozessqualität

Prozessqualität zeichnet sich durch einen reibungslosen Ablauf aller Prozesse aus. Dies bedeutet, alle Geschäftsprozesse hinsichtlich eventueller Rücksprünge oder Schleifen, die häufig durch Fehler in vorangegangenen Aktivitäten und Tätigkeiten ausgelöst werden, zu überprüfen. Eine hohe Prozessqualität begünstigt einerseits das Ziel der kurzen Durchlaufzeiten und ist andererseits eine wichtige Voraussetzung für eine hohe Qualität der Produkte und Dienstleistungen.

(3) Verbesserung der Innovationsfähigkeit

Eine prozessorientierte Unternehmensorganisation bietet die Möglichkeit, sich besser auf Produktneuerungen einzustellen. Die Ausrichtung der Organisation an Prozessen ermöglicht dem Unternehmen aber auch, sich ablauf- und aufbaubedingten Verbesserungserfordernissen schneller, flexibler und effizienter anzupassen und diese erforderlichen Veränderungen auch im Unternehmen durchzusetzen.

(4) Senkung der Prozesskosten

Kosten lassen sich nur dann senken, wenn sie zum einen bekannt, d. h. transparent sind. Somit geht es zunächst darum, die Prozesskosten und deren Bestandteile (z. B. Auftrags-, Transport-, Rüst-, Lager-, Informations- und Fehlerkosten) zu ermitteln. Zum anderen setzt Senkung der Kosten voraus, diese beeinflussen zu können, mit dem Ziel, die Kosten so niedrig wie möglich zu halten. Nicht zuletzt begünstigen kurze Durchlaufzeiten und eine hohe Prozessqualität das Ziel, die Prozesskosten zu senken.

Die dargestellten Ziele der Prozessorganisation lassen sich deutlich besser erreichen, wenn die beiden folgenden **Voraussetzungen** gegeben sind:

- Transparenz der Bearbeitungsvorgänge
- Beeinflussbarkeit der Bearbeitungsvorgänge.

Diese Voraussetzungen machen es erforderlich, Geschäftsprozessmodelle unternehmensspezifisch zu formulieren. Wegen der unterschiedlichen Aufgaben, Erfolgsfaktoren, Produkte oder Dienstleistungen muss daher ein auf das konkrete Unternehmen zutreffender Prozesskatalog ermittelt werden. Liegt bereits ein branchenspezifisch gültiges Geschäftsprozessmodell vor, ist dieses auf das jeweilige Unternehmen auszurichten. Existiert (noch) kein Geschäftsprozessmodell, geht es in einem ersten Schritt darum, das Unternehmen im Rahmen einer Prozessidentifikation in allen seinen Besonderheiten erstmals prozessorientiert abzubilden. Der unternehmensspezifisch definierte Katalog von Geschäftsprozessen ermöglicht dann die optimierende Gestaltung der Prozesse (Design).

2.6 Design von Geschäftsprozessen

Die konsequente Ausrichtung der Unternehmensorganisation an den besonderen Anforderungen des Markt- und Wettbewerbsumfeldes wird nicht allein schon durch eine Segmentierung des Vertriebs nach (Teil-)Märkten erreicht. Ein vom Unternehmen erarbeitetes Konzept muss sicherstellen, dass sowohl die Führungs- und Steuerungssysteme als auch die operative Abwicklung der Aufgaben an den besonderen Erfordernissen der Prozesse ausgerichtet werden. Auch die Art und der Umfang der Informatikunterstützung, d. h. sowohl die Informationsorganisation als auch zum Einsatz kommende Anwendungssysteme, sind ebenfalls gemäß den Erfordernissen der einzelnen Geschäftsprozesse zu gestalten. Insgesamt ist eine Anpassung dergestalt vorzunehmen, dass sich die Strukturorganisation an der Geschäftsprozessorganisation orientiert.

Die durch die Markt- und Wettbewerbsbedingungen geforderte Verkürzung der Durchlaufzeiten, Verbesserung der Qualität, Zunahme der Innovationen und Senkung der Kosten lässt sich jedoch nicht über die Optimierung einzelner Funktionen sondern nur durch die **Optimierung vollständiger Geschäftsprozesse** erreichen. Die grundsätzliche Gestaltung der Geschäftsprozesse eines Unternehmens, das "Business Process Management" als zentrale Aufgabe der Untermehmensführung, beinhaltet als "Business Process Reengineering" oder "Business Reengineering" die grundlegende Veränderung der bisherigen Organisationsstruktur.

Bei der erstmaligen Gestaltung der Prozesse und deren laufender Anpassung empfiehlt sich ein Vorgehen, welches zuerst aus der Definition bzw. Identifikation von Geschäftsprozessen besteht, ehe sich dann die Strukturierung und Realisierung im Hinblick auf die Optimierung der Prozesse anschließt. Der **Ausgangspunkt für die erstmalige Erstellung von Geschäftsprozessen** und auch für deren Optimierung, ist aber zunächst **eine Positionierung des Unternehmens**. Dabei werden im Rahmen einer Analyse der strategischen Zielsetzungen und Anforderungen, die an die einzelnen Geschäftsbereiche gestellt werden, die Wettbewerbsvorteile und spezifischen Fähigkeiten des Unternehmens, d. h. deren Kernkompetenzen festgelegt (s. dazu z. B. *v. Koenigsmarck/Trenz* 1996, S. 39 ff.)

2.6.1 Definition der Haupterfolgsfaktoren

Die Gestaltung einer an den Anforderungen von Markt und Wettbewerb ausgerichteten Unternehmensorganisation setzt zunächst die Definition von Haupterfolgsfaktoren voraus. In einem ersten Schritt erfolgt daher die **Analyse der für das Unternehmen relevanten strategischen Geschäftsfelder**, d. h. auf bestimmte Kunden(gruppen) ausgerichtete Gruppen von Produkten oder Dienstleistungen, die einen eigenständigen Beitrag zum Erfolg des Unternehmens leisten. Im Rahmen dieser Analyse werden für jedes einzelne Geschäftsfeld deren Chancen und Risiken ermittelt sowie deren Stärken und Schwächen formuliert. Dies geschieht anhand von Wettbewerbskomponenten, wie z. B. Produktqualität, Produktfunktionalität, Vertriebsorganisation, organisatorische Leistungsfähigkeit und Kosten. Diesen Parametern werden dann (Haupt-)Erfolgsfaktoren gegenübergestellt, die vom Wettbewerb aus betrachtet eine Differenzierung zulassen.

Auf Dauer kann ein Unternehmen nur dann erfolgreich sein, wenn es in der Lage ist, auf besondere Anforderungen mit einer spezifischen Organisation zu reagieren. Geschäftsprozesse sind demzufolge danach zu unterscheiden, ob sie unterschiedliche externe Anforderungen (bezüglich der Unternehmensumwelt) oder interne Anforderungen (bezogen auf die Unternehmensstruktur) zu erfüllen haben. Durch eine derartige Differenzierung lassen sich (für jeden einzelnen Geschäftsprozess) konkrete (Markt)Anforderungen ermitteln, die sich in quantifizierbare Zielgrößen umsetzen lassen. Die folgenden **Beispiele für Haupterfolgsfaktoren** verdeutlichen die Zielgrößen der konkreten Wettbewerbssituation:

- Reduzierung des Preises um 15%
- Verbesserung der Liefertreue von 65% auf 95%
- Reduzierung der Lieferzeit von elf auf zwei Monate
- Reduzierung der Frist für Kreditzusagen von 15 Tagen auf drei Tage.

Die Gewinnung solcher Haupterfolgsfaktoren erfolgt aus der **Analyse der Markt- und Wettbewerbsbedingungen**, denen das Unternehmen ausgesetzt ist. Wenn z. B. Konkurrenzunternehmen in der Lage sind, ihre Produkte innerhalb von drei Monaten liefern zu können, dann ergibt sich daraus, dass eine kürzere Lieferzeit erreicht werden muss, wenn die Konkurrenzfähigkeit erhalten bleiben soll oder sogar ein Vorteil gegenüber der Konkurrenz angestrebt wird.

Wenn der Markt nur bereit ist, einen bestimmten Preis für ein Produkt oder eine Dienstleistung zu bezahlen und das Unternehmen gegenwärtig 15% oder 10% über diesem Preis liegt, ergibt sich daraus als Haupterfolgsfaktor die Reduzierung des Preises um 15%.
Die Festschreibung der Haupterfolgsfaktoren erfolgt durch das oberste Führungsorgan des Unternehmens. Diese **quantifizierbaren Zielgrößen** sind jedoch nicht starr, sondern unterliegen den jeweiligen Marktgegebenheiten. Daraus kann sich die Notwendigkeit ergeben, Haupterfolgsfaktoren im Zeitverlauf anzupassen oder neu zu definieren.

Bei der Untersuchung der einzelnen Geschäftsfelder ist zu beachten, dass diese spezifische Merkmale aufweisen, die jeweils darauf abgestimmte Geschäftsprozesse bedingen. So müssen primäre Geschäftsprozesse (Marktprozesse) eines Unternehmens etwa nach weiteren Geschäftsprozesstypen differenziert werden. Wie bereits dargestellt geht es darum, den vollständigen 'Kunde-Kunde-Prozess' zu betrachten, d. h. die Abläufe für die gesamte Wertschöpfungskette von der ersten Anfrage des Kunden bis zur Lieferung bzw. Leistung an den Kunden.

2.6.2 Ableitung der Geschäftsprozesse und Aufbau des Geschäftsprozessmodells

Die Unterschiedlichkeit einzelner Geschäfte muss ihren Niederschlag in unterschiedlichen Geschäftsprozessen finden. Aus den für die Identifikation von Prozessen notwendigen Maßnahmen der Differenzierung von Geschäftsfeldern mit unterschiedlichen (Markt)Erfolgsfaktoren ergibt sich die **Differenzierung von Prozessgruppen und Prozessbereichen** mit unterschiedlichen Merkmalen im internen Ablauf und solchen mit spezifischen markorientierten Prozesszielen. "Da sich die verschiedenen Geschäftsfelder normalerweise hinsichtlich ihrer Erfolgsfaktoren voneinander unterscheiden, bilden die Erfolgsfaktoren die Grundlage für die Definition der Geschäftsprozesse" (*Vahs* 2005, S. 230).

Die Ableitung der einzelnen Geschäftsprozesse bedeutet dann das vollständige Zusammentragen aller erforderlichen Aktivitäten und Tätigkeiten. Dabei sind die jeweils **betroffenen Mitarbeiter einzubeziehen**. Es bietet sich daher an, Teams mit folgender Besetzung zu bilden:

(1) Organisatoren des Unternehmens
Da unternehmensinterne Organisatoren den Überblick über das gesamte Unternehmen haben, stellen sie in diesen Teams das Denken und Handeln in Zusammenhängen sicher. Ihre Aufgabe besteht in erster Linie darin, Erfahrungen aus anderen Organisationsprojekten einzubringen. Darüber hinaus sind sie es, die das Methodenwissen zur Verfügung stellen und häufig die Moderation in solchen Teams übernehmen.

(2) Unternehmensexterne Berater
Die Einbindung dieser Experten gewährleistet, dass Erfahrungen aus anderen (externen) Projekten eingebracht werden. Berater, die nicht dem Unternehmen angehören, unterliegen nicht der 'Betriebsblindheit'. Wesentlich unvoreingenommener als unternehmens-interne Personen erkennen sie Schwachstellen und Stärken und weisen insbesondere auch darauf hin. Darüber hinaus bringen auch sie Methodenwissen und Arbeitstechniken ein.

(3) Betroffene Mitarbeiter
Sowohl Organisatoren des Unternehmens als auch eingeschaltete externe Berater haben in der Regel nicht die Detailkenntnisse, die erforderlich sind, alle Aktivitäten und Tätigkeiten vollständig zusammenzutragen. Gerade durch das tägliche Arbeiten vor Ort bringen Mitarbeiter ihre Erfahrungen ein. Sie haben die Detailkenntnisse über die entsprechenden Arbeitsabläufe und sind in der Lage, wichtige Hinweise auf Probleme und Schwachstellen geben zu können.

Für ein Unternehmen ergeben sich zwei grundsätzliche **Vorgehensweisen zur Ableitung der relevanten Geschäftsprozesse:**

(1) Orientierung an Geschäftsprozessen vergleichbarer Unternehmen
In diesem Fall dient ein vorliegendes Geschäftsprozessmodell mit den dazugehörenden einzelnen Geschäftsprozessen als Vorlage. Vor dem Hintergrund der von dem Unternehmen formulierten Haupterfolgsfaktoren wird daraufhin überprüft, was übernommen werden kann und wo unternehmensspezifische Anpassungen vorzunehmen sind.

(2) Vollständige Neuentwicklung der Geschäftsprozesse
Bei dieser Vorgehensweise orientiert sich das Unternehmen in der Regel an den bestehenden Arbeitsabläufen und eventuell vorhandenen Arbeitsablaufbeschreibungen. Die Aufgabe des Teams besteht darin, diese Arbeitsabläufe in die Struktur der aus Aktivitäten und Tätigkeiten bestehenden Geschäftsprozesse umzusetzen. Dabei wird erneut deutlich, dass ohne die Mitwirkung der betroffenen Mitarbeiter die Gefahr besteht, dass Geschäftsprozesse lediglich konstruiert werden. Gerade die in den bestehenden Arbeitsabläufen eingebundenen

Mitarbeiter weisen bei der Erstellung von Geschäftsprozessen zum einen auf Lücken hin, d. h. welche Aktivitäten und Tätigkeiten nicht vergessen werden dürfen, und zum anderen, welche gegenwärtig noch vorhandenen Aktivitäten und Tätigkeiten nicht mehr erforderlich sind. In dieser Phase der Ableitung von Geschäftsprozessen und dem sich daraus ergebenden Geschäftsprozessmodell stellen die betroffenen Mitarbeiter eine Art Kontrollinstanz dar. Gerade daraus ergibt sich, dass die Betroffenen zu beteiligen sind.

Das Ergebnis dieser Identifikation bzw. Definition und Strukturierung von Geschäftsprozessen ist das für das betrachtete bzw. zu untersuchende Unternehmen gültige Geschäftsprozessmodell.

2.6.3 Erhebung der Zeit- und Mengengerüste

Um herauszufinden, wo Zeiteinsparungs-, Kostensenkungs-, Qualitäts- und Innovationspotentiale liegen, sind die im Unternehmen für die jeweiligen Aktivitäten und Tätigkeiten bestehenden Zeit- und Mengengerüste zu erheben. Voraussetzung für die Erarbeitung von Maßnahmen zur Optimierung der Geschäftsprozesse sind Informationen über den Stand zum gegenwärtigen Zeitpunkt. Die einzelnen Aktivitäten und Tätigkeiten der Geschäftsprozesse des Unternehmens bieten die Möglichkeit, die darauf entfallenden Zeiten und Mengen zu erheben. Dabei interessiert die Frage, wer im Unternehmen mit welchen Zeitanteilen in welche Aktivitäten und Tätigkeiten eingebunden ist.

Um diese Frage beantworten zu können, bietet sich bei einer solchen Geschäftsprozessanalyse eine Erhebung bei allen Mitarbeitern an. Es wäre jedoch ein extrem hoher Schulungsaufwand erforderlich, wollte man alle Mitarbeiter mit dem vollständigen Geschäftsprozessmodell vertraut machen. Daher werden so genannte **Erhebungsverantwortliche** benannt, die selbst Mitarbeiter des Unternehmens sind und denen eine entsprechende Anzahl von Mitarbeitern zugeordnet wird. Nur diese Erhebungsverantwortlichen werden geschult, und sie sind es, die den Mitarbeitern bei der Erhebung behilflich sind. Den Erhebungsverantwortlichen kommen dabei folgende **Aufgaben** zu:

(1) Hilfe bei der Suche der entsprechenden Aktivitäten und Tätigkeiten
Zunächst müssen die an der Untersuchung beteiligten Mitarbeiter aus dem Katalog der Geschäftsprozesse diejenigen Aktivitäten und Tätigkeiten ermitteln, die sie im Rahmen ihrer täglichen Arbeit gegenwärtig erledigen. Da ein Geschäftsprozessmodell sehr umfangreich sein kann - je nach Anzahl der Geschäftsprozesse und deren Detaillierungsgrad können sich zum Teil mehrere Hundert Aktivitäten und Tätigkeiten ergeben - werden die Mitarbeiter bei der Suche nach ihren Aktivitäten und Tätigkeiten von den Erhebungsverantwortlichen dabei unterstützt.

Da das gesamte Geschäftsprozessmodell mit einer Nummernsystematik versehen ist, lassen sich in dem Katalog aller Geschäftsprozesse sowohl die einzelnen Geschäftsprozesse als auch die jeweils dazugehörenden Aktivitäten und Tätigkeiten eindeutig identifizieren. Der einzelne Mitarbeiter trägt die entsprechenden Nummern der von ihm im Rahmen seiner täglichen Arbeit vorgenommen Aktivitäten und Tätigkeiten in einen Erhebungsbogen ein.

(2) Unterstützung bei der Verteilung der darauf entfallenden Zeiten
Gemäß einer vorher festgelegten Bezugsbasis (z. B. bei einem Jahr 220 Arbeitstage, bei einem Monat 20 Arbeitstage, bei einem Arbeitstag 8 Stunden) muss der Mitarbeiter 100% seiner Arbeitszeit auf die von ihm angegebenen Aktivitäten und Tätigkeiten verteilen.

(3) Kontrolle der Erhebungsbogen
Der Erhebungsbogen eines Mitarbeiters enthält folgende Angaben:

- Nummer des Erhebungsbogens
- Funktionstyp der befragten Person (z. B. Gruppenleiter, Hilfsarbeiter, Sekretärin)
- Aktivitäten und Tätigkeiten mit den darauf entfallenden Zeitanteilen
- Name des Erhebungsverantwortlichen

Die Angaben im Erhebungsbogen werden vom Erhebungsverantwortlichen inhaltlich und rechnerisch überprüft und anschließend zur Datenerfassung weitergeleitet. Der Erhebungsverantwortliche 'haftet' für die Richtigkeit.

Der Erhebungsbogen enthält nicht den Namen der befragten Person. Der hinter dem Erhebungsbogen stehende Mitarbeiter kann so von den Projektverantwortlichen nicht ohne weiteres identifiziert werden. Eventuell erforderliche Rückfragen zu den Erhebungsbogen erfolgen daher ausschließlich über den Erhebungsverantwortlichen. Nur er hat die Information, welche Person sich hinter dem jeweiligen Erhebungsbogen verbirgt. Die beteiligten Mitarbeiter sollen durch diese Vorgehensweise davor geschützt werden, dass mit einer solchen Geschäftsprozessanalyse eine versteckte Leistungsbeurteilung vorgenommen wird.

Vor der Datenerfassung erfolgt eine **nochmalige Überprüfung aller Erhebungsbogen durch Dritte** (z. B. Projektleitung oder Mitarbeiter des Projektteams). Neben einer weiteren **rechnerischen Kontrolle** werden die Erhebungsbogen erneut einer **logischen Kontrolle** unterzogen. Dabei könnten beispielsweise folgende Fragen auftreten:

- Ist es richtig, dass z. B. ein Mitarbeiter vom Funktionstyp 'Hilfsarbeiter' Anteile von Führungsaktivitäten angibt?
- Ist es richtig, dass z. B. ein 'Abteilungsleiter' Anteile von Sachbearbeitertätigkeiten angibt?
- Ist es richtig, dass z. B. ein 'Gruppenleiter im Kreditgeschäft' Aktivitäten oder Tätigkeiten aus Geschäftsprozessen des Wertpapiergeschäfts angibt?

Solche zunächst unlogisch erscheinenden Sachverhalte sind jedoch nicht einfach zu korrigieren. Da es in einer derartigen Erhebung gerade darum geht, Informationen über den Ist-Zustand zu erhalten, werden Auffälligkeiten dieser Art zuerst über den Erhebungsverantwortlichen überprüft. Entsprechen solche Besonderheiten (nach Rücksprache des Erhebungsverantwortlichen mit den betreffenden Mitarbeitern) tatsächlich der Ist-Situation, gehen sie in die Erhebung ein.

Nach der Datenerfassung erfolgt die **Auswertung** nach dem Kriterium, wie viele Mitarbeiterkapazitäten in welchen Aktivitäten und Tätigkeiten mit welchen Zeitanteilen gebunden sind. Dabei entspricht z. B. eine Mitarbeiterkapazität einem Vollzeitbeschäftigten. Wegen Teilzeitkräften könnte dann z. B. ein Unternehmen mit 342 Mitarbeitern (Köpfen) 300 Mitarbeiterkapazitäten (MAK) haben. In Abhängigkeit vom zu untersuchenden Unternehmen wären dann beispielsweise folgende Sachverhalte festgestellt worden:

- Von 300 MAK sind 10 MAK mit der Aktivität 'Verkauf' beschäftigt.
- Von 300 MAK sind 60 MAK in Kontrolltätigkeiten gebunden.
- Von 300 MAK entfallen 8 MAK auf Forschung und Entwicklung.
- Von 300 MAK in einem Kreditinstitut sind 50 MAK durch die Abwicklung des Bargeldverkehrs und 20 MAK im Kreditgeschäft gebunden.

Die **Bewertung** solcher Angaben des Istzustandes hängt jeweils vom untersuchten Unternehmen und insbesondere von den zuvor definierten Haupterfolgsfaktoren ab. Stellt z. B. ein aus 300 MAK bestehendes, nach eigener Zielsetzung stark absatzorientiertes Unternehmen fest, dass rein rechnerisch lediglich 10 MAK mit dem Verkauf beschäftigt sind, können Veränderungsmaßnahmen erforderlich werden. Auch der Sachverhalt, dass ein Fünftel der MAK durch Kontrolltätigkeiten gebunden ist oder 'nur' acht MAK auf Forschung und Entwicklung entfallen, lässt sich erst unternehmensspezifisch bewerten. Ein Kreditinstitut, welches beispielsweise die Intensivierung des Kreditgeschäfts zu seinen Haupterfolgsfaktoren erklärt hat, aber weniger als 10% der MAK darauf verwendet werden, jedoch ein Sechstel der MAK in die Bargeldabwicklung eingebunden ist, wird sich wahrscheinlich mit Anpassungs- bzw. Veränderungsmaßnahmen auseinandersetzen müssen.

2.6.4 Erarbeitung von Optimierungsmaßnahmen

Das Ergebnis der Datenerhebung stellt die Ist-Situation des Unternehmens dar. Durch die Gegenüberstellung des Ist-Zustandes mit den Haupterfolgsfaktoren ergeben sich Informationen über den notwendigen Optimierungsbedarf. Um bei der Erarbeitung von Optimierungsmaßnahmen ebenfalls wieder das Know-how der Mitarbeiter zu nutzen, können so genannte **"Optimierungsteams"** gebildet werden. Neben Organisationsspezialisten des Unternehmens und eventuell externen Beratern, sind daran in erster Linie wieder Mitarbeiter des Unternehmens mit der entsprechenden Sachkenntnis zu beteiligen. In Abhängigkeit vom zu untersuchenden Unternehmen und insbesondere in Abhängigkeit von den nach der Untersuchung vorliegenden Daten könnten etwa folgende Teams gebildet werden:

- Team "Montage"
- Team "Marketing"
- Team "Einkauf"
- Team "Standardkreditgeschäft"
- Team "Lebensversicherung"

Die Ergebnisse der Erhebung werden an die jeweiligen Teams zurückgespiegelt, d. h. die Daten werden entsprechend der Thematik der Teams aufbereitet und diesen präsentiert. Die **Konfrontation der Optimierungsteams mit der Ist-Situation** erfolgt mit dem Ziel, zunächst deutlich zu machen, was sich in der Vergangenheit bis zum Zeitpunkt der Untersuchung im Unternehmen entwickelt und eingebürgert hat. In einem zweiten Schritt sind die Teams aufgefordert, Verbesserungsmaßnahmen zu erarbeiten.

Die Erfahrung zeigt, dass insbesondere die in den Teams vertretenen Mitarbeiter, die täglich vor Ort die entsprechende Tätigkeit ausüben, in der Regel sehr gut die Ursachen für die jeweiligen Probleme kennen und darüber hinaus auch in der Lage sind, Maßnahmen zu erarbeiten, wie man derartige Probleme und Schwierigkeiten beseitigen kann. Bei der Erarbeitung solcher **Optimierungsmaßnahmen** sind zunächst alle Vorschläge zulässig, d. h. die Bewertung der vorgeschlagenen Maßnahmen erfolgt zu einem späteren Zeitpunkt.

Werden Optimierungsmaßnahmen in dieser Form erarbeitet, ist in der Praxis häufig zu beobachten, dass Individuen Ursachen für Fehler immer zuerst bei Dritten suchen. Vorgeschlagene Maßnahmen kommen daher häufig einer punktuellen Optimierung des eigenen Bereichs zu Lasten anderer Bereiche gleich. Daher werden die in den Teams erarbeiteten Maßnahmen, wie die folgenden Beispiele zeigen, jeweils den anderen davon betroffenen Teams präsentiert.

- Das Optimierungsteam "Montage" und insbesondere die darin vertretenen Monteure weisen z. B. darauf hin, dass die Montage schneller und quantitativ besser arbeiten könnte, wenn der Einkauf bessere Rohstoffe und Zulieferteile beschaffen würde. Der vom Team erarbeitete Vorschlag, der Einkauf solle künftig Rohstoffe und Zulieferteile von anderen Lieferanten beziehen, wird im Team "Einkauf" zur Diskussion gestellt.

- Das Optimierungsteam "Verkauf" macht darauf aufmerksam, dass man in der Lage wäre, noch viel mehr zu verkaufen, wenn es vom entsprechenden Produkt nicht nur drei, sondern neun Varianten gäbe. Der Vorschlag, die Produktentwicklung solle künftig weitere Varianten entwickeln, wird auch in den Teams "Produktentwicklung" und "Produktion" zur Diskussion gestellt.

- Das Team "Geschäftsstellen/Filialen" eines Kreditinstituts weist darauf hin, dass sie Kreditzusagen gegenüber Kunden noch schneller vornehmen könnten, wenn die "Kreditkontrolle" in der Zentrale nicht so viel Zeit zur Kontrolle der Kreditanträge benötigen würde. Der Vorschlag, die Kreditkontrolle solle daher zur Beschleunigung beispielsweise auf bestimmte Kontrollen verzichten, wird auch im Team "Kreditkontrolle" zur Diskussion gestellt. Eine vom Team "Kreditkontrolle" vorgeschlagene Maßnahme, Zweigstellenmitarbeiter in bestimmten Themen des Kreditgeschäfts intensiver zu schulen, da die Ursache für die zeitaufwendigen Kontrollen in den von den Filialen schlecht aufbereiteten Kreditunterlagen liegt, wird wiederum im Team "Geschäftsstellen/Filialen" erörtert.

Das Ziel dieser Vorgehensweise besteht darin, eine **einseitige Optimierung** bestimmter Bereiche zu Lasten anderer Bereiche des Unternehmens zu **verhindern**. Die Teilnehmer der Optimierungsteams werden so zu einer ganzheitlichen Sichtweise angehalten.

Das **Ergebnis dieser Phase** ist eine

- **Sammlung von Optimierungsmaßnahmen,**
  d. h. welche Maßnahmen ergriffen werden sollten.

- **erste grobe Zeitschätzung für die Umsetzung dieser Maßnahmen,**
  d. h. bis wann die entsprechenden Maßnahmen schätzungsweise realisiert werden könnten.

- **erste persönliche Zuordnung,**
  d. h. wer dafür verantwortlich sein könnte.

Die Orientierung an den Geschäftsfeldern und insbesondere an den Haupterfolgsfaktoren lässt auch einen ersten Rückschluss zu auf Sachverhalte (Aktivitäten, Tätigkeiten, eventuell vollständige Geschäftsprozesse), die das Unternehmen zukünftig ersatzlos entfallen lassen will oder die Externe (Dritte) schneller, besser und kostengünstiger für das Unternehmen erbringen und somit Gegenstand eines "Outsourcing" sein könnten.

2.6.5 Erstellung eines Maßnahmenplans

Die Erfahrungen solcher Geschäftsprozessanalysen zeigen, dass je nach Anzahl der eingerichteten Optimierungsteams eine **Vielzahl von Optimierungsvorschlägen** erarbeitet werden. Diese Vielfalt von Vorschlägen muss daher in einen Maßnahmenplan eingebettet werden.

Dabei erfolgt zunächst eine **Priorisierung der Maßnahmen** nach

- zeitlichen Gesichtspunkten
  (kurz-, mittel- und langfristige Maßnahmen)

- der Notwendigkeit zusätzlicher Detailerhebungen
  (Maßnahmen, deren Umsetzung die Erhebung weiterer Informationen erfordert)

- wirtschaftlichem und strategischem Nutzen.

Aufgrund der Menge der zur Realisierung anstehenden Vorschläge muss ein Verfahren angewendet werden, welches die jeweiligen Maßnahmen, oder aber bei umfangreicheren Maßnahmen die sich daraus ergebenden Projekte, nach der Bedeutung für das Unternehmen ordnet. Die Abbildung 2-8 zeigt, dass die **Prioritäten der erforderlichen Maßnahmen und Projekte** hinsichtlich ihres strategischen und wirtschaftlichen Nutzens für das Unternehmen z. B. mit Hilfe der Portfolio-Methode ermittelt werden können.

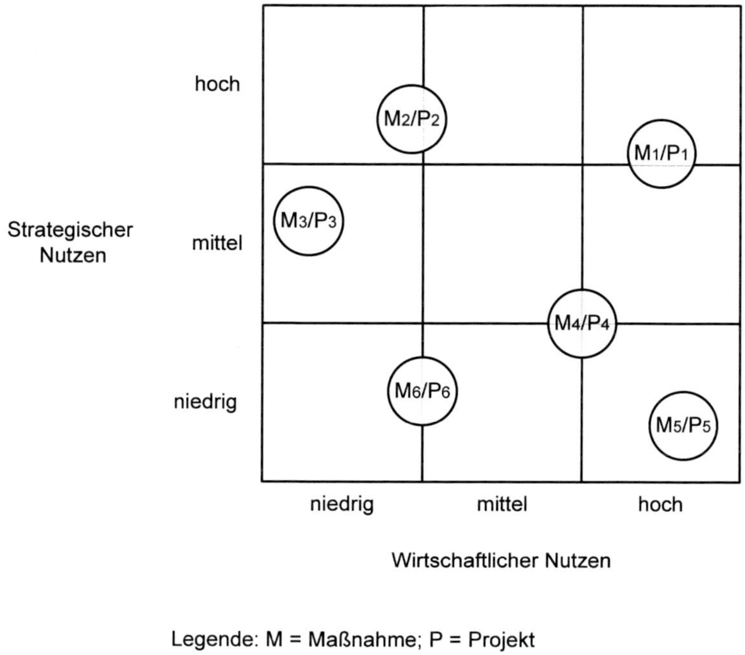

Abb. 2-8: Beispiel für die Einordnung von Maßnahmen bzw. Projekten nach ihrem strategischen und wirtschaftlichen Nutzen.

Zur **Ermittlung des strategischen Nutzens** können z. B. folgende **Kriterien** herangezogen werden:

- Verbesserung der Konkurrenzsituation
- Serviceverbesserung
- Reduzierung der Durchlaufzeiten
- Verbesserung der Kundenorientierung / Marktnähe
- Verbesserung der Leistungsfähigkeit
- Fehlerreduzierung / Ausschussreduzierung
- Ablaufverbesserung
- Zukunftssicherung

Der **wirtschaftliche Nutzen** kann beispielsweise an folgenden **Kriterien** festgemacht werden:

- Einsparungen an Mitarbeiterkapazitäten
- Einsparungen an Sachkosten
- Ertragssteigerungen
- Vermeidung von zusätzlichen Investitionen

Zu der Erstellung des Maßnahmenplans gehört auch der **Aufbau von Phasen- und Terminplänen**. Die Erfahrung zeigt, dass Maßnahmen und Projekte jedoch nicht nur mit Terminen, sondern auch mit **Zuständigkeiten** versehen werden müssen. Dabei sollte versucht werden, die personelle Verantwortlichkeit für Maßnahmen nicht nur der Organisationsabteilung zu übertragen.

Je nach Funktion und Aufgabe sollten auch andere Mitarbeiter in den **Realisierungsteams** mitwirken und für bestimmte Projekte verantwortlich sein. Obwohl die Mitarbeiter in erster Linie ihre eigentlichen Aufgaben zu erledigen haben, trägt eine solche Mitwirkung und Verantwortung zur Identifikation und Motivation der Mitarbeiter bei. Wenn bestimmte Mitarbeiter wegen ihrer eigentlichen Aufgaben keine alleinige Projektverantwortung übernehmen können, sollten sie zumindest, wie bei den Optimierungsteams, in die Realisierungsteams mit einbezogen werden.

2.6.6 Auswirkungen auf das Geschäftsprozessmodell und die Unternehmensstruktur

Geschäftsprozessanalysen und insbesondere die daraus resultierenden Maßnahmen und Projekte haben ihrererseits Rückwirkungen auf das Geschäftsprozessmodell.

Wie gesehen, leiten sich die für ein Unternehmen relevanten Geschäftsprozesse aus der Geschäftstätigkeit des Unternehmens ab. Die Differenzierung von Geschäftsfeldern und die Entwicklung der unterschiedlichen Haupterfolgsfaktoren erlauben zunächst die Ableitung von Prozesstypen mit spezifischen Merkmalen im Ablauf. Vor dem Hintergrund der Strategie(n) und Haupterfolgsfaktoren des Unternehmens wird bei der Entwicklung der konkreten Geschäftsprozesse deutlich, dass auf Dauer gesehen Aktivitäten und Tätigkeiten sowohl entfallen als auch neu hinzukommen können.

Optimierte Geschäftsprozesse sind in möglichst überschaubare und hinsichtlich Leistung und Verantwortung abgeschlossene Teilprozesse zu strukturieren. Notwendige Maßnahmen, die dieses sicherstellen, konzentrieren sich auf die Festlegung von Teilergebnissen und Teilzielen im jeweiligen Prozess und die **Abgrenzung von Teilprozessen mit definierten Schnittstellen**. Diese so definierten Schnittstellen verkörpern Kontaktpunkte des Unternehmens zum einen nach außen und zum anderen innerhalb des Unternehmens. Bezüglich der Außengrenzen des Unternehmens sind es Übergabepunkte, an denen entweder ein **Input** unternehmensinterne Prozesse beeinflusst oder ein **Output** das Ergebnis von Geschäftsprozessen verkörpert. Unternehmensintern, also zwischen (Teil-)Prozessen, stellt der Output eines Teilprozesses gleichzeitig den Input eines folgenden Prozesses dar. In beiden Fällen sind **Outputnormen in Form von Leistungsanforderungen** festzulegen. Sie sollen dazu beitragen, eine reibungslose Übergabe zu gewährleisten. Die Festlegung solcher Leistungsspezifikationen ist erforderlich, weil sonst (an den Schnittstellen) die Gefahr besteht, dass bestehende aber nicht erkennbare Mängel in den Prozessen weitergegeben bzw. durchgereicht werden, die damit letztlich die an den Kunden abzugebende Leistung beeinträchtigen können.

Auch der Informationsfluss und die Unterstützung durch die Informatik sind auf die besonderen Anforderungen und die Durchgängigkeit im einzelnen Geschäftsprozess auszurichten.

Notwendige Maßnahmen, die dies sicherstellen, konzentrieren sich darauf, die Planungs- und Steuerungssysteme an Prozess- und Teilprozesszielen zu orientieren. Innerhalb der Geschäftsprozesse sind **informationstechnische Systeme** zu **integrieren**, wobei der Verzicht auf die Vollabdeckung und Totalintegration aller Funktionen die Komplexität der Informatik im Unternehmen reduzieren kann.

Aus dem Geschäftsprozessmodell und der Struktur der einzelnen Geschäftsprozesse ergeben sich ferner **Auswirkungen auf die Organisationsstruktur**. Dabei lässt sich die Prozessorientierung unterschiedlich verankern (vgl. *Scholz/Vrohlings* 1994d, S. 28 f.; *Corsten* 1996, S. 1094):

(1) Beibehaltung der funktionsorientierten Primärstruktur
Wollen Unternehmen mit Prozessmanagement lediglich bestehende Abläufe überprüfen, dabei aber ihre funktionale Organisationsstruktur beibehalten, entspricht diese Vorgehensweise eher einer traditionellen Rationalisierungsmaßnahme. Von herkömmlichen Rationalisierungsansätzen unterscheidet sich dieses Vorgehen jedoch dadurch, dass es über Abteilungs- und Bereichsgrenzen hinweggeht. Prozessmanagement ist hier eher (nur) Prozessorientierung, denn die einmalige Prozessmodellierung verfolgt das Ziel, sich bei der Anpassung der Abläufe des Unternehmens lediglich stärker an den Anforderungen der Umwelt des Unternehmens zu orientieren. Ein derartig gestaltetes Prozessmanagement verfolgt nicht das Ziel einer grundlegenden Veränderung der Aufbauorganisation.

(2) Duale Struktur
Die duale Struktur, d. h. die Beibehaltung der funktionalen Struktur bei gleichzeitiger funktionsübergreifender Prozessorientierung, hat ebenfalls das Ziel, flexibler auf die Anforderungen der Unternehmensumwelt reagieren zu können. Vergleichbar einer Matrixstruktur (vgl. *Mangler* 2006, S. 144 ff. und S. 151 f.), wird die funktionale Struktur von einer prozessorientierten Struktur überlagert. Die einzelnen Geschäftsprozesse durchziehen die Funktionsbereiche des Unternehmens (Abb. 2-9).

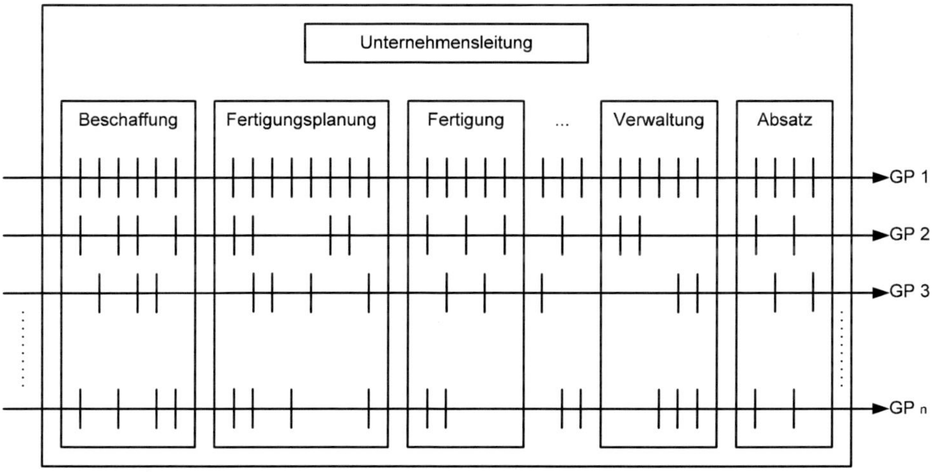

Abb. 2-9: Funktionsübergreifende Prozessorientierung

Für die jeweiligen Geschäftsprozesse sind nun **Prozessmanager** zuständig, die mit Prozessbefugnissen ausgestattet sind und gegenüber den **Funktionsmanagern** Prozessziele vertreten. Zu den Aufgaben des Prozessmanagers gehört es, zu überprüfen, inwieweit die Kunden mit den Prozessergebnissen zufrieden sind. Daraus kann sich die Notwendigkeit ergeben, eventuell organisatorische Maßnahmen in Gang zu setzen. Der Prozessmanager ist crossfunktional tätig, denn er übernimmt die funktionsübergreifende Abstimmung und Steuerung der Prozessabläufe.

(3) Prozessorientierte Primärstruktur (originäre Prozessorganisation)
Der am weitesten gehende Ansatz ist die prozessorientierte Primärstruktur. Dabei wird das Unternehmen als Verzahnung aller Prozesse verstanden und **jeder Geschäftsprozess** stellt **eine eigenständige Organisationseinheit** dar. Dies führt zu einer Übereinstimmung von hierarchischer Verantwortung und Prozess- bzw. Teilprozessverantwortung.

Haben sich z. B. bei der Analyse der Haupterfolgsfaktoren die Lieferzeit und Liefertreue als die entscheidenden Wettbewerbsparameter erwiesen, so könnte die Verantwortung für diese Ziele in einer Organisationseinheit konzentriert werden. Außer der Auftragsbearbeitung wäre diese Einheit dann beispielsweise auch für die Beschaffung und Fertigungsplanung und somit für alle notwendigen Logistikfunktionen verantwortlich. Haben sich beispielsweise Lieferzeit, Qualität und Preis als die relevanten Haupterfolgsfaktoren ergeben, könnte eine Organisationseinheit neben der Gesamtverantwortung für die Definition der Produkte auch die Konstruktion, Kalkulation und die Fertigungsvorbereitung umfassen sowie die Fertigungstiefe bestimmen.

Durch den auf das Unternehmen von außen wirkenden Konkurrenzdruck verlagert sich die Koordination von hierarchischen Funktionsbereichen auf die **Koordination von Kunden/Lieferanten-Verhältnissen**. Neben den Leistungen der direkten Bereiche lassen sich so auch die Leistungen der indirekten Bereiche als marktfähige Dienstleistungen begreifen. Diese (Dienst-)Leistungen können dann im eigenen Unternehmen für andere Bereiche des Unternehmens erstellt werden, aber auch von außerhalb des Unternehmens bezogen werden. Der Wettbewerbsgedanke wird damit auch auf diese indirekten Bereiche übertragen, die dadurch eigentlich zu direkten Bereichen werden.

Die Bildung von solchen überschaubaren Organisationseinheiten mit den zur Erfüllung der definierten Prozess- bzw. Teilprozesszielen erforderlichen Kompetenzen reduziert Organisationsschranken und trägt zu einer **Minimierung von Schnittstellen** bei. Durch die prozessorientierten Zielvorgaben und durch die Selbststeuerung in den einzelnen Bereichen des Unternehmens reduziert sich der Koordinationsaufwand. Nicht zuletzt werden durch eine klare ganzheitliche Aufgabenstellung und der Übereinstimmung von Aufgaben, Kompetenzen und Verantwortung auch Motivations- und Kreativitätsreserven erschlossen, denn "Mitarbeiter müssen von der Rolle des Prozessverwalters zur Rolle des unternehmerisch denkenden Prozessmanagers mutieren" (*Scholz/Vrohlings* 1994d, S. 29).

2.7 Prozessorientierung als permanente Reorganisation

Prozessorientierung bedeutet, dass sich die Strukturorganisation der Geschäftsprozessorganisation anzupassen hat. Die Restrukturierung eines Unternehmens mit Hilfe der **Geschäftsprozessoptimierung** ist jedoch **ein laufender Prozess**. Es geht dabei nicht um die einmalige Optimierung der Geschäftsprozesse, sondern entscheidend ist, dass die Geschäftsprozesse fortlaufend überwacht werden und damit eine permanente Optimierung erfolgt. Dieser Zustand der permanenten Optimierung bzw. Reorganisation erfordert zum einen ein prozessorientiertes Controlling und zum anderen die laufende Anpassung des Geschäftsprozessmodells an die Anforderungen des Marktes.

2.7.1 Prozessorientiertes Controlling

Die Unternehmensorganisation wird nur dann gemäß ihrer Strategie(n) und Haupterfolgsfaktoren im Wettbewerb bestehen können, wenn die Organisationsmaßnahme der Abkehr vom funktionsorientierten hin zum prozessorientierten Organisationskonzept durch die Einrichtung passender Steuerungs- und Kontrollmechanismen unterstützt wird.

Die Bildung von Geschäftsprozesstypen mit den jeweils dazugehörenden Geschäftsprozessen ist auch die Basis für ein effizientes Prozesscontrolling. Dabei werden jedem Geschäftsprozess Ziele oder aber einzelnen Prozesssegmenten Teilziele vorgegeben. Für die einzelnen Prozessgruppen können dabei beispielsweise folgende **Steuerungsparameter** in Frage kommen (vgl. *Sempf* 1994, S. 16):

(1) Steuerungsparameter für Führungsprozesse

- Overhead-Quote
  (z. B. Mitarbeiterkapazität bzw. Kosten im Verhältnis zu Umsatz oder Cash-Flow)
- Einhaltung der Projektpläne
  (hinsichtlich Zeit, Mitarbeiterkapazität, Kosten)

(2) Steuerungsparameter für Marktprozesse

- Produktkennzahlen
  (z. B. Umsatz, Servicekosten, Garantiekosten, Nachbearbeitungskosten)
- Vertriebswegekennzahlen je Produkt
  (z. B. Umsatz, Kosten bezogen auf bestimmte Absatzkanäle)
- Regionale Kennzahlen je Produkt
  (z. B. Umsatz, Kosten, Marktanteil)

(3) Steuerungsparameter für Innovationsprozesse

- Marketingkennzahlen je Geschäftsfeld
- Forschungs- und Entwicklungskennzahlen je Geschäftsfeld
- Organisationsveränderungen

(4) Steuerungsparameter für Unterstützungsprozesse (Sekundärprozesse)

- Kosten für die Ressourcenverwaltung und -beschaffung von Personal
- Kosten für die Ressourcenverwaltung und -beschaffung von Informationen und Informationstechnik

- Kosten für die Ressourcenverwaltung und -beschaffung von Anlagen und Material
- Kosten für die Ressourcenverwaltung und -beschaffung von Finanzen/Kapital

Das Prozesscontrolling übt eine **Doppelaufgabe** aus. Es nimmt einerseits eine Leistungs- und andererseits eine Kostenmessung vor und liefert damit sowohl Leistungsinformationen, z. B. Lieferzeiten, Liefertreue, Ausschussquoten, Reklamationshäufigkeit, als auch Kosteninformationen, z. B. Logistikkosten, Qualitätskosten (vgl. *Sempf* 1994, S. 17).

Ziel dieses prozessorientierten Controllings ist es, den Prozessverantwortlichen **Kennzahlen** zur Verfügung zu stellen, an Hand derer sie das **Ausmaß der Zielerreichung erkennen und überprüfen** können. Damit erhalten sie die Möglichkeit, ihr Handeln in Richtung der vereinbarten Ziele ausrichten zu können.

2.7.2 Laufende Anpassung des Geschäftsprozessmodells

Prozessorientierung versucht dem Sachverhalt gerecht zu werden, dass Unternehmen und ihre Umwelt nicht statisch sind. So ergeben sich im Laufe der Zeit neue Aufgaben (Aktivitäten und Tätigkeiten) und bisherige Aufgaben entfallen.

Mit der Entscheidung, ein bestimmtes Produkt oder eine bestimmte Leistung neu aufzunehmen oder künftig nicht mehr zu produzieren bzw. nicht mehr zu erbringen, können solche Veränderungen vom Unternehmen selbst ausgehen. Derartige **Veränderungen** können dem Unternehmen aber auch von außen, beispielsweise **durch die Konkurrenz- und Wettbewerbssituation,** vorgegeben werden. Darüber hinaus können Veränderungen auch **durch Vorgaben des Gesetzgebers** aufgezwungen werden (z. B. Ausstattung von PKW mit Katalysator, Besteuerung der Zinserträge). Sowohl gesetzgeberische als auch durch den Markt induzierte Vorgaben machen deutlich, dass neu entstehende aber auch nicht mehr zu erbringende Leistungen in jedem Fall im Geschäftsprozessmodell ihren Niederschlag finden müssen.

Die **Optimierungsparameter Qualität, Durchlaufzeit und Kosten**, durch die die Prozesse letztlich gesteuert werden, bewirken als veränderliche Größen, dass in den davon betroffenen Geschäftsprozessen dann die entsprechenden Anpassungen vorzunehmen sind (vgl. *Scholz/Vrohlings* 1994b, S. 103 ff.).

Wenn das Geschäftsprozessmodell eines Unternehmens mit seinen Geschäftsprozessen nicht veralten soll, dann sind solche Anpassungen im Rahmen eines Prozess-Redesign laufend vorzunehmen. Nur die **kontinuierliche Prozessverbesserung** und ein jeweils aktuelles Geschäftsprozessmodell bietet die Voraussetzung dafür, ein zielorientiertes Verhalten aller Mitarbeiter zu ermöglichen. Streng genommen sind nur die Aktivitäten und Tätigkeiten auszuführen, die das Erfüllen der Haupterfolgsfaktoren gewährleisten und somit auch vom Markt honoriert werden.

2.8 Handlungseinheiten im Prozessmanagement

Wie bei allen (Re-)Organisationsmaßnahmen zeigt sich auch bei der Geschäftsprozessanalyse, dass dies nicht ohne die **Einbindung der davon betroffenen Mitarbeiter** erfolgen kann. Bereits die Darstellung der Schritte des Prozessdesigns und der Prozessoptimierung haben deutlich gemacht, dass in allen Phasen Mitarbeiter des Unternehmens eingebunden sind. Aber auch der Anspruch und die Notwendigkeit einer permanenten Prozessoptimierung lassen sich nicht realisieren, wenn nicht eine **aufbauorganisatorische Verankerung** der dafür erforderlichen Aufgaben, Kompetenzen und Verantwortung erfolgt. Die Abb. 2-10 verdeutlicht am Beispiel von zwei aus Teilprozessen bestehenden Geschäftsprozessen die Handlungseinheiten im Prozessmanagement.

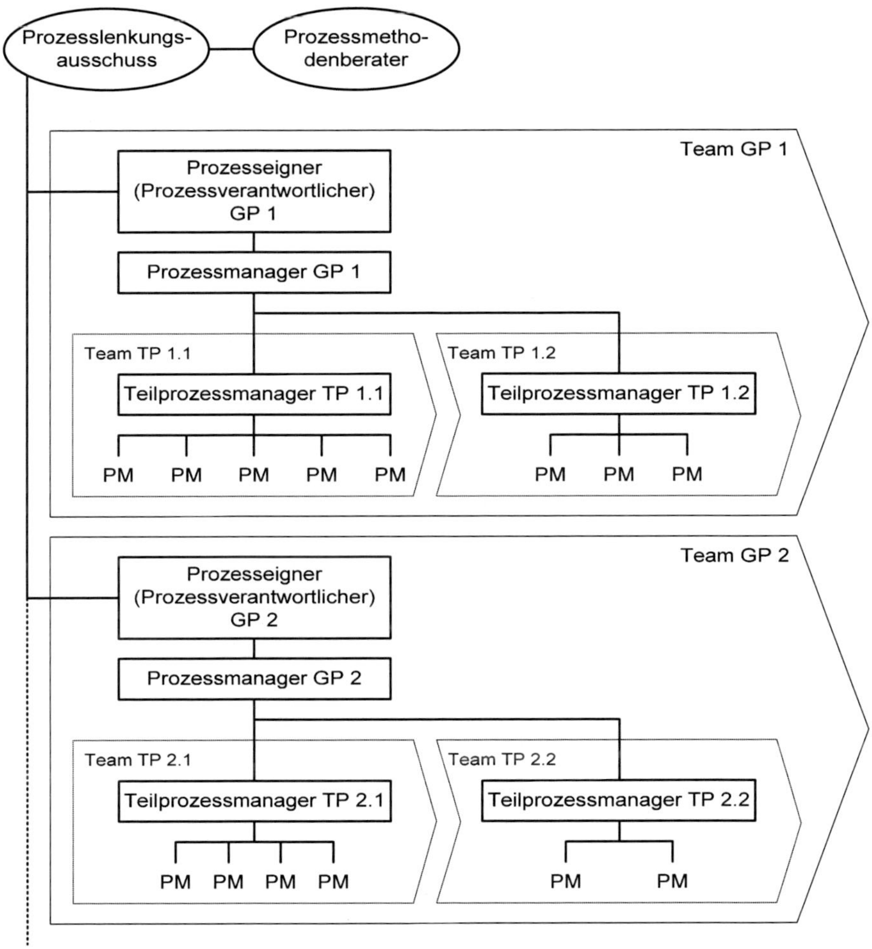

Legende: GP = Geschäftsprozess; TP = Teilprozess; PM = Prozessmitarbeiter

Abb. 2-10: Handlungseinheiten im Prozessmanagement

Im Rahmen der Prozessorganisation kommen diesen **Handlungseinheiten** folgende Zuständigkeiten und Aufgaben zu:

(1) Prozesslenkungsausschuss

Prozessmanagement führt zu einschneidenden Veränderungen der Unternehmensstruktur. Daher muss die Geschäftsführung bzw. der Vorstand des Unternehmens laufend über das gesamte Vorhaben informiert sein. Darüber hinaus ist sicher zu stellen, dass Entscheidungen so schnell wie möglich umgesetzt werden. Nicht zuletzt muss die Unternehmensleitung durch die Identifikation mit den Zielen des Prozessmanagements eine Vorbildfunktion ausüben. Der Prozesslenkungsausschuss als das höchste Entscheidungsgremium hat daher die Aufgabe, **die oberste Unternehmensebene in das Prozessmanagement einzubinden** und so eine laufende Abstimmung zu gewährleisten. In der Praxis setzt sich der Lenkungsausschuss aus allen Prozesseignern bzw. Prozessverantwortlichen zusammen und wird in der Regel vom Vorsitzenden der Geschäftsführung oder des Vorstands geleitet. Der Lenkungsausschuss verfolgt das Ziel, alle Geschäftsprozesse des Unternehmens zu integrieren und die Geschäftsprozesse strategisch auszurichten. Zu seinen Aufgaben gehört es, die grundsätzlichen Entscheidungen im Zusammenhang mit der Identifikation bzw. Definition, Strukturierung, Realisierung und Optimierung der Geschäftsprozesse zu treffen sowie die Prozesseigner bzw. -verantwortlichen zu benennen und einzusetzen. Der Lenkungsausschuss hat ferner die Aufgabe, eventuell auftretende Konflikte zwischen eingebundenen Fachbereichsleitern zu schlichten. Insgesamt gesehen kommt es dem Lenkungsausschuss zu, laufend die Notwendigkeit einer Prozessorientierung zu vermitteln sowie sicher zu stellen, dass das Prozessdenken oberste Priorität hat und damit letztlich den Fortgang des Prozessmanagements zu gewährleisten und zu überprüfen (vgl. *Scholz/Vrohlings* 1994d, S. 30; *Vahs* 2005, S. 241 f.).

(2) Prozesseigner/Prozessverantwortlicher

Im Rahmen der Prozessorientierung eines Unternehmens wird jedem Prozess ein Prozesseigner bzw. -verantwortlicher zugeordnet. Damit wird erreicht, dass die bisher in der Organisation verteilten **Verantwortlichkeiten für einen Prozess nun gebündelt** werden. Die Position des Prozesseigners hat über die Dauer eines Reengineering-Projektes hinaus Bestand und ist daher unbefristet ausgelegt. Zu seinen Aufgaben gehört es daher nicht nur, 'seinen' Prozess im Rahmen des Projektes zu entwickeln bzw. zu erneuern, sondern den Prozess langfristig zu stabilisieren und zu optimieren. Die **kontinuierliche Prozessverbesserung und die Evaluierung des Prozesses**, z. B. durch Kennzahlen und Reviews, fallen ebenfalls in den Zuständigkeitsbereich des Prozesseigners. Er trägt die Gesamtverantwortung für den ihm zugeordneten Geschäftsprozess. Zu seinen Aufgaben gehört es daher, aus den Unternehmenszielen die Prozessziele abzuleiten und insgesamt die strategische Ausrichtung des Prozesses sicher zu stellen. Das bedeutet auch, alle geschäftspolitischen Veränderungen hinsichtlich ihrer Auswirkungen auf den jeweiligen Prozess zu überprüfen und gegebenenfalls im Prozess umzusetzen. Zu seinen Aufgaben gehört es weiterhin, an der Erstellung von Kunden-Lieferanten-Vereinbarungen mitzuwirken, um damit die Zusammenarbeit von Kunden und Lieferanten mit internen Funktionsbereichen zu regeln. Der Prozesseigner hat die **laufende Verbesserung der Beziehungen zu den externen Kunden und Lieferanten** und das Erreichen der strategischen Zielsetzungen zu überprüfen. Dem Prozesseigner sind (Teil-)Prozessmanager zugeordnet, die ihn im Rahmen seiner Aufgabe unterstützen. Um die Aufgabenerfüllung sicherstellen zu können, sind die Prozesseigner in der Hierarchie des Unternehmens sehr weit oben angesiedelt und in der Praxis dem Lenkungsausschuss unmittelbar unterstellt. Die Bedeutung der Position des Prozesseigners oder -verantwortlichen wird insbesondere dann spürbar, wenn er crossfunktional zu handeln hat. Dies ist immer in den Fällen erforderlich, in denen die Prozessorganisation und die Aufbauorganisation des Unternehmens nicht deckungsgleich sind (vgl. *Scholz/Vrohlings* 1994d, S. 31; *Corsten* 1996, S. 1094; *Zink/Brandstätt* 1996, S. 748; *Vahs* 2005, S. 242).

(3) (Teil-)Prozessmanager

Die Aufgabe des Prozessmanagers besteht darin, im Auftrag des Prozesseigners den laufenden Prozess zu planen, zu steuern und zu kontrollieren. Der Prozessmanager ist im Rahmen der **operativen Umsetzung des Geschäftsprozesses** tätig und stellt die Einhaltung der Ziele sicher. Für den von ihm zu verantwortenden Prozess übernimmt er die **kontinuierliche Optimierung und Weiterentwicklung**. Mit Hilfe der ihm zugeordneten Teilprozessmanager stellt er die Abstimmung mit den am Prozess beteiligten Organisationseinheiten sicher. Teilprozessmanager üben die gleichen Aufgaben aus wie Prozessmanager, jedoch auf der jeweils entsprechenden Ebene. Sie sind demzufolge für die Planung, Steuerung und Kontrolle ihres Teilprozesses zuständig und für das Erreichen der entsprechenden Teilziele dem ihnen überstellten Prozessmanager verantwortlich (vgl. *Vahs* 2005, S. 242).

(4) Prozessmitarbeiter

Die eigentliche Umsetzung vor Ort erfolgt durch die Prozessmitarbeiter, denn sie führen die einzelnen Aktivitäten aus. Sie haben die entsprechenden **Ausführungskompetenzen** und übernehmen die Verantwortung für die ordnungsgemäße Durchführung der ihnen übertragenen Aufgaben. Erfolgt die Prozessorganisation im Unternehmen bei gleichzeitiger Beibehaltung der funktionsorientierten Primärstruktur (s. 2.6.6), dann nehmen die Prozessmitarbeiter eine Doppelfunktion ein, denn sie sind gleichzeitig Mitarbeiter bestimmter Fachbereiche. Ergeben sich daraus eventuell Konflikte zwischen Bereichs- und Prozesszielen, dann sind solche Sachverhalte entweder im Prozessteam oder aber unter Einschaltung des Prozesseigners zu lösen (vgl. *Vahs* 2005, S. 242 f.).

(5) (Teil-)Prozessteam

Alle an einem Geschäftsprozess beteiligten Mitarbeiter bilden das Prozessteam. Der zum Team gehörende Prozesseigner, der Prozessmanager, die Teilprozessmanager und die Prozessmitarbeiter sind somit **gemeinsam für ihren Prozess zuständig**. Das Prozessteam führt die Ist-Analyse durch, definiert die strategische Einbindung des Prozesses und führt die Implementierung durch. Die Teammitglieder stimmen sich bezüglich ihres Prozesses laufend ab. Der Teilprozessmanager und die ihm zugeordneten Prozessmitarbeiter können ihrerseits zu einem Teilprozessteam zusammengefasst werden. Auch diese Teamstrukturen stellen im Falle einer grundsätzlichen Beibehaltung der funktionalen Struktur sicher, dass durch die Einbindung der Prozessmitarbeiter als Spezialisten der relevanten Funktionsbereiche in diesen Teams die Prozessziele und Bereichsziele koordiniert werden (vgl. *Scholz/Vrohlings* 1994d, S. 32; *Corsten* 1996, S. 1094; *Vahs* 2005, S. 243).

(6) Prozessmethodenberater / Reengineering-Berater
Der Prozessmethodenberater oder Reengineering-Berater **unterstützt das Unternehmen in allen Fragen und Angelegenheiten des Prozessmanagements**. Als externer Dienstleister hat er einen Überblick über alle Geschäftsprozesse des Unternehmens. Er stellt die prozessübergreifende Kommunikation und Koordination sicher und bietet damit die Garantie für ein einheitliches Vorgehen bei der Gestaltung der Geschäftsprozesse. Eventuell erforderliche Qualifizierungsmaßnahmen für die Prozessmitarbeiter gehören ebenfalls in seinen Aufgabenbereich. Ergeben sich bei den Prozesseignern und Prozessmanagern fachliche, methodische aber auch soziale Probleme, steht er als **Coach** zur Verfügung. Die Unterstützung durch den Prozessmethodenberater erstreckt sich auf alle Phasen der Prozessmanagements. Insgesamt gesehen übernimmt der Prozessmethoden- oder Reengineeringberater damit die **Rolle eines Fach- und Prozesspromotors**. Organisatorisch gesehen wird er dem Lenkungsausschuss zugeordnet (vgl. *Scholz/Vrohlings* 1994d, S. 31 f.; *Vahs* 2005, S. 243).

Die erfolgreiche Umsetzung der Prozessorganisation erfordert die konsequente Mitwirkung aller Mitarbeiter des Unternehmens. Die Handlungseinheiten des Prozessmanagements wirken daher wie Organe der Prozessorganisation. Als Aktionsträger übernehmen sie bestimmte Aufgaben und stellen erst durch das Zusammenwirken sicher, dass die Prozessphilosophie im Unternehmen auch tatsächlich mit Leben erfüllt wird.

2.9 Beurteilung der Prozessorganisation

Die zunehmende Bedeutung einer kundenorientierten Ausrichtung der Organisationsstruktur an den Geschäftsprozessen des Unternehmens hat die Prozessorganisation verstärkt in das Blickfeld des Interesses gerückt. Die intensive Betrachtung der für ein Unternehmen relevanten Geschäftsprozesse mit dem Ziel, durch eine darauf aufbauende Organisationsstruktur Wettbewerbsvorteile zu erzielen, eröffnet einem Unternehmen **unterschiedliche Vorgehensweisen bei der Realisierung prozessorientierter Organisationsformen.** Einem Unternehmen stehen grundsätzlich mehrere Möglichkeiten der Gestaltung im Hinblick auf den Umfang und die Intensität der Prozessorientierung offen.

Das Ziel einer derartigen prozessorientierten Betrachtung besteht jedoch darin, die ursprüngliche **Optimierung von Funktionen durch eine Flussoptimierung** und damit einer ganzheitlichen Gestaltung der Prozesse zu **ersetzen**. Dies erfolgt vor dem Hintergrund der Zersplitterung des Unternehmens infolge einer Vielzahl von Schnittstellen entgegen zu wirken. Somit wird künftig prozessuales Denken der Ausgangspunkt für die Organisationsgestaltung sein und die Überwindung von Abteilungs- und Funktionsgrenzen in den Mittelpunkt organisatorischer Überlegungen stellen.

Die **ausschließliche Fokussierung auf das Prozessmanagement** ist insbesondere durch die Unternehmensberaterbranche stark vorangetrieben worden. An der Spitze dieser Bewegung stehen die beiden US-amerikanischen Berater und Autoren *Hammer* und *Champy*. Mit ihren Publikationen (vgl. *Hammer/Champy* 1994; *Champy* 1995; *Hammer/Stanton* 1995; *Hammer* 1997) haben sie das Business Process Reengineering (BPR) zum zentralen Ansatz erhoben. Formulierungen wie "...fundamentales Überdenken und radikales Redesign von Unternehmen oder wesentlichen Unternehmensprozessen" (*Hammer/Champy* 1994, S.

48) machen deutlich, dass es dabei nicht um Verbesserungen, Erweiterungen oder Modifizierungen von Geschäftsabläufen geht, sondern um die völlige Neugestaltung des Unternehmens (vgl. *Hammer/Champy* 1994, S. 49).

Bei vielen Unternehmen ist aber die von *Hammer/Champy* verordnete **Radikalkur** nicht möglich oder nicht gewollt. Prozessorientierung kann daher nicht auf die beiden Alternativen, entweder BPR total oder BPR überhaupt nicht, reduziert werden, denn "bei aller "Prozeßeuphorie" ist kritisch zu hinterfragen, wo traditionelle Strukturen zur Sicherung von Kernkompetenzen und Synergieeffekten erhalten werden müssen" (*Zink/Brandstätt* 1996, S. 749). Wenn bestehende Strukturen bisher dazu beigetragen haben, Wettbewerbsvorteile zu erzielen und zu sichern, ist es nachvollziehbar, dass Unternehmen im Rahmen von Geschäftsprozessmanagement prüfen, ob und inwieweit momentane Strukturen in die Überlegungen des BPR integriert oder mit diesen verknüpft werden können.

Obwohl sich, wenn BPR im Unternehmen total implementiert wird, erhebliche Effizienzsteigerungen erzielen lassen, weisen empirische Befunde darauf hin, dass **BPR nicht das Allheilmittel** ist, um die Wettbewerbsvorteile von Unternehmen zu verbessern (vgl. *Wirtz* 1996, S. 1029 f.). Eine Analyse, warum die vorhergesagten dramatischen Verbesserungen in Bezug auf die Zielgrößen Kundennutzen, Kosten, Qualität und Zeit nicht in dem Maße eingetreten sind und Reengineering-Projekte damit nicht immer den erwarteten Erfolg gebracht haben, hat folgende **Gründe** aufgedeckt (s. dazu z. B. *Dempfle* 1995, S. 3 f.; *Schuh/Katzy/Dreese* 1995, S. 65; *Wirtz* 1996, S. 1029 ff.; *Theuvsen* 1996, S. 78 ff.; *Osterloh/Frost* 1997, S. 39 ff.):

(1) Nicht alles ist Business Process Reengineering
Im Rahmen der Prozesseuphorie werden viele Projekte mit dem Etikett Reengineering versehen. Bei genauer Überprüfung handelt es sich dabei vielfach um traditionelle Organisationsprojekte. Maßnahmen, wie z. B. die Verbesserung der Durchlaufzeiten, die Straffung bestehender Arbeitsabläufe, die Zusammenlegung von Abteilungen oder die Einführung neuer Rechnersysteme werden nicht schon allein dadurch zu BPR, dass man sie unter Prozessmanagement laufen lässt.

(2) Fehlende oder nicht ausreichende Festlegung von Visionen und Strategien
Ausgangspunkt der Prozessorganisation ist die Festlegung von Visionen und Strategien, die ihren Niederschlag in den Haupterfolgsfaktoren finden. Ohne richtungweisende strategische Vorgaben ist eine Ausrichtung der Geschäftsprozesse an Markt- und Wettbewerbszielen nicht möglich. Bei einem derartigen Vorgehen werden dann zwar Geschäftsprozesse optimiert, jedoch ohne dass Strategien oder Visionen die Erfolg versprechende Stoßrichtung aufzeigen. Die Annahme, ohne strategische Analyse und Positionierung organisatorische Verbesserungen erzielen zu können, birgt die Gefahr in sich, falsche Maßnahmen zu ergreifen und beinhaltet das Risiko von Fehlinvestitionen. BPR ist kein Ersatz für eine Strategie.

(3) Fehlender Informations-, Kommunikations- und Vertrauensbildungsprozess bei den Mitarbeitern
Prozessmanagement führt zu gravierenden Veränderungen bei den Mitarbeitern. Aufgaben, Kompetenzen und Verantwortungsbereiche unterliegen durch BPR ebenfalls einem radikalen Wandel. Dies führt bei den Mitarbeitern zu Ängsten, Besitzstände zu verlieren, in deren Folge Widerstände gegen Reengineering-Aktivitäten entstehen. Es ist daher unverzichtbar,

bereits zu Beginn von BPR-Projekten die Mitarbeiter über den Sinn und die Auswirkungen zu informieren. Der Grundsatz, Beteiligte zu Betroffenen zu machen, kann nur dann Erfolg haben, wenn den Mitarbeitern alle Informationen gegeben werden. Da BPR zu massiven Einschnitten in den für Mitarbeiter gewohnten Tätigkeitsbereich und zu grundlegenden Veränderungen des Arbeitsumfeldes führt, kann ein offener Kommunikationsprozess dazu beitragen, dass Mitarbeiter sich aktiv einbringen. Vertrauensbildende Maßnahmen sichern das Mitwirken der Mitarbeiter. Partizipation im Sinne von konstruktiver freiwilliger Mitarbeit und nicht verstanden als zwangsweise Beteiligung, begünstigt den Erfolg von BPR wesentlich.

(4) Mangelnde Unterstützung durch die Unternehmensleitung
Die gravierenden Veränderungen infolge einer konsequenten Prozessorganisation erfordern die volle Unterstützung seitens der Geschäftsleitung. Es reicht nicht aus, BPR-Projekte an die Organisations- oder Informatikabteilung zu delegieren. Obwohl der Lenkungsausschuss vom Vorsitzenden der Geschäftsführung oder des Vorstandes geleitet werden sollte, kann die Bedeutung von BPR noch dadurch unterstrichen werden, dass Vorstands- oder Geschäftsleitungsmitglieder auch anderen BPR-Teams angehören.

Für die Unterstützung durch die Geschäftsleitung und für deren Mitwirkung spricht auch, dass Prozessmanagement eine strategische Sichtweise erfordert. Des Weiteren sind im Rahmen von BPR-Projekten Human- und Sachinvestitionen erforderlich, die nur von der Geschäftsleitung genehmigt werden können. Darüber hinaus ist nur die Unternehmensleitung in der Lage, angestammte Besitzstände, auf die Mitarbeiter eventuell bestehen, zu durchbrechen. Nicht zuletzt kann die von allen Mitarbeitern geforderte Identifikation mit BPR und die aktive Unterstützung auch dadurch gefördert werden, dass Mitarbeiter erleben, dass die Geschäftsleitung vorbehaltlos hinter der Prozessphilosophie steht.

(5) Unzureichende informationstechnologische Unterstützung
Alle Teilschritte der prozessorientierten Organisationsanalyse bedürfen einer Technikunterstützung, d. h. sowohl in den Phasen der Prozesserkennung, Prozessauswahl, Prozessdarstellung als auch bei der Würdigung bzw. Bewertung von Prozessen, haben sich bestimmte Arbeitstechniken etabliert (vgl. *Pfohl/Krings/Betz* 1996, S. 246 ff.). Neben dem Einsatz von Gliederungs-, Bewertungs- und Darstellungstechniken gewinnt aber auch die informationstechnologische Begleitung und Unterstützung bei BPR-Projekten zunehmend an Bedeutung. Vielfach wurde bisher darauf zu wenig Wert gelegt, d. h. die Strategie und Organisation wurde optimiert, eine effektive und effiziente Einbindung der Informationstechnologie jedoch nicht im gleichen Maße vorgenommen. Die computerunterstützte Optimierung von Geschäftsprozessen bietet zur Unterstützung der Organisationsarbeit Softwaretools an. Neben Tools zur Darstellung und Dokumentation von Geschäftsprozessen und zur Erfassung und Analyse von Geschäftsprozessdaten stehen auch Werkzeuge zur Optimierung von Geschäftsprozessen zur Verfügung (vgl. *Tiemeyer* 1995, S. 304 ff.).

Nicht zuletzt hat die Informationstechnologie im Unternehmen auch sicher zu stellen, dass Zahlenwerke nicht mehr in erster Linie auf Bereiche bzw. Organisationseinheiten abzustellen sind. Informationstechnologische Unterstützung bedeutet dann gemäß den Geschäftsprozessen, über alle Bereiche hinweg flussbezogene Daten zu be- und verarbeiten sowie entsprechende Kennzahlensysteme verfügbar zu machen.

(6) Punktuelles Redesign

Auch wenn die von *Hammer* und *Champy* geforderte Radikalität von BPR vielen Unternehmen zu einschneidend ist, kann ein in der Praxis immer wieder zu beobachtendes punktuelles Redesign nicht die gleichen Erfolge zeigen. Insbesondere dann, wenn Unternehmen mit Prozessmanagement beginnen, werden der Umfang und die Intensität der zu ergreifenden Maßnahmen häufig zu gering gehalten. Die Wirkungsfähigkeit von BPR zeigt sich jedoch gerade dort, wo Restrukturierungen grundlegend und übergreifend vorgenommen werden. Die häufig gewählte Vorgehensweise, irgendwo im Unternehmen Prozessorganisation zu etablieren, darf nicht übersehen, dass durch eine derartige partielle Prozessausrichtung Reibungsverluste mit den herkömmlichen Strukturen auftreten. Geschäftsprozessmanagement kann, wenn es optimal betrieben werden soll, nur für das Gesamtunternehmen vorgenommen werden. Umfang und Tiefe der im Unternehmen ergriffenen BPR-Maßnahmen werden damit zu Erfolgsfaktoren.

(7) Ungenügende Einbindung von Kunden und Lieferanten

Ein Konzept, wie das Geschäftsprozessmanagement, welches den 'Kunde-Kunde-Prozess' und die Integration der Zulieferer zu seiner Maxime erhebt, muss dies auch konsequent umsetzen. In den traditionellen verrichtungs- oder produktorientierten Organisationsformen spielen die Partner des Unternehmens, d. h. die Kunden und Lieferanten, häufig eine zweitrangige Rolle. Die Kundenorientierung steht dabei, entgegen aller Aussagen der Unternehmen, nicht im Mittelpunkt. Im Prozessmanagement dagegen soll die gesamte Organisation kundenorientiert handeln und dementsprechend aufgebaut sein. Eine durchgängige Prozessorientierung kann nur erfolgen, wenn die wechselseitigen Input- und Outputbeziehungen des Unternehmens berücksichtigt und integriert werden. Die Prozesssicht und das damit verbundene Ineinandergreifenden von Interaktionen impliziert, dass die Geschäftsprozesse der Kunden und der Lieferanten mit denen der eigenen Organisation verknüpft werden. BPR lediglich als innerorganisatorischen Veränderungsprozess zu begreifen, reicht nicht aus. Je stärker Unternehmen ihre Kunden und Lieferanten einbeziehen, desto höher sind die Erfolge hinsichtlich der Durchlaufzeiten, Kosten, Qualität und Innovationen.

Obwohl eine konsequente Prozessorganisation massive Veränderungen im Unternehmen hervorruft, wird immer wieder die **Frage nach dem Neuen an diesem Ansatz** gestellt. So z. B. "Business Reengineering: Modeerscheinung oder "Business Revolution"?" (*Osterloh/Frost* 1994, S. 356 ff.) oder ob es sich bei BPR etwa lediglich um alten Wein in neuen Schläuchen handelt? (vgl. *Theuvsen* 1996, S. 80). *Kieser* (1996) spricht sogar vom **Mythos des Reengineering** und setzt sich kritisch mit der Managementmethode BPR und insbesondere mit dem von Unternehmensberatern betriebenen Marketing dieser Methode auseinander. Seine Kritik gipfelt in der Frage, was BPR taugt, und er führt dazu folgende Aspekte an (1996, S. 182 ff.):

- Quantensprünge sind bisher nicht nachgewiesen und auch nicht zu erwarten.
- Eine Strategie der Kostenführerschaft kann durch BPR weniger gut unterstützt werden als eine Strategie der Differenzierung.
- BPR setzt eine Wettbewerbsspirale zunehmender Differenzierung in Gang.
- Die Methoden des BPR sind nicht exakt.

- BPR tendiert dazu, die Änderungskapazitäten des Unternehmens zu überfordern.

- BPR ist nicht radikal neu.

Trotz der aufgezeigten Probleme und Defizite wäre es aber zu hart, BPR als alten Wein in neuen Schläuchen oder gar als Modeerscheinung abzutun. Zwar weisen *Picot* und *Franck* darauf hin (1995), dass schon Überlegungen und Aussagen von *Nordsieck* (vgl. 1968, S. 10 und 13) den "...Kern der "modernen" Philosophie der Prozessorganisation bereits enthalten" (*Picot/Franck* 1995, S. 17). Darüber hinaus hat sich *Gaitanides* (1983) bereits zu Beginn der achtziger Jahre intensiv der Prozessorganisation gewidmet. Obwohl somit **ein Großteil der heute vorgeschlagenen Gestaltungsinstrumente und -ansätze keineswegs neu** ist, leistet die gegenwärtige Prozessorientierung und das heutige Prozessmanagement einen bleibenden Beitrag zur Organisationstheorie und -praxis. Das BPR hat erneut das Bewusstsein für die Bedeutung von Prozessen geschärft und auf das Problem von Schnittstellen hingewiesen, die bei der Abwicklung von Prozessen über Bereiche und Hierarchieebenen hinweg sowohl zwischen gleichgelagerten als auch zwischen über- und untergeordneten Organisationseinheiten auftreten (vgl. *Theuvsen* 1996, S. 80 f.).

C Arbeitsaufgaben

1. Stellen Sie den Unterschied dar zwischen einer funktions- bzw. bereichsorientierten und einer prozessorientierten Betrachtung der Organisation.
2. Erläutern Sie Aspekte, die für eine prozessorientierte Organisationsgestaltung sprechen.
3. Was versteht man unter einem Prozess?
4. Durch welche Merkmale zeichnen sich Prozesse aus?
5. Beschreiben Sie, welche Prozesse sich nach dem Prozessgegenstand unterscheiden lassen.
6. Welche Prozesse lassen sich hinsichtlich der Art der Aktivitäten und Tätigkeiten unterscheiden?
7. Die Unterscheidung nach dem Marktbezug ergibt Primär-, Sekundär und Innovationsprozesse. Was versteht man darunter?
8. Charakterisieren Sie, welche Prozesse sich nach dem Umfang der Abbildung unterscheiden lassen.
9. Welche Prozesse ergeben sich bei einer Unterscheidung nach der Wiederholbarkeit?
10. Was versteht man unter einem Geschäftsprozess?
11. Erläutern Sie die Elemente von Geschäftsprozessen.
12. Erklären Sie den Unterschied zwischen der unternehmensspezifischen und einer idealtypischen Identifikation von Prozessen.
13. Was versteht man unter einem Geschäftsprozessmodell?
14. Erläutern Sie die Struktur von Geschäftsprozessmodellen.
15. Charakterisieren Sie die Ziele der Prozessorganisation.
16. Welche Voraussetzungen begünstigen das Erreichen der Ziele der Prozessorganisation?
17. Ein wichtiger Schritt vor der Optimierung von Geschäftsprozessen ist die Analyse von Haupterfolgsfaktoren. Stellen Sie dar, was damit gemeint ist.
18. Wie erfolgen die Ableitung der Geschäftsprozesse und der Aufbau des Geschäftsprozessmodells?

19. Warum ist die Erhebung der Zeit- und Mengengerüste bei der Optimierung von Geschäftsprozessen erforderlich, und wie wird dabei vorgegangen?

20. Stellen Sie dar, wie die Erarbeitung von Optimierungsmaßnahmen erfolgt.

21. Was bedeutet die Erstellung eines Maßnahmenplans im Rahmen der Optimierung von Geschäftsprozessen?

22. Aus der Optimierung von Geschäftsprozessen ergeben sich Auswirkungen auf das Geschäftsprozessmodell und die Unternehmensstruktur. Was versteht man dabei unter prozessorientierter Primärstruktur, dualer Struktur und Beibehaltung der funktionsorientierten Primärstruktur?

23. Stellen Sie Steuerungsparameter für ein prozessorientiertes Controlling dar.

24. Begründen Sie die Notwendigkeit der laufenden Anpassung des Geschäftsprozessmodells.

25. Skizzieren Sie die Zuständigkeiten und Aufgaben der Handlungseinheiten im Prozessmanagement.

26. Zeigen Sie auf, warum Reengineering-Projekte mit dem Ziel einer Prozessorganisation nicht immer den gewünschten Erfolg erbringen.

27. Welche Gründe führt *Kieser* an, wenn er vom Mythos des Reengineering spricht?

28. Erläutern Sie, was dagegen spricht, das Business Process Reengineering als Modeerscheinung abzutun.

3 Methodik der projektorientierten Organisationsgestaltung

A Lernziele

Im dritten Kapitel soll der Leser

- *Rahmenbedingungen der projektorientierten Organisationsgestaltung kennen lernen,*
- *die Stufen der Konzeption von Projekten unterscheiden können,*
- *einen Überblick über die Grundstruktur der Konzeptionsstufen erhalten,*
- *die zur Realisierung von Konzeptionen erforderlichen Maßnahmen verstehen,*
- *Implementierungsformen und -maßnahmen sowie Möglichkeiten zur Förderung der Implementierung unterscheiden können,*
- *die zur Erhaltung von Systemen in Frage kommenden Vorgehensweisen unterscheiden können,*
- *Verständnis für die Notwendigkeit der Projektkontrolle entwickeln und die Arbeitsschritte zur Analyse des Projektergebnisses und des Projektverlaufs erfassen.*

B Sachanalyse

Viele Fragestellungen und Probleme in Organisationen sind einmalig und außergewöhnlich, d. h. sie stellen keine Routineaufgaben dar und weisen eine hohe Komplexität auf. Da sie von einer Person allein nicht (mehr) bewältigt werden können, erfolgt deren Bearbeitung im Rahmen von Projekten. Die Bewältigung von solchen außergewöhnlichen und einmaligen Vorhaben erfordert die **interdisziplinäre Zusammenarbeit** mehrerer Spezialisten aus unterschiedlichen Bereichen des Unternehmens. Diese durch einen klaren Anfangs- und Endzeitpunkt begrenzten eindeutigen Aufgaben haben ein definiertes Ziel und verlangen eine besondere Abwicklung, da sich Projekte von den wiederkehrenden Routineaufgaben im Unternehmen unterscheiden.

Grundsätzlich lassen sich zwei **Arten von Projekten** unterscheiden (vgl. *Schröder* 1970, S. 16 f.):

Externe Projekte sind Vorhaben, bei denen für einen fremden Auftraggeber Marktleistungen erbracht werden. Dies können nach speziellen Kundenwünschen erstellte (größere) Objekte oder Produkte sein, z. B. in der Bauindustrie die Planung und Erstellung eines Bürohochhauses oder im Anlagenbau die Entwicklung und Erstellung einer Rauchgasentschwefelungsanlage für einen Energieerzeuger. Gegenstand solcher externer Projekte können aber auch besondere Dienstleistungen sein, die etwa durch Unternehmensberatungen oder Systemanbieter erbracht werden, wie z. B. die Erstellung und Umsetzung eines Geschäftsprozessmodells für eine Bank oder der Aufbau und die Einführung eines Managementinformationssystems für ein Industrieunternehmen.

Interne Projekte sind Vorhaben der Organisationsgestaltung, die von einem Unternehmen selbst ausgelöst und angegangen werden. Beispiele für solche Maßnahmen der Re- oder Neuorganisation sind etwa (größere) Neu- oder Erweiterungsbauten, die Einführung neuer Produktionsverfahren, Betriebsverlagerungen, die Ausstattung der Arbeitsplätze mit neuer Hard- und Software aber auch z. B. die Entwicklung einer Werbestrategie, Imagekampagnen, die Einführung von Stellenbeschreibungen, der Aufbau eines betrieblichen Vorschlagswesens, eine Führungsstilanalyse oder die Verbesserung des Arbeitsklimas in der Organisation.

Die folgenden Ausführungen beziehen sich in erster Linie auf interne Projekte. Für die Abwicklung solcher Vorhaben der Organisationsgestaltung wird eine grundsätzliche Methodik aufgezeigt. Dabei werden zuerst Rahmenbedingungen dargestellt. Methodik (im weiteren Sinne) bedeutet hier eine planmäßig angewandte systematische Vorgehensweise zur Lösung von Problemen und zur Erreichung von festgelegten Zielen. Dies bezieht sich auf die Darstellung der einzelnen Phasen eines Projektes. Methoden im engeren Sinne sind dann Techniken oder die Kombination von Techniken und deren Anwendung in bestimmten Problembereichen (s. dazu Kap. 4).

3.1 Rahmenbedingungen

3.1.1 Begriff und Wesen eines Projekts

Die Deutsche Industrienorm (DIN) 69901 bezeichnet ein **Projekt** als ein Vorhaben, das sich durch folgende **Merkmale** charakterisieren lässt (vgl. DIN 1987b, S. 1):

- **Zielvorgabe**
  Ein Projekt zeichnet sich immer durch ein Ziel aus. Es wird als anzustrebender Zustand oder zu erreichendes Endergebnis vorgegeben. Dieses Ziel ergibt sich aus der Definition des Projektes.

- **Zeitliche Begrenzung**
  Projekte sind durch einen ausdrücklich definierten Anfangs- und Endzeitpunkt zeitlich begrenzte Vorhaben.

- **Finanzielle, sachliche und personelle Begrenzung**
  Im Regelfall stehen für die Projektarbeit nur beschränkte finanzielle, sachliche und personelle Ressourcen zur Verfügung.

- **Abgrenzung gegenüber anderen Vorhaben**
  Projekte zeichnen sich durch die Einmaligkeit der Bedingungen aus. Sie lassen sich damit sowohl gegenüber immer wiederkehrenden Aufgaben als auch gegenüber anderen Projekten inhaltlich abgrenzen.

- **Projektspezifische Organisation**
  Projekte erfordern bestimmte aufbau- und ablauforganisatorische Regelungen zur Abwicklung dieser Vorhaben.

Ein Projekt stellt grundsätzlich ein neuartiges Vorhaben dar. Diese "Singularität" (*Grün* 1992, Sp. 2103) ist in der Regel mit einer Vielschichtigkeit der Aufgabe und mit einem hohen Schwierigkeitsgrad verbunden. Da es sich nicht um Routineaufgaben handelt, ist Projektarbeit auch mit Risiken behaftet. Derartige außergewöhnliche, einmalige und schwierige Vorhaben bedürfen der Mitarbeit verschiedener Experten des Unternehmens, um das Projektergebnis zu erreichen. Die Unterteilung des Projektes in überschaubare Arbeitsphasen und Teilprojekte soll die Komplexität beherrschbar machen.

Die DIN 69901 weist darauf hin, dass die für ein Projekt erforderliche Führungsorganisation und alle zur Abwicklung eines Projektes notwendigen Führungsaufgaben, Führungstechniken und Führungsmittel das **Projektmanagement** ausmachen. Alle Maßnahmen und Einrichtungen, die dazu beitragen, ein Projekt zu realisieren, werden demgegenüber als Projektwirtschaft verstanden (vgl. DIN 1987b, S. 1).

Das Projektmanagement ist somit einerseits eine Konzeption zur Führung solcher einmaliger Vorhaben und andererseits die ein Projekt führende Institution selbst. Projektmanagement kann daher als **Organisations- und Leitungskonzept** verstanden werden. Im Rahmen des Leitungskonzepts werden die anfallenden Aufgaben definiert und die zur Bewältigung dieser Aufgaben notwendigen Methoden zur Verfügung gestellt. Um die zur Realisierung dieser Aufgaben erforderliche Institution organisatorisch in das Unternehmen einzugliedern, ist ein Organisationskonzept notwendig. Das Organisationskonzept stellt die optimale Einbindung eines Projektes in den betrieblichen Aufbau und in die betrieblichen Abläufe sicher (vgl. *Rinza* 1998, S. 4 f.; *Litke* 2004, S. 20 f.).

Um ein möglichst reibungsloses Zusammenwirken zwischen dem Projekt und der übrigen Unternehmenshierarchie zu gewährleisten, muss ein Projekt auch in die Primärstruktur eines Unternehmens eingegliedert werden. Diese Einordnung kann in unterschiedlichen Formen erfolgen. Dabei lassen sich in der Theorie drei grundsätzliche **Organisationsformen für das Projektmanagement** unterscheiden (s. dazu *Mangler* 2006, S. 140 ff.):

- Einfluss-Projektmanagement
- Reines Projektmanagement
- Matrix-Projektmanagement

Um den unternehmensspezifischen Anforderungen am besten gerecht zu werden, erfolgt in der Praxis meistens eine Kombination dieser drei Grundformen. Neben der Frage der Verankerung des Projektmanagements in der Organisationsstruktur, sind die interne Struktur und die Abwicklung eines Projektes ebenfalls von erheblicher Bedeutung.

3.1.2 Projektinitiative

Projekte können unterschiedlich ausgelöst werden. Externe Projekte werden durch den Auftrag des Kunden in Gang gesetzt. **Interne Projekte** können unterschiedlich angestoßen werden. Dabei lassen sich drei grundsätzliche **Initiatoren** unterscheiden (s. dazu auch 3.1.4):

(1) Fachabteilung
Eine Fachabteilung hat ein bestimmtes außergewöhnliches und einmaliges Anliegen und möchte dieses Vorhaben im Rahmen eines Projektes abwickeln. Handelt es sich dabei um einen ausschließlich die Fachabteilung betreffenden Sachverhalt, kann dieses Vorhaben vom Leiter der Fachabteilung im Rahmen seiner Kompetenzen abgewickelt werden. Im Falle eines die Fachabteilung übergreifenden Sachverhaltes kann die Fachabteilung lediglich einen **Antrag** an die Unternehmensleitung stellen, diesen Sachverhalt aufzugreifen und in Form eines Projektes abzuwickeln.

(2) Unternehmensleitung
Die Unternehmensleitung nimmt Anträge der Fachabteilungen auf und erteilt insbesondere bei übergreifenden Anliegen einer bestimmten Stelle oder einem bestimmten Bereich des Unternehmens einen **Auftrag,** sich dieser Angelegenheit anzunehmen. Erkennt die Unternehmensleitung selbst bestimmte Probleme und Mängel, kann sie auch von sich aus eine Organisationseinheit mit einem Projekt beauftragen.

(3) Organisationsabteilung
Ein Großteil von internen Projekten, insbesondere (fachübergreifende) Organisations- und Datenverarbeitungsprojekte, werden von der Organisationsabteilung als Dienstleister für andere Bereiche des Unternehmens abgewickelt. In solchen Fällen erteilt die Unternehmensleitung der Organisationsabteilung den Auftrag für ein bestimmtes Vorhaben. Die Organisationsabteilung kann aber auch von sich aus aktiv werden, d. h. Anlässe für Vorhaben werden von der Organisationsabteilung selbst erkannt und aufgegriffen. In derartigen Fällen muss sich die Organisationsabteilung aber den Auftrag für ein Projekt von der Unternehmensleitung holen.

Neben dieser Unterscheidung zwischen Antragstellung durch die Fachabteilung und Auftragserteilung durch die Unternehmensleitung sollte der **Projektstart formalisiert** werden. Vielfach erfolgen gerade interne Projektanträge nicht formalisiert und ungefiltert, so dass eigentlich überhaupt nicht von einem Antrag gesprochen werden kann. Oft hat der Antragsteller lediglich vage Vorstellungen oder nur ein Unbehagen. Häufig ist der Antragsteller bereits auf eine Lösung fixiert, die ungeprüft übernommen wurde.

Ein **geregeltes (schriftliches) Projektantragsverfahren** soll verhindern, dass Anträge aus einer zufälligen Intuition gestellt werden. Der Antragsteller wird gezwungen, den gegenwärtigen Zustand darzustellen, die gewünschten Änderungen bzw. Ziele deutlich zu machen, die zeitlichen Vorstellungen anzugeben und den erwarteten Nutzen des Projektes ungefähr zu quantifizieren. Solche formalisierten Projektanträge von Fachabteilungen werden von Organisations- und Datenverarbeitungsspezialisten und bei Bedarf von Experten anderer Fachabteilungen überprüft. Neben der Planung des einzelnen Projektes wird durch dieses geregelte Projektantragsverfahren auch eine mittel- bis langfristige Gesamtprojektplanung möglich, da die terminlichen Vorstellungen, die erforderlichen Ressourcen (Finanzen, Personal, Sachmittel) und alle für das Projekt erforderlichen Aktivitäten ermittelt und überprüft werden. In einem derartigen Antragsverfahren wird auch über die Priorität des jeweiligen Projektes entschieden.

3.1.3 Projektauftrag

Die Formalisierung interner Projekte geschieht im Rahmen des Projektauftrages (Abb. 3-1). Dabei werden vor Beginn des Projektes zwischen Antragsteller (Fachabteilung), Auftraggeber (Unternehmensleitung) und Auftragnehmer (z. B. Organisationsabteilung) **alle für die ordnungsgemäße Abwicklung des Projektes erforderlichen Sachverhalte** schriftlich geregelt. In einem solchen Projektauftrag sollten mindestens die folgenden Punkte festgehalten werden:

- **Projektnummer**
  Für jedes Projekt sollte eine Nummer vergeben werden. Dies dient der Überwachung und dem Management aller Projekte.

- **Bezeichnung des Projektes**
  Exakte Benennung des Projektes

- **Bezeichnung der Projektphase**
  Der Projektauftrag ermöglicht auch die Erteilung von Aufträgen für einzelne Projektphasen, z. B. die Erstellung einer Vorstudie. Diese Rubrik dient dann der exakten Benennung der jeweiligen Projektphase.

- **Entscheider / Entscheidungsgremium**
  Der Entscheider fällt die im Laufe eines Projektes erforderlichen Entscheidungen, die über die Kompetenzen des Projektleiters hinausgehen. Der Entscheider kann eine Einzelperson (z. B. Mitglied der Unternehmensleitung) oder ein Gremium sein (z. B. Unternehmensleitung, Lenkungsausschuss).

- **Projektleiter**
  Namentliche Benennung des Projektleiters

- **Projektteam**
  Namentliche Benennung der Projektmitarbeiter und deren zeitliche Freistellung für das Projekt

- **Betroffene Organisationseinheiten**
  Exakte Benennung der vom Projekt(ergebnis) betroffenen Organisationseinheit(en)

- **Projektbeginn / Beginn der Phase**
  Datum für den Beginn des Gesamtprojektes bzw. der jeweiligen Phase

- **Projektende / Ende der Phase**
  Datum für das Ende des Gesamtprojekts bzw. der jeweiligen Phase

PROJEKTAUFTRAG	**Projektnummer:**
Bezeichnung des Projektes / der Projektphase:	
Entscheidungsträger / Entscheidungsgremium:	
Projektleiter/in:	
Projektteam:	
Betroffene Organisationseinheiten:	
Projektbeginn / Beginn der Phase:	
Projektende / Ende der Phase:	
Projektbudget / Phasenbudget:	
Empfänger von Informationen:	
Termin / Ereignis für Informationen:	
Form der Informationen:	
Grundlage des Auftrags:	
Kurzbeschreibung (Ziele) des Projekts / der Phase:	
Aufgaben:	
Eingrenzungen / Beschränkungen:	
Auftraggeber: Unterschrift:	Datum:
Projektleiter/in: Unterschrift:	Datum:

Abb. 3-1: Muster für einen Vordruck „Projektauftrag"

- **Projektbudget / Phasenbudget**
  Angabe des genauen Betrages, der für das Gesamtprojekt bzw. die entsprechende Phase zur Verfügung steht

- **Empfänger von Informationen**
  Genaue Benennung des/der Informationsempfänger(s), z. B. Unternehmensleitung, Lenkungsausschuss, Fachabteilung X, Revision, Betriebsrat

- **Termin/Ereignis für Informationen**
  Genaue Festlegung der Termine und/oder Ereignisse für Informationen, z. B. alle vier Wochen oder nach Ende einer jeden Projektphase

- **Form der Informationen**
  Genaue Beschreibung der Form, in der informiert werden muss, z. B. mündlich, schriftlich, mündlich und schriftlich

- **Grundlage des Auftrages**
  Ausführliche Beschreibung des Anlasses und der Ursachen für dieses Projekt

- **Kurzbeschreibung (Ziele) des Projekts / der Phase**
  Ausführliche Beschreibung, was mit dem Projekt bzw. der Phase erreicht bzw. verändert werden soll

- **Aufgaben**
  Über die Bezeichnung des Projektes hinaus ist hier zu präzisieren, welche Detailaufgaben voraussichtlich im Gesamtprojekt bzw. in der entsprechenden Phase anfallen

- **Eingrenzungen / Beschränkungen**
  Ausführliche Beschreibung der Einschränkungen, die zu berücksichtigen sind. Dazu gehören z. B. auch die auf jeden Fall zu erreichenden Ziele (Muss-Ziele)

- **Auftraggeber**
  Datum und Unterschrift des Auftraggebers (z. B. Mitglied der Unternehmensleitung) dokumentieren, wer das Projekt bzw. die jeweilige Phase in Auftrag gegeben hat und wann dies erfolgt ist

- **Projektleiter/in**
  Datum und Unterschrift des Projektleiters dokumentieren, wann das Projekt bzw. die jeweilige Phase abgeschlossen wurde

Die schriftliche Vereinbarung dieser Punkte in einem Projektauftrag führt dazu, dass die getroffenen Regelungen gewissermaßen Vertragscharakter erlangen. Haben Projektaufträge eine solche schriftliche Grundlage, dann ist gewährleistet, dass sowohl der Antragsteller als auch der Auftraggeber und Auftragnehmer von gleichen Sachverhalten ausgehen. Der Projektauftrag bietet eine Art **"Rechtssicherheit".** Der Antragsteller (Fachabteilung) kann sicher davon ausgehen, dass sich jemand verbindlich der Anliegen bzw. des Problems annimmt. Der Auftraggeber (Unternehmensleitung) hat die Gewissheit, dass das Problem der Fachabteilung aufgegriffen und eine für die Lösung verantwortliche Projektleitung bestimmt wurde. Dem Auftragnehmer (Projektleiter) werden vor Beginn des Projektes alle für die Abwicklung des Projektes erforderlichen Ressourcen zugestanden. Mit dem Projektauftrag erhält der Projektleiter einen Handlungsrahmen, so dass er sich ausschließlich um die inhaltlichen Fragen des Projektes kümmern kann.

Die Projektpraxis zeigt, dass die im Projektauftrag **festzulegenden Sachverhalte vor Beginn des Projektes** geregelt werden sollten. Wird bereits mit der Projektarbeit begonnen, bevor alle Punkte geklärt sind, oder werden bestimmte Sachverhalte vergessen, müssen diese Punkte später geregelt werden. Entweder fällt es zu einem späteren Zeitpunkt zufällig auf, welche eigentlich zu regelnden Tatbestände vergessen wurden, oder das Projekt kommt an einen Punkt, an dem nicht weitergearbeitet werden kann, bevor nicht bestimmte Regelungen vorgenommen werden. Stellt der Projektleiter erst im Verlauf der Projektarbeit fest, dass er beispielsweise weitere Projektmitarbeiter oder Sachmittel benötigt, die betroffenen Organisationseinheiten nicht eindeutig bestimmt wurden oder das finanzielle Budget nicht ausdrücklich vereinbart wurde, müssen solche Sachverhalte zum Zeitpunkt des Bekanntwerdens geklärt werden. Dies behindert die eigentliche Projektarbeit und führt im Regelfall zu Stockungen im Projekt. So gut wie nie wird in solchen Situationen der Endtermin des Projektes in Frage gestellt oder gar verschoben, so dass dadurch die für die eigentliche Projektarbeit vorgesehene und verbleibende Zeit eingeschränkt wird. Demzufolge sollten alle aufgeführten Punkte des Projektauftrages vor dem Start-Termin geklärt sein.

Die Klärung und Festlegung der im Projektauftrag enthaltenen Sachverhalte erfolgen in gemeinsamer Abstimmung zwischen Fachabteilung, Unternehmensleitung und Organisationsabteilung bzw. Projektleitung. Da die Fachabteilung und auch die Unternehmensleitung im Regelfall kein Projektmanagement-Know-how besitzen, ist der Organisations- und Datenverarbeitungsbereich bei der Formulierung des Projektantrages und -auftrages vielfach beratend tätig. Häufig schlagen sie die zu regelnden Sachverhalte inhaltlich vor und stimmen diese dann zwischen Antragsteller und Auftraggeber ab.

Nicht immer sind Antragsteller und Auftraggeber von der Notwendigkeit eines solchen schriftlichen Projektauftrages überzeugt. Es ist dann Aufgabe des Auftragnehmers die Beteiligten von den Vorteilen solcher Vereinbarungen zu überzeugen und diese Regelungen auch zu initiieren. Man spricht daher auch davon, dass der **Projektauftrag** eine **Holschuld des Auftragnehmers** darstellt (vgl. *Schmidt* 2000, S. 43).

3.1.4 Instanzen eines Projekts

Der Kreis der Projektbeteiligten lässt sich nicht generell festlegen. Dies ergibt sich aus dem konkreten Projekt. Dabei können folgende **Faktoren** als Orientierung **zur Bestimmung der Projektbeteiligten** dienen (vgl. *Schmidt* 2000, S. 129): Art, Größe und Bedeutung des Projektes, Terminvorgaben, Art und Anzahl der vom Projekt betroffenen Bereiche, im Unternehmen bestehende Regelungen über die Mitwirkungspflicht bestimmter Stellen, gesetzliche Vorschriften, z. B. der Mitbestimmungs-Gesetzgebung, nach der bestimmte Personengruppen informiert oder beteiligt werden müssen.

Da nur im Einzelfall entschieden werden kann, wer alles an einem Projekt mitwirkt, sind die jeweils **Beteiligten** für jedes Projekt neu zu bestimmen. Dies können sein (s. dazu z. B. *Mangler* 1999, S. 454 ff.; *Pfetzing/Rohde* 2001, S. 37 ff.):

(1) Auftraggeber

Grundsätzlich kann jeder Mitarbeiter oder jede Organisationseinheit im Unternehmen ein **internes Projekt** beantragen. Aber nicht jeder dieser **Antragsteller** kann gleichzeitig den Auftrag für ein Projekt erteilen. **Auftraggeber** für Projekte, d. h. die für den Start eines Projektes verantwortliche Instanz, ist grundsätzlich die Unternehmensleitung. Dies ist insbesondere dann der Fall, wenn es sich um Projekte handelt, die das gesamte Unternehmen oder mehrere Bereiche des Unternehmens betreffen. Beschränkt sich der Umfang und die Reichweite eines Projektes auf einen einzelnen Bereich oder auf eine einzelne Abteilung, dann kann die jeweilige Instanz dieser Organisationseinheit im Rahmen ihrer Entscheidungs- und Weisungsbefugnisse einen entsprechenden Projektauftrag erteilen. Dies gilt jedoch nur dann, wenn diese Organisationseinheit in der Lage ist, das Projekt selbst (mit eigenen Mitarbeitern) abzuwickeln und nicht auf die Unterstützung durch andere Bereiche (z. B. des Organisations- und DV-Bereichs) angewiesen ist.

Bei **externen Projekten,** d. h. Projekte, bei denen für Kunden z. B. ein Produkt erstellt oder eine Dienstleistung erbracht wird, erteilt der Kunde gegenüber dem Unternehmen den Auftrag. Bezogen auf das Außenverhältnis ist damit der Kunde Auftraggeber. Im Innenverhältnis, d. h. zwischen der Unternehmensleitung und den Mitarbeitern, die für das Projekt arbeiten, bleibt aber die Unternehmensleitung der Auftraggeber.

(2) Projektsteuerungsgremium

In großen Unternehmen, die sehr viele bereichsübergreifende Projekte abwickeln, wird die Funktion des Auftraggebers einem Projektsteuerungsgremium bzw. **Lenkungsausschuss** übertragen. Da bereichsübergreifende Projekte nur dann erfolgreich abgewickelt werden können, wenn die verantwortlichen Instanzen der Linienorganisation besondere Aufgaben wahrnehmen und entsprechende Verantwortung tragen, werden diese Instanzen in Form eines Steuerungsgremiums in den Prozess des Projektmanagements eingebunden. In diesem für jedes Projekt und für die gesamte Dauer eines Projektes bestehenden Lenkungsausschuss werden die jeweiligen **Entscheidungs- und Verantwortungsträger für ein Projekt zusammengefasst**. Oft ist auch, insbesondere bei sehr wichtigen und bedeutenden Projekten, ein Vertreter der Unternehmensleitung ebenfalls Mitglied dieses Gremiums. Der Lenkungsausschuss trifft alle notwendigen Entscheidungen und nimmt die folgenden **Aufgaben** wahr (s. dazu z. B. *Litke* 2004, S. 65; *Schulte-Zurhausen* 2005, S. 414 f.):

- Konkretisierung des Projektauftrages
- Benennung des Projektleiters und der Mitglieder der Projektgruppe
- Unterstützung des Projektleiters gegenüber den Instanzen der Primärorganisation
- Treffen von Entscheidungen, die nicht im Rahmen der Kompetenzen des Projektleiters liegen

- Festlegung der Projektorganisation und Einordnung des Projektes in die Unternehmensorganisation
- Bestimmung der Projektphasen und Freigabe der Zwischenentscheidungen
- Überwachung des Projektablaufs (Termine, Ergebnisse, Kosten)
- Freigabe von Ressourcen
- Festlegung von Prioritäten, wenn personelle oder finanzielle Engpässe entstehen
- Durchsetzen übergeordneter Unternehmensinteressen gegenüber dem Projektleiter und den Linieninstanzen

Insgesamt gesehen übt der Lenkungsausschuss die dem Auftraggeber eines Projektes zukommenden formalen Entscheidungsfunktionen aus. Grundsätzlich tritt dieses Steuerungsgremium in Abhängigkeit vom Projektverlauf und vom Projektfortschritt zusammen. Dies findet auf jeden Fall zu Beginn und am Ende einer Projektphase statt. Bei sehr lange dauernden Projekten können zusätzlich noch in regelmäßigen Abständen, z. B. monatlich, Zusammenkünfte stattfinden. Damit kann der Lenkungsausschuss insbesondere bei sehr langen Projektphasen Zwischenberichte des Projektleiters entgegennehmen und so den Projektverlauf überwachen.

(3) Projektleiter
Prinzipiell wirkt der Projektleiter (Projektmanager) bei der Planung mit, und im Rahmen der Projektdurchführung trägt er die **Verantwortung für die Sach-, Termin- und Kostenziele des Projektes**. Zu seinen **Hauptaufgaben** gehören (s. dazu z. B. *Kraus/Westermann* 1995, S. 35; *Schulte-Zurhausen* 2005, S. 420 f.):

- Mitwirkung bei der Formulierung der Projektziele in Form des Projektauftrages, damit der Lenkungsausschuss die Ziele genehmigen und den Projektauftrag erteilen kann
- Mitwirkung bei der Einrichtung der Projektorganisation
- Mitwirkung bei der Strukturierung des Projektes in Teilprojekte und Projektphasen
- Vorschlag der Mitglieder der Projektgruppe
- Planung des Mitarbeitereinsatzes im Projekt und Festlegung der Termine und Mittel
- Überwachung der Projektteilaufgaben bezüglich der Termine und Kosten
- Überprüfung der Projektergebnisse
- Dokumentation des Projektes
- Information der Projektgruppe
- Information der betroffenen Abteilungsleiter und Abstimmung von Projektergebnissen
- Präsentationen vor dem Lenkungsausschuss, um Entscheidungen herbeizuführen

Die **Befugnisse des Projektleiters** können sehr unterschiedlich sein und hängen davon ab, welche Organisationsform für das Projekt gewählt wird und wie die Projektgruppe in das Leitungssystem integriert ist. Die konkreten Befugnisse können zwischen den beiden Extrempunkten, d. h. Beratungs- und Empfehlungsrechte auf der einen und konkrete Weisungsbefugnisse auf der anderen Seite, liegen. So kann der Projektleiter z. B. die Befugnis haben, im Rahmen des Projektes den Mitarbeitern im Projekt (Teil-)Aufgaben zu übertragen. Erfordert das Projekt Aus- und Weiterbildungsmaßnahmen der Mitarbeiter des Projektes, kann der Projektleiter derartige Maßnahmen vorschlagen. Bei der Urlaubsplanung der Mitglieder der Projektgruppe hat er ein Mitspracherecht. Mit zu seinen wichtigsten Befugnissen aber auch zu seinen Pflichten gehört es, in der Projektgruppe auftretende Konflikte zu lösen (vgl. *Schulte-Zurhausen* 2005, S. 422).

Bei sehr großen Projekten erfolgt häufig eine Unterteilung des Projektes in Teilprojekte. Auf diese Weise entsteht eine Projekthierarchie mit einem Projektleiter und den einzelnen **Teilprojektleitern**. Diesen Teilprojektleitern kommen jeweils in Bezug auf ihr Teilprojekt die entsprechenden Aufgaben und Befugnisse zu.

Der Erfolg eines Projektes hängt in hohem Maße von der Person des Projektleiters ab. Bei der Frage nach den **Fähigkeiten eines Projektleiters** werden drei **Dimensionen der Qualifikation** unterschieden (s. dazu *Hansel/Lomnitz* 2000, S. 154 f.; *Birker* 2003, S. 185 f.).

- **Fachkompetenz**
  Da das Fachwissen und die Fachkenntnisse unmittelbar mit der besonderen Aufgabenstellung des Projektleiters zusammenhängen, ist es förderlich, wenn der Projektleiter über die entsprechenden themen- und aufgabenbezogenen Kenntnisse verfügt, die in dem Projekt verlangt werden. Dieses Fachwissens muss jedoch nicht in jedem Fall vom Projektleiter selbst eingebracht werden. Projekte in der Praxis haben gezeigt, dass diese nicht zwingend von Fachspezialisten geleitet werden müssen, wenn sichergestellt ist, dass das erforderliche Fachwissen von Experten bereitgestellt wird (vgl. *Schmidt* 2000, S. 134). Wesentlich wichtiger scheinen dagegen die beiden folgenden Dimensionen zu sein.

- **Methodenkompetenz**
  Die methodische Qualifikation beinhaltet die Kenntnisse und das Beherrschen der Methodik und Techniken der Organisationsgestaltung (s. Kap. 4). Der Projektleiter sollte daher Methoden und Techniken der Projektplanung und -steuerung (z. B. Phasenkonzepte, Ressourcenplanung) sowie Analysetechniken, Problemlösungs- und Kreativitätstechniken, Bewertungs-, Dokumentations- und Präsentationstechniken kennen und anwenden können. Durch die methodische Qualifikation ist der Projektleiter in der Lage, Projekte organisatorisch zu gestalten und die dabei anfallenden Aufgaben, Termine und Kosten zu planen und zu steuern.

- **Soziale Kompetenz**
  Mit der sozialen Kompetenz verfügt der Projektleiter über die Fähigkeit und die Bereitschaft, die Projektgruppe zu führen. Durch die soziale Qualifikation kennt und beherrscht der Projektleiter Methoden und Techniken der Gesprächsführung, besitzt Überzeugungsfähigkeit, verfügt über Durchsetzungsvermögen und Standhaftigkeit und zeichnet sich durch eine hohe Kontaktbereitschaft aus. Er ist bereit und kann auf die Mitarbeiter ein-

gehen, ihnen zuhören, sie motivieren und begeistern. Dazu gehört ferner, Gruppenprozesse erkennen und steuern zu können und mit Widersprüchen positiv umzugehen. Er muss in der Lage sein, im Rahmen eines Projektes auftretende Konflikte, z. B. zwischen der Projektgruppe und den anderen Bereichen des Unternehmens, aber auch innerhalb der Projektgruppe, zu erkennen und diese im Rahmen eines Konfliktmanagements auch handhaben zu können.

(4) Projektgruppe (Projektteam)
Projektgruppen lassen sich hinsichtlich ihrer Führungsstruktur in zwei **Arten** unterscheiden (vgl. *Steinbuch* 1997, S. 55 f.):

- **Hierarchische Projektgruppen**
  Bei dieser Form der Projektgruppe gibt es einen Vorgesetzten. Dieses Mitglied der Projektgruppe verfügt über bestimmte Kompetenzen und trägt die Verantwortung für die Durchführung des Projektes und die Lösung der Projektaufgabe. Die konkreten Befugnisse dieses Vorgesetzten hängen von der Form der Projektorganisation ab. Die Bandbreite bewegt sich zwischen Informations- und Antragsrechten ohne fachliche und disziplinarische Leitungsbefugnisse auf der einen Seite und uneingeschränkten Leitungsbefugnissen auf der anderen Seite.

- **Hierarchiefreie Projektgruppen**
  Diese Form der Projektgruppe zeichnet sich durch Gleichberechtigung aller Gruppenmitglieder aus. Dabei wird davon ausgegangen, dass die Hierarchiefreiheit eine offene Zusammenarbeit begünstigt und zu einer stärkeren Identifikation der Gruppenmitglieder führt. Da auch bei dieser Form nach außen hin Koordinations- und Vertretungsaufgaben erforderlich sind, werden diese für eine bestimmte Zeit einzelnen Gruppenmitgliedern übertragen und dann in der Funktion eines Gruppensprechers wahrgenommen.

Für den Erfolg eines Projektes kommt es entscheidend auf die **Zusammensetzung der Projektgruppe** an. Grundsätzlich sollten dabei die Besten für das entsprechende Vorhaben zusammengeführt werden. Insgesamt gesehen muss in einer Projektgruppe das für die Lösung der Projektaufgabe erforderliche Fach- und Methodenwissen vertreten sein. Dies kann durch folgende Personen oder Personengruppen in die Projektgruppe eingebracht werden (vgl. *Schmidt* 2000, S. 135 f.; *Schulte-Zurhausen* 2005, S. 419).

- Interne Spezialisten, die über das erforderliche Methodenwissen verfügen

- Mitarbeiter aus den betroffenen Fachabteilungen, die Spezialisten ihres Fachgebietes sind und damit das Fachwissen einbringen

- Berater, die je nach Problemstellung als Spezialisten über das entsprechende Know-how verfügen und Personen aus anderen Bereichen des Unternehmens oder unternehmensexterne Berater sein können

Insgesamt sollten Projektgruppen nicht zu groß sein, da mit zunehmender Anzahl der Koordinationsaufwand steigt. Die **Anzahl der Projektgruppenmitglieder** kann während der Dauer eines Projektes auch variieren. So können neben dem Kernteam, bestehend aus dem Projektleiter und den Personen der Projektgruppe, die während der gesamten Dauer des

Projektes zum Team gehören, in bestimmten Phasen des Projektes vorübergehend Spezialisten in die Gruppe berufen werden. Die absolute Größe einer Projektgruppe hängt von der Projektaufgabe, der Art und Weise der Koordination des Projektleiters und seiner Belastbarkeit ab. Um den Koordinationsaufwand in Grenzen zu halten, werden bei sehr großen Projekten vielfach Teilprojekte gebildet, mit der Folge, dass dann außer einem Gesamtprojektleiter **Teilprojektleiter** vorhanden sind. Da die konkrete Projektarbeit meistens in kleinen Arbeitsteams erfolgt, die abgeschlossene Teilaufgaben übernehmen, kommt die gesamte Projektgruppe nur zu den regelmäßig stattfindenden Projektsitzungen oder zu Besprechungen zusammen. Zu den konkreten **Aufgaben der Projektgruppenmitglieder** gehören (vgl. *Schulte-Zurhausen* 2005, S. 420):

- Wahrnehmung der fachlichen und organisatorischen Interessen ihrer Fachabteilung
- Informationsaustausch zwischen der Projektgruppe und der Fachabteilung
- Sammlung von Informationen für die zu erledigenden Projektteilaufgaben
- Mitwirkung bei der Projektplanung
- aktive Mitwirkung an den Arbeitssitzungen
- Hinweis an den Projektleiter auf evtl. sachliche und zeitliche Abweichungen von der Planung
- Erstellung von Berichten

Arbeiten **Stelleninhaber** von Linienstellen **zeitlich befristet in einer Projektgruppe** mit, sollte zwischen dem Projektleiter, dem betreffenden Mitarbeiter und dessen Vorgesetzten folgende Sachverhalte geregelt werden (vgl. *Schulte-Zurhausen* 2005, S. 420):

- Ausmaß der zeitlichen Abordnung (völlige oder teilweise Freistellung für das Projekt)
- Zeitliche Dauer der Abordnung und Bestimmung einer Person, die die Stellenaufgabe des Projektmitarbeiters übernimmt
- Auswirkungen der Mitarbeit im Projekt auf das persönliche Fortkommen des Mitarbeiters
- Klärung der fachlichen und disziplinarischen Unterstellungsverhältnisse
- Wiedereingliederung in die Fachabteilung nach Abschluss des Projektes

Außer dem Auftraggeber bzw. dem Lenkungsausschuss sowie dem Projektleiter und der Projektgruppe gibt es bei jedem Projekt noch **weitere Beteiligte**. Diese müssen nicht zwangsläufig direkt an oder in dem Projekt mitarbeiten, sondern üben entweder **Einfluss auf das Projekt** aus **oder** sind im weitesten Sinne **vom Projekt oder dessen Ergebnissen betroffen** (s. dazu z. B. *Schmidt* 2000, S. 132 ff.).

(1) Leitung des Fachbereichs
Der oder die vom Projekt betroffenen Leiter der Fachbereiche sind in der Regel Mitglieder des Lenkungsausschusses. Dies ist jedoch nur der Fall bei bereichsübergreifenden Projekten. Die Leiter, für die sich infolge des Projektes wesentliche Änderungen ergeben, müssen dann Mitglieder des Lenkungsausschusses sein. Wird ein Vorhaben bzw. Projekt innerhalb eines Fachbereichs abgewickelt, trägt der Leiter des Fachbereichs dafür die Verantwortung. Es liegt dann im Rahmen seiner Befugnisse zu entscheiden, wie in seinem Bereich vorgegangen wird.

(2) Fachbereichskoordinatoren
Das sind bestimmte Mitarbeiter der Fachabteilungen, die für die Projektmitarbeiter Ansprechpartner sind und damit die Verbindung zwischen Projekt und Fachabteilung sicherstellen. Da sie auch für die Kollegen in der eigenen Abteilung Anlaufstation sind, dienen Fachbereichskoordinatoren der Kanalisierung des Informationsflusses zwischen Projekt und Fachabteilung. In den unterschiedlichen Projektphasen wirken sie unterschiedlich intensiv mit. In der Planungsphase fungieren sie vielfach als Ansprechpartner. Bei internen Projekten nehmen sie z. B. in der Phase der Implementierung häufig die Aufgaben von Multiplikatoren wahr (s. dazu 3.2.2.3).

(3) Mitarbeiter des Fachbereichs
Obwohl der Fachbereich durch einen oder einzelne Mitarbeiter in der Projektgruppe vertreten ist, können auch weitere oder alle Mitarbeiter des Fachbereichs in einem Projekt mitwirken. Dies erfolgt meistens in der Form, dass diese Mitarbeiter z. B. Teilnehmer von Workshops sind. Sowohl bei internen als auch bei externen Projekten erfolgt die Einbindung dieser Mitarbeiter mit dem Ziel, das Fachwissen, die Kenntnisse und die Erfahrungen vieler Mitarbeiter in das Projekt zu integrieren.

(4) Sponsoren
Der Begriff ist hier nicht im Sinne von Geldgebern gemeint. Bei einer ordnungsgemäßen Vorgehensweise in einem Projekt ist die Frage der Finanzierung sowohl bei internen als auch bei externen Projekten bereits zu Beginn des Projektes, d. h. im Rahmen des Projektauftrages geregelt worden. Hier geht es vielmehr um ein mentales Sponsoring, d. h. Personen des Unternehmens, die in herausgehobenen hierarchischen Positionen sind, geben dem Projekt und damit dem Projektleiter dadurch Rückenwind, dass sie bei allen erdenklichen Anlässen auf die Wichtigkeit und Bedeutung des Projektes hinweisen. Ist der Projektleiter und die Projektgruppe in der Lage, derartige Sponsoren im Unternehmen auszumachen, dann können solche Personen dem Projekt zum Erfolg verhelfen, ohne dass sie überhaupt in der Projektgruppe mitarbeiten. In vielen Fällen sind diese Sponsoren gerade bei internen Projekten in der Lage, letzte Zweifler von der Richtigkeit eines Projektes zu überzeugen.

(5) Beratungsgremium
Treten in einem Projekt Fachprobleme auf, die nicht von der Projektgruppe gelöst werden können, kann die Unterstützung durch Beratungsgremien erfolgen. Diese Beratungsgremien verfügen hinsichtlich des Projektes über keine eigenen Entscheidungsbefugnisse. Sie bringen in ein Projekt Fachwissen ein und können damit auch die Akzeptanz der Ergebnisse fördern.

(6) Revision/Personalwesen/Rechtsabteilung
Diese drei Bereiche eines Unternehmens stehen stellvertretend für die Übernahme fachlich begrenzter Aufgaben in einem Projekt. Diese fachlich zuständigen Stellen oder Abteilungen müssen oder können bei Projekten zur Prüfung bestimmter Sachfragen, z. B. revisionstechnische Freigaben, betriebswirtschaftliche Begutachtung, Bewilligung von Stellen, Prüfung juristischer Aspekte, herangezogen werden.

(7) Betriebsrat/Personalrat
Diesen beiden Gremien können im Rahmen von internen Projekten je nach entsprechender Sachlage gemäß den gesetzlichen Regelungen Informations-, Beratungs- oder Mitbestimmungsrechte zukommen.

(8) Nutzer/Anwender
Bei internen Projekten sind dies die Mitarbeiter des eigenen Unternehmens, für die z. B. neue organisatorische Strukturen, DV-Programme oder Fertigungsverfahren eingeführt werden. Die Interessen dieser Betroffenen werden entweder durch spezielle Nutzervertreter oder durch die Leitung des jeweils betroffenen Fachbereichs in das Projekt eingebracht.

Bei externen Projekten ist der Kunde Nutzer bzw. Anwender. Die Ausgestaltung der für ihn zu erbringenden Leistung ist zunächst im Projektauftrag konkretisiert. Zusätzlich erfolgt im Rahmen des laufenden Projektes eine permanente enge Abstimmung zwischen dem Kunden auf der einen Seite und der Unternehmens- und Projektleitung auf der anderen Seite.

Je besser es gelingt, gemäß dem Grundsatz zu verfahren, **'Betroffene zu Beteiligten machen'**, also die Wünsche, Anliegen und Bedenken der späteren Nutzer bzw. Anwender, d. h. derjenigen zu berücksichtigen, für die das Projekt gemacht wird, desto besser wird die Projektleitung dem Projektauftrag gerecht.

3.1.5 Systemdenken

Ausgangspunkt des Systemdenkens ist das jeweils vorliegende **Problem.** Unter dem Begriff des Problems ist die Differenz zu verstehen zwischen einem häufig nicht in allen Einzelheiten bekannten Ist-Zustand und den Vorstellungen von einem anzustrebenden Soll-Zustand. Erst diese Vorstellungen führen dazu, dass der Ist-Zustand als unbefriedigend und damit als problembehaftet empfunden wird. Ein Problem lässt sich ferner dadurch charakterisieren, dass ein relativ schwierig zu beseitigender Mangel an Informationen über den gegenwärtigen unzulänglichen Zustand und dessen Lösung vorliegt. Dabei ist oft auch nicht bekannt, ob der angestrebte Soll-Zustand überhaupt erreichbar ist. Der Bereich, in dem die Probleme auftreten und die Problemzusammenhänge und -ursachen vermutet und untersucht werden, wird als **Problemfeld** oder Problem- und Untersuchungsbereich verstanden. Alle Aktivitäten bis zur Erreichung des Soll-Zustands machen den eigentlichen **Problemlösungsprozess** aus. Dieser Prozess besteht darin, Informationen über die Ist-Situation, den Soll-Zustand und über Mittel und Wege zur Erreichung des Soll-Zustandes schrittweise zu erarbeiten. Die Mittel und Wege zur Erreichung des angegebenen Soll-Zustandes werden als **Problemlösung** bezeichnet (vgl. *Haberfellner* u. a. 1997, S. XVIII f. und S. 19).

Projektarbeit erfordert ein Denken und Handeln in komplexen Zusammenhängen. Wenn komplexe und vielschichtige Problemstellungen zu bearbeiten sind, hilft das Systemdenken, Problemfelder zu definieren und abzugrenzen, bestehende Wirkungszusammenhänge auszumachen und Lösungen zu strukturieren. Das Systemdenken ermöglicht die gedankliche Auseinandersetzung mit dem anzustrebenden Vorhaben. Ein wesentliches Prinzip des Systemdenkens besteht darin, Systeme und komplexe Zusammenhänge durch modellhafte Abbildungen zu veranschaulichen. Im Rahmen der praktischen Projektarbeit sind die folgenden **Bestandteile des Systemdenkens** wesentlich (vgl. *Haberfellner* u. a. 1997, S. 4 ff.; *Schmidt* 2000, S. 97 ff.; s. dazu auch *Mangler* 2006, S. 16 ff.):

(1) Bestimmung der Systemgrenzen
Durch die Definition der Systemgrenzen wird festgelegt, welcher Bereich überhaupt Gegenstand des organisatorischen Vorhabens ist oder sein soll. Diese Abgrenzung bedarf einer laufenden Abstimmung mit dem Auftraggeber. Zu Beginn des Projektes ist es sinnvoll, die Nahtstelle des Systems mit seiner Umgebung eher weit zu definieren und dann mit fortschreitender Dauer des Projektes Bereiche auszugrenzen, die nicht bearbeitet werden sollen. Die Unterteilung in das zu untersuchende System und in die Systemumgebung grenzt das Projekt eindeutig ein und ab. Damit wird der Bereich festgelegt, in dem Änderungen vorgenommen werden dürfen und gleichzeitig Sachverhalte bestimmt, die außerhalb der Systemgrenze liegen. Dieses Umsystem ist insofern bedeutend, als Informationen darüber die Aufgabe haben sicherzustellen, dass das zu gestaltende oder neu zu schaffende System auch in seine Umwelt passt.

(2) Ermittlung von Einflussgrößen
Projekte vollziehen sich nicht in einem geschützten, d. h. von Einflüssen freien Raum. Demzufolge sind Größen zu ermitteln, die solche organisatorischen Vorhaben beeinflussen. Dabei lassen sich zwei grundsätzliche **Arten von Restriktionen** unterscheiden:

- **Innerbetriebliche Restriktionen**
  Dies sind verbindliche Vorgaben des Unternehmens, die zwingend einzuhalten sind. Solche Restriktionen sind beispielsweise so genannte Muss-Ziele, d. h. Vorgaben etwa in Form eines begrenzten finanziellen Budgets oder die Vorgabe, dass gefundene Lösungen mit anderen Systemen des Unternehmens (z. B. DV-System) kompatibel sein müssen. Die Vorgabe, dass in Frage kommende Problemlösungen nicht zu personellen Freisetzungen führen dürfen, stellt ebenfalls eine innerbetriebliche Restriktion dar.

- **Außerbetriebliche Restriktionen (Rahmenbedingungen)**
  Dies sind Sachverhalte, die für das Projekt ebenfalls von Bedeutung sind, aber im Rahmen des Projektes nicht beeinflusst und verändert werden können. Dazu gehören beispielsweise Vorschriften, Gesetze, Verordnungen oder bestehende Verträge, die einzuhalten sind. Solche Sachverhalte sind nicht immer eindeutig zu identifizieren, und es ist vielfach nicht ohne weiteres möglich festzustellen, welche Einflüsse sie auf die Eignung der späteren Lösung haben.

Da solche Restriktionen ein Projekt so beeinflussen, dass sie in Frage kommende Lösungen einschränken, sind diese Einflussgrößen zu ermitteln, und deren Einhaltung ist im Laufe der Dauer des Projektes ständig zu kontrollieren.

(3) Abgrenzung von Unter- und Teilsystemen
Um die Komplexität des zu untersuchenden Bereichs beherrschbar zu machen und den zu gestaltenden Bereich besser bearbeiten zu können, ist das gesamte Projekt in Unter- und Teilsysteme zu zerlegen (s. dazu auch *Mangler* 2006, S. 16 ff.)

Was als **Untersystem** angesehen werden soll, ist von der Betrachtungsebene abhängig. Wird z. B. das gesamte Unternehmen als System aufgefasst, dann können etwa einzelne Abteilungen als Untersysteme verstanden werden. Wird dagegen eine Abteilung als System betrachtet, dann können beispielsweise einzelne Gruppen oder Stellen entsprechende Untersysteme sein. Untersysteme sind demzufolge kleinere Elemente eines Systems, und sie entstehen durch eine hierarchische Zerlegung.

Teilsysteme ergeben sich dadurch, dass ausgewählte Elemente (Bestandteile eines Systems), Beziehungszusammenhänge und -arten oder funktionale Aspekte abgegrenzt und hervorgehoben werden, denn nicht immer sind alle Bestandteile eines Systems Gegenstand eines Projektes. Teilsysteme können in der Form entstehen, dass bestimmte funktionale Zusammenhänge isoliert werden. So bedeutet beispielsweise die gesonderte Betrachtung der Gesamtheit aller Entscheidungs- und Weisungsbefugnisse das Kompetenzsystem als Teilsystem zu isolieren, und die Konzentration auf die im Unternehmen bestehenden Über-, Unter- und Nebenordnungen von Stellen führt dazu, das Leitungssystem abzugrenzen.

Die so gebildeten überschaubaren Unter- und Teilsysteme stellen auch potentielle Lösungsbereiche dar, denn diese Einheiten erlauben, dass die damit zusammenhängenden Problemfelder arbeitsteilig angegangen werden.

(4) Ermittlung von Schnittstellen
Im Regelfall bestehen zwischen den abgegrenzten Einheiten Berührungspunkte und Beziehungen. Die Ermittlung von Schnittstellen bedeutet, Übergänge zwischen den Teilsystemen, Untersystemen sowie dem System und der Systemumwelt zu ermitteln. Solche Übergabepunkte ermöglichen die Ein- und Ausgabe von Informationen oder Gegenständen. Dies können beispielsweise Daten oder Werkstücke sein, und sie stellen entweder die Voraussetzung für die Arbeits- und Funktionsfähigkeit eines Teil- oder Untersystems oder das Ergebnis der Arbeitsprozesse dieser Unter- und Teilsysteme dar. Werden die abgegrenzten Einheiten isoliert voneinander bearbeitet bzw. dafür Lösungen entwickelt, können sich Unverträglichkeiten ergeben. Demzufolge müssen Schnittstellen zwischen den abgegrenzten Unter- und Teilsystemen sowie zwischen den Unter- und Teilsystemen und dem Umsystem ermittelt werden. Erst diese Schnittstellen ermöglichen die reibungslose Integration von Untersystemen in ein System und die Integration des Systems in seine Umwelt.

Die Einbindung von Teilsystemen erfolgt Schritt für Schritt. Nach der Planung solcher isolierter Elemente, Beziehungszusammenhänge und funktionalen Aspekte wird deren Verträglichkeit mit anderen Teilsystemen überprüft. Diese Überprüfung erfolgt für jedes weitere Teilsystem. Eine solche Vorgehensweise gewährleistet die schrittweise Integration von Teilsystemen.

(5) Analyse der Elemente, Beziehungen und Dimensionen
Nach der Bestimmung der Systemgrenzen, der Abgrenzung von Unter- und Teilsystemen und der Ermittlung von Schnittstellen erfolgt die Konzentration auf die abgegrenzten Syste-

me. Dies geschieht in der Form, dass Informationen über die abgegrenzten kleineren Bereiche erhoben und geordnet werden. Damit erfolgt eine intensive Auseinandersetzung mit den Unter- und Teilsystemen, denn es werden die in diesen Einheiten relevanten Sachverhalte ermittelt und aufbereitet.

- Analyse der Elemente
  bedeutet z. B. Aufgaben und/oder Informationen zu erheben und zu ordnen.

- Analyse von Beziehungen ermittelt Aufbau- und Ablaufbeziehungen.

- Analyse der Dimensionen
  konzentriert sich beispielsweise auf die Ermittlung von Zeiten oder Mengen.

(6) Ermittlung von Gemeinsamkeiten
Bevor mit der Gestaltung von Unter- oder Teilsystemen begonnen wird, sind Gemeinsamkeiten zu untersuchen und zu dokumentieren. Stellt sich beispielsweise heraus, dass in bestimmten Unter- oder Teilsystemen gleiche Aufgaben anfallen oder gleiche Informationen benötigt werden, und wird dies frühzeitig ermittelt, kann darauf entsprechend reagiert werden. Sind solche Parallelitäten nicht gewünscht, können sie entweder beseitigt werden oder der dafür anfallende Mehraufwand ist zu reduzieren. Sind solche Parallelitäten gewünscht oder etwa sogar notwendig, lassen sie sich, da sie bekannt sind, koordinieren. Wird es versäumt, mehrfach vorkommende Aufgaben oder Informationen in den abgegrenzten Einheiten zu ermitteln und stellen sich diese erst später heraus, können eventuell bereits dafür entwickelte Teillösungen oftmals nicht mehr auf später herausgefundene Gemeinsamkeiten übertragen werden.

Das Systemdenken hilft, komplexe und vielschichtige Probleme von anderen Problemen abzugrenzen und die Komplexität und Vielschichtigkeit eines einzelnen Problems zu bewältigen. Die **Ziele des Systemdenkens** (vgl. *Schmidt* 2000, S, 94) bestehen in erster Linie darin, so früh wie möglich zu bestimmen, welche Bereiche im Rahmen des organisatorischen Vorhabens überhaupt verändert werden dürfen. Damit wird sichergestellt, überhaupt **das tatsächliche Problem in Angriff zu nehmen.** Ferner erfolgt eine Zerlegung des Problems in einzelne leichter zu bearbeitende Problembereiche. Durch das Systemdenken lassen sich daher **komplexe Probleme beherrschbar machen.** Die Vielschichtigkeit eines einzelnen Problems wird in handhabbare Teilprobleme untergliedert, und diese können dann auch durch dafür geeignete Spezialisten bearbeitet werden. Trotz der Detailarbeit geht der Überblick nicht verloren. So lassen sich Insellösungen vermeiden, und letztlich wird erreicht, dass neu- oder umgestaltete Systeme auch mit der Umwelt korrespondieren. Systemdenken beabsichtigt weiterhin den **realistischen Projektaufwand abzuschätzen.** So früh wie möglich soll erkannt werden, mit welchem Aufwand ein Projekt verbunden ist. Schließlich lassen sich **Rationalisierungspotentiale nutzen,** denn Systemdenken trägt dazu bei, mehrfach vorkommende und gleich gelagerte Probleme zu identifizieren. Erst dann kann der Versuch unternommen werden, für gleiche Probleme gleiche Lösungen zu finden und diese gemeinsam zu nutzen. Überflüssige Bestandteile, beispielsweise die Erfassung gleicher Informationen an mehreren Stellen, können beseitigt oder sogar vermieden werden.

3.1.6 Vorgehensmodell

Als ein Bestandteil der methodischen Arbeit wird das Systemdenken ergänzt durch die Vorgehensweisen 'Vom Groben zum Detail' und 'von außen nach innen'. Die Einhaltung dieser Handlungsweisen trägt dazu bei, die Übersicht zu behalten und verhindert Insellösungen. Zu einem funktionellen Projektmanagement gehört auch ein problemangepasstes Vorgehen. Dabei vollzieht sich der Prozess der Lösungsentwicklung in überschaubaren, kontrollierbaren, zeitlich und sachlich getrennten Abschnitten. Die Festlegung eines Phasenablaufs muss jedoch so aufgebaut sein, dass dem jeweiligen Problem Rechnung getragen wird. Die Einhaltung bestimmter Arbeitsschritte kann demzufolge entweder linear oder zyklisch erfolgen, so dass ein **problemadäquates Vorgehensmodell** entsteht (vgl. *Krüger* 1994, S. 383 f.; *Haberfellner* u. a. 1997, S. 29 ff.).

Projekte können je nach ihrer Aufgabenstellung nur Wochen dauern oder erst nach Monaten oder sogar Jahren abgeschlossen sein. Als zeitlich begrenzte Vorhaben erfordern Projekte im Gegensatz zu immer wiederkehrenden Routineprozessen, dass genau zwischen Projektbeginn und -ende eine mehr oder weniger große Anzahl von Aufgaben und Aktivitäten zu erledigen sind, die sich ergänzen und aufeinander aufbauen müssen. Dieser Prozess wird in verschiedene Schritte unterteilt, da im Laufe des Lebensweges eines Projektes stets die Übersichtlichkeit gegeben sein muss.

Die Grobstruktur des Ablaufs von Projekten ergibt sich durch die einzelnen Projektphasen. Die **Ziele eines solchen Phasenkonzepts** bestehen darin, eine **Planungshilfe** zu liefern, denn der Ablauf des Projektes wird durch einen Vorgehensleitfaden strukturiert. Das Phasenkonzept beabsichtigt darüber hinaus die **Einbindung des Auftraggebers.** Es werden Ereignisse definiert, an denen im Verlauf des Projektes über das weitere Vorgehen entschieden werden muss. Dies geschieht beispielsweise in der Form, dass der Auftraggeber mindestens am Ende einer jeden Projektphase über das vorgelegte Phasenergebnis entscheidet und den Auftrag für die dann folgende Projektphase erteilt. Nicht zuletzt erleichtert das Vorgehensmodell den **Umgang mit komplexen Problemen,** denn erst durch das analytische Vorgehen (vom Groben zum Detail und von außen nach innen) ist es möglich, den Überblick zu bewahren und Zusammenhänge zu erkennen.

Die **organisatorische Gestaltung von Projekten** geht zunächst von der grundsätzlichen Unterteilung der Projektaktivitäten in Planung, Realisation und Kontrolle aus (vgl. *Frese* 1980b, Sp. 1962; *Krüger* 1992, Sp. 1579). Für die konkrete Abwicklung eines Projektes muss jedoch eine differenzierte Betrachtung der von Beginn bis zum Abschluss eines Projektes erforderlichen zeitlichen und logischen Reihenfolge der Arbeitsschritte vorgenommen werden. Das Vorgehensmodell besteht daher aus mehreren **Projektphasen** (Abb. 3-2):

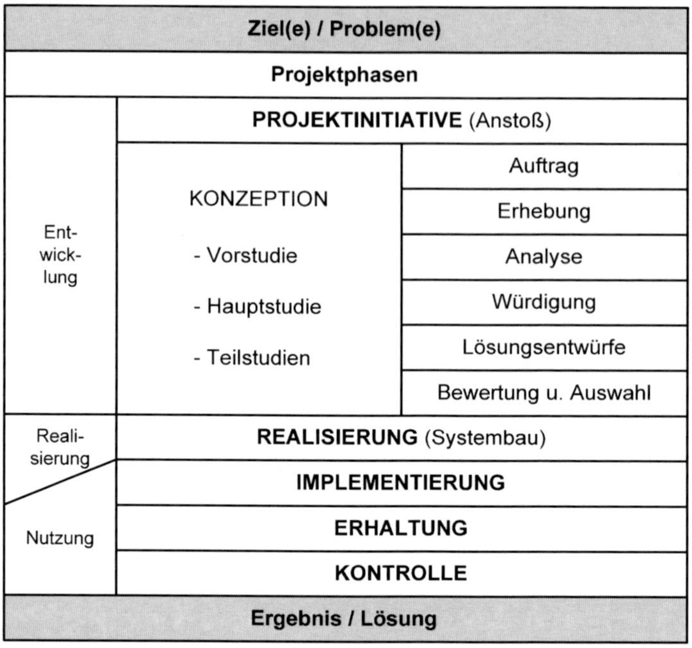

Abb. 3-2: Vorgehensmodell / Phasenkonzept
(in Anlehnung an: *Haberfellner* u. a. 1997, S. 84 f.; *Schmidt* 2000, S. 89)

Die **Projektphase der Konzeption** besteht in Abhängigkeit vom Detaillierungsgrad aus den folgenden drei **Stufen**:

- Vorstudie (Vorprojekt, Projektdefinitionsphase, Vorplanung)
- Hauptstudie (Grobkonzeption, Hauptplanung)
- Teilstudien (Feinkonzeption, Spezifikationsphase, Detailplanung)

Alle drei **Stufen der Konzeption** weisen die gleiche **Grundstruktur** auf:

- Erhebung des Ist-Zustands
- Analyse des erhobenen Materials
- Würdigung des Ist-Zustands
- Erarbeitung von Lösungsentwürfen
- Bewertung von Lösungen und Auswahl

Diese Grundstruktur dient dem Organisator als Checkliste, denn sie stellt die notwendigen Arbeitsschritte jeder Stufe der Konzeption dar.

3.2 Projektphasen

Im Folgenden wird die Ablauforganisation von Projekten, beginnend mit der Konzeptionsphase, aufgezeigt. Das hier dargestellte **Vorgehensmodell orientiert sich am zeitlichen Ablauf eines Projektes**. Dieses Phasenkonzept stellt einen **Standardablauf** dar, der an das jeweilige Vorhaben angepasst werden kann. Aus Gründen der Übersichtlichkeit ist es sinnvoll, ein Projekt in einzelne Phasen zu unterteilen. Der Abschluss einer Projektphase und einer Stufe stellt einen **Meilenstein** dar. Meilensteine sind Zeitpunkte im Laufe eines Projektes, an denen ein inhaltlich definiertes (Teil-)Ergebnis erreicht sein muss. Die Unterteilung eines Projektes in verschiedene Phasen hat darüber hinaus den Zweck, dass jeweils spätestens am Ende einer abgeschlossenen bzw. zu Beginn einer neuen Phase sowohl über das bisher erreichte Ergebnis als auch über das weitere Vorgehen entschieden wird. An diesen Punkten wird Bilanz gezogen über den bisherigen Verlauf des Projektes, und es erfolgt eine Standortbestimmung des Projektes. Spätestens an diesen Meilensteinen wird der Auftraggeber mit in das Projekt eingebunden, denn Meilensteine sind auch Entscheidungspunkte für den weiteren Verlauf des Projektes. Der Auftraggeber wird in die Verantwortung genommen, denn er entscheidet einerseits über die bereits erarbeiteten Ergebnisse und andererseits über die Weiterführung des Projektes. Meilensteine wirken daher auch wie "Soll-Bruchstellen" (*Keßler/Winkelhofer* 2004, S. 135) in einem Projekt, denn dabei steht immer auch die Alternative zur Diskussion, das Projekt abzubrechen, obwohl der Abbruch eines Projektes mit fortschreitender Dauer immer unwahrscheinlicher werden sollte. Im Rahmen der einzelnen Projektphasen kommen unterschiedliche Arbeitstechniken zum Einsatz (s. dazu Kap. 4).

3.2.1 Konzeption

3.2.1.1 Stufen der Konzeption

In der Phase der Konzeption empfiehlt sich eine Unterteilung in Vorstudie, Hauptstudie und Teilstudien. Die Entwicklung einer Konzeption vollzieht sich in der Regel in diesen drei Schritten - vielfach auch als Vorprojekt, Grobkonzeption und Feinkonzeption bezeichnet - und folgt damit bereits in dieser Phase ebenfalls dem Grundsatz vom Groben zum Detail. Durch diese Unterteilung wird schon in der Planung versucht, die Komplexität durch die **gedankliche Trennung in Vor-, Haupt- und Detailplanung** zu beherrschen. Auch hier erfolgt nach jedem Teilschritt eine Überprüfung über die Fortführung des Projektes (s. dazu z. B. *Krüger* 1994, S. 384 ff.; *Haberfellner* u. a. 1997, S. 39 ff.; *Schmidt* 2000, S. 43 ff.; *Keßler/Winkelhofer* 2004, S. 126 f.).

(1) Vorstudie
Die Vorstudie bzw. das **Vorprojekt** bietet sich an, wenn noch nicht eindeutig klar ist, wie eine Lösung auszusehen hat, denn dieser Planungsschritt setzt sich zunächst sehr grob und sehr breit mit den Aufgaben und Zielen des beabsichtigten Projekts auseinander. Dabei sollten noch keine Details behandelt werden. Im Vordergrund steht die Klärung der Fragen, **ob es überhaupt sinnvoll ist, für das Problem eine Lösung zu suchen, und ob sich Lösungen abzeichnen**, die aus technischer, wirtschaftlicher und sozialer Sicht realisierbar erscheinen. Die Erarbeitung positiver und negativer Wirkungen des Projektes gibt Antwort auf die Frage, ob die Realisierung solcher Lösungen überhaupt erwünscht ist. Weiterhin wird

überprüft, ob sich durch eine Lösung lediglich punktuelle Verbesserungen oder grundlegende Neuerungen ergeben und welchen Anforderungen die Lösung genügen muss.

Aussagen zu diesen Punkten können gemacht werden, wenn **der gegenwärtige Zustand in groben Zügen erhoben** und analysiert wird, d. h. es sind Informationen über die Ist-Situation zu erheben. Neben **Stärken und Schwächen der momentanen Situation** sind auch **Chancen und Risiken** aufzuzeigen. Diese Sachverhalte sind jedoch in diesem Schritt der Vorplanung nur global zu ermitteln.

Eine wichtige Aufgabe der Vorstudie besteht in der **Abgrenzung der nicht zum eigentlichen Projekt gehörenden Gestaltungsbereiche oder Systeme**. Die klare Festlegung des zu untersuchenden Bereichs führt zur Bestimmung der Berührungspunkte mit anderen Systemen und ermöglicht dann eine problemlose Integration des zu gestaltenden Systems in seine Umwelt. Auf dieser Basis der Stärken und Chancen sowie Schwächen und Risiken lassen sich die Ziele verfeinern, und es ist ein Grobkonzept zu erarbeiten.

Eine erste Grobschätzung des Nutzens sowie der möglichen Kosten und Ressourcen ermöglicht die Empfehlung an den Entscheider, das Projekt abzubrechen oder weiterzuführen. Erfolgt am Ende der Vorstudie die Entscheidung, das Projekt abzubrechen, d. h. alles so zu belassen, denn das Projekt lohnt sich nicht oder soll zum jetzigen Zeitpunkt nicht weiter verfolgt werden, ist der bisher dafür angefallene Aufwand noch vertretbar. Die Überlegung eines Projektabbruchs zum jetzigen Zeitpunkt soll die Gefahr verhindern, das Projekt in späteren Phasen mit einem bis dahin angefallenen wesentlich höheren Aufwand abbrechen zu müssen. Die **Vorstudie** hat daher den **Charakter einer Durchführbarkeitsstudie**. Erfolgt durch den Projektleiter und die Projektgruppe die Empfehlung, das Projekt weiterzuführen, ist gleichzeitig ein Vorschlag zur Projektorganisation und zum weiteren Projektablauf zu erarbeiten. Entscheidet sich der Auftraggeber für die Durchführung des Projekts, werden der Projektleiter und die Projektgruppe im Rahmen eines schriftlichen Auftrags entweder mit der Durchführung des gesamten Projekts betraut oder der Auftrag erfolgt zunächst nur für die Hauptstudie.

(2) Hauptstudie
Gegenstand der Hauptstudie bzw. der Grobkonzeption ist jetzt nur noch der Weg, der sich nach Abschluss der Vorstudie als erfolgsträchtig herausgestellt hat. Die **Hauptstudie konzentriert sich** demzufolge **auf ein eingegrenztes Gebiet**. Trotz allem ist in dieser Stufe der Planung in den meisten Projekten die Komplexität noch immer so hoch, dass eine Zerlegung des gesamten Problems in kleinere abgrenzbare Unter- und Teilprobleme erfolgt.

Inhaltlich geht es um weitergehende Erhebungen und Analysen zu den einzelnen Teilproblemen. Um die Akzeptanz in Frage kommender Lösungen nicht zu gefährden, müssen im Rahmen der Hauptstudie die **Anforderungen der späteren Nutzer an die zu realisierende Lösung** detailliert erhoben werden. Häufig bestehen zwischen den Anforderungen des Auftraggebers an die neue Lösung und den Erwartungen der Nutzer Diskrepanzen. Während Auftraggeber oftmals eine (neue) Lösung mit Kostensenkungen in Verbindung bringen, erwarten die Nutzer beispielsweise in erster Linie Arbeitserleichterungen. Gelingt es in dieser Phase nicht die Anforderungen der späteren Nutzer zu ermitteln, besteht die Gefahr, dass entwickelte Lösungen von den Nutzern nicht angenommen werden.

Für die identifizierten Problemfelder - organisatorisch gesehen können sich daraus Teilprojekte ergeben - **werden globale Lösungsalternativen entwickelt**. Gemäß dem Systemdenken ist erneut zu prüfen, ob die gefundenen Teilergebnisse bzw. Lösungsalternativen mit den anderen Teilen und der Systemumgebung harmonisieren. Kosten-Nutzen-Analysen für jedes Teilprojekt lassen eine Aussage über die in Frage kommenden Varianten zu.

Auch nach dieser Stufe der Konzeption ist ein **Vorschlag über das weitere Vorgehen** bzw. die Planung der folgenden Stufe vorzulegen. Die Bestimmung der Prioritäten für die Teilprojekte bildet die Grundlage für Empfehlungen an den Auftraggeber. Wieder hat der Projektleiter für den am Ende dieser Stufe angesiedelten Meilenstein - beispielsweise die gemeinsame Sitzung zwischen Projektleiter, Projektgruppe und Auftraggeber - einen Vorschlag für die Abwicklung der Teilstudie bzw. der Teilstudien vorzulegen. Wird das Konzept vom Auftraggeber genehmigt, wirkt dies wie ein Auftrag für die Teilstudie(n). Damit erhalten der Projektleiter und die Projektgruppe den Auftrag, das Projekt fortzuführen.

(3) Teilstudien
Auch die letzte Stufe der Konzeption stellt sicher, dass immer erst mit dem nächsten Projektschritt begonnen wird, wenn der Auftraggeber die bis dahin erarbeitete Lösung mitträgt. Grundsätzlich ist der Auftraggeber dadurch immer so informiert, dass über den weiteren Verlauf des Projektes entschieden werden kann. An Verzweigungen wird der Auftraggeber jeweils gefragt, in welche Richtung das Projekt weiter verfolgt werden soll (Abbruch oder Fortführung), um den entstandenen Aufwand in Grenzen zu halten. Demzufolge werden in dieser Stufe der Konzeption **Details** auch **nur für solche Alternativen erarbeitet, die tatsächlich realisiert werden sollen**. Das Ziel der Teilstudien besteht darin, die in der Hauptstudie erarbeiteten Grobentwürfe so zu detaillieren, dass unmittelbar im Anschluss an die Feinkonzeption mit der Umsetzung bzw. Realisierung begonnen werden kann.

Die praktische Projektarbeit zeigt, dass es ökonomisch sinnvoll ist, sich bei der Erarbeitung von Teilstudien **zunächst auf die Standardfälle** und deren Lösung zu **konzentrieren**. Erst dann sollte überlegt werden, die Bearbeitung der Ausnahmen oder Sonderfälle aufzunehmen. Dies erfordert die weitere Erhebung und Analyse von Informationen. Nach dieser Überprüfung wird häufig deutlich, dass es sinnvoll ist, für seltene oder weniger wichtige Sonderfälle überhaupt keine spezielle Lösungen zu erarbeiten, da dies in der Regel nur mit einem unverhältnismäßig hohen Aufwand zu realisieren ist und oftmals später von den Nutzern sehr selten oder überhaupt nicht in Anspruch genommen wird. Es geht demzufolge darum, sich in erster Linie auf die Standardfälle zu konzentrieren, da diese meistens mit einem wesentlich geringeren Aufwand zu realisieren sind.

In dieser Spezifikationsphase ist bereits die Implementierung zu planen, denn am Ende der Feinkonzeption muss der Auftraggeber entscheidungsreife Detailpläne verabschieden können. Dies setzt **entscheidungsreife Vorlagen für die Realisierung** voraus. Mit den Teilstudien ist die Konzeptionsphase abgeschlossen. Die Abb. 3-3 verdeutlicht schematisch den Prozess - vergleichbar einem Trichter - von der sehr breit angelegten Vorstudie über den eingegrenzten Bereich der Hauptstudie bis hin zu priorisierten Teilprojekten der Teilstudie(n).

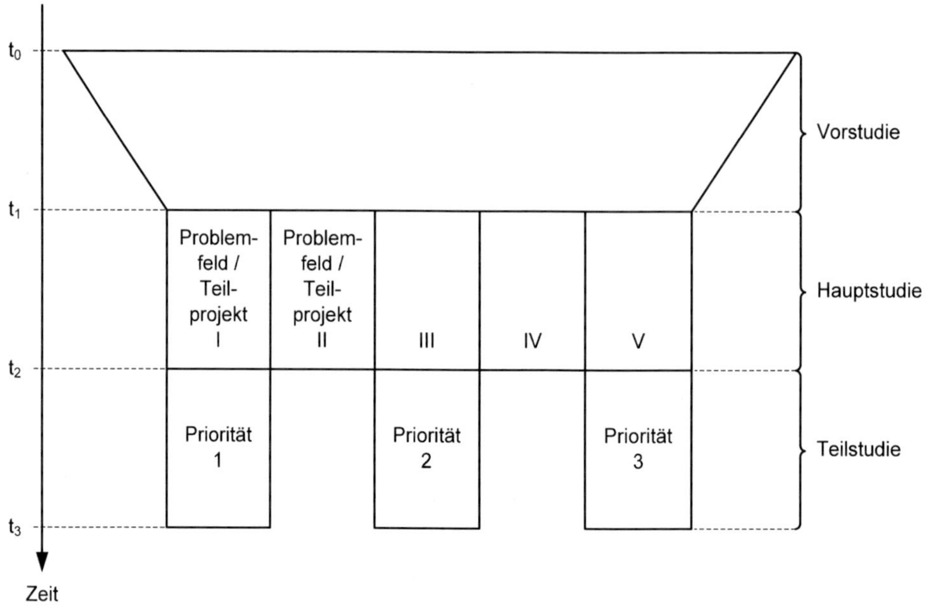

Abb. 3-3: Schematische Darstellung der Stufen der Konzeption

Am Ende dieser letzten Stufe der Konzeption wird dann über die Realisierung und Implementierung entschieden. Wird die endgültige Leistungsbeschreibung zur Realisation durch den Auftraggeber freigegeben, erhalten der Projektleiter und die Projektgruppe damit den Auftrag, das Projekt fortzusetzen.

Nach dieser Entscheidung sollte grundsätzlich keine Änderung mehr an der Planung vorgenommen werden. Der Planungsstand wird festgeschrieben. Da nachträgliche Änderungen jedoch nicht völlig ausgeschlossen werden können, muss jeweils genau überprüft werden, ob diese zwingend erforderlich sind. Damit soll der Gefahr begegnet werden, dass ein Projekt wegen laufender Änderungen nicht aus dem Stadium der Planung kommt und eine Realisierung bzw. Implementierung demzufolge nicht oder nur mit erheblicher zeitlicher Verzögerung erfolgt.

3.2.1.2 Grundstruktur der Konzeptionsstufen

Allen drei Stufen der Konzeption liegen die gleichen Bearbeitungsschritte zugrunde (s. Abb. 3-2). Die Bearbeitungsschritte einer Stufe unterscheiden sich jedoch von den Bearbeitungsschritten der anderen Stufen hinsichtlich der Detaillierung und Tiefe. So beschränkt sich eine Erhebung im Rahmen einer Vorstudie zunächst darauf, einen ersten Überblick über das Problem zu erhalten, während Erhebungen in Haupt- oder Teilstudien wesentlich gezielter und genauer erfolgen. Diese Grundstruktur der Konzeptionsstufen stellt sicher, dass der Projektleiter und die Projektgruppe auf jeder Stufe alle in einer logischen und inhaltlichen Reihenfolge notwendigen Arbeitsschritte abwickeln. Der Hinweis, dass nicht in jeder Stufe immer alle Schritte getan werden müssen und die Reihenfolge der Schritte keine "Einbahnstraße" darstellt (*Schmidt* 2000, S. 78), muss in der konkreten praktischen Projektarbeit sorgfältig überprüft werden. So besteht die Gefahr, dass beispielsweise der Verzicht auf eine Erhebung, in dem Glauben die vorliegenden Informationen reichen bereits aus, oftmals nachträglich zusätzliche Erhebungen erfordert, weil sich später herausstellt, dass weitere Informationen benötigt werden. Ein dann erforderlicher Rücksprung in bereits als abgeschlossen geglaubte Stufen der Konzeption oder Bearbeitungsschritte führt zu einer zeitlichen Verzögerung und kann Projekte gefährden. Projektleiter und -gruppe sind daher gut beraten, auf jeder Stufe der Konzeption diese Grundstruktur der Arbeitsschritte einzuhalten. Im Folgenden werden die einzelnen Schritte dieser Grundstruktur aufgezeigt (s. dazu z. B. *Haberfellner* u. a. 1997, S. 47 ff.; *Schmidt* 2000, S. 78 ff.).

(1) Erhebung des Ist-Zustands

Zu Beginn jeder Stufe der Konzeption muss sich der Projektleiter bzw. die Projektgruppe einen Einblick verschaffen in die gegenwärtige Situation. Im Rahmen einer Erhebung erfolgt daher die **systematische Sammlung von Informationen**. Dabei geht es darum, die relevanten Informationen zu gewinnen. Relevante Informationen sind solche Informationen, die die tatsächliche Situation bzw. den Untersuchungsbereich in Form von Mengen-, Zeit- und Wertinformationen abbilden. **Mengeninformationen** ergeben sich z. B. aus der Frage nach der Art und Anzahl der im Untersuchungsbereich anfallenden Aufgaben oder eingesetzten Sachmittel. **Zeitinformationen** sind etwa Angaben über die Dauer und den Zeitpunkt der von Mitarbeitern ausgeführten Aufgaben. **Wertinformationen** ergeben sich beispielsweise aus der Frage, welche Kosten die gegenwärtig eingesetzten Sachmittel verursachen. Die Feststellung des Ist-Zustands ist eine unerlässliche Voraussetzung für die Erarbeitung von Lösungen. Eine solche Ist-Aufnahme ist zwingend erforderlich, denn das Hinarbeiten auf ein Ziel ist nur möglich, wenn die gegenwärtige Situation ausreichend bekannt ist. Die Kenntnis der Ausgangssituation ist eine erste Voraussetzung für das Erreichen von Zielen.

Die erforderliche **Breite und Tiefe der zu gewinnenden Informationen** ist vom Stand des Projektes abhängig. In der Vorstudie ist eine Ist-Aufnahme eher breit als tief angelegt. Mit zunehmendem Fortschritt des Projektes lässt sich der Informationsbedarf präzisieren, so dass in der Hauptstudie und in den Teilstudien der Detaillierungsgrad der Informationsgewinnung zunimmt.

Die Gewinnung von Informationen bezieht sich auf die formale und informale Organisation und die subjektive Einstellung der Mitarbeiter im Untersuchungsbereich gegenüber der Ist-Situation. Diese Informationen werden mittels Erhebungstechniken gewonnen (s. 4.1), denen die Aktivitäten Befragen, Beobachten, Selbstaufschreiben, Messen, Zählen und Schätzen zugrunde liegen. Im Rahmen von Erhebungen sind folgende Aspekte zu berücksichtigen:

- **Zeitpunkt und Zeitraum**
  Um ein aussagefähiges Abbild der Ist-Situation zu erhalten, ist festzulegen, zu welchem Zeitpunkt mit der Ist-Aufnahme begonnen werden soll und in welchem Zeitraum die Erhebung liegt. Grundsätzlich ist darauf zu achten, dass zum Zeitpunkt der Erhebung und im Erhebungszeitraum keine außergewöhnlichen Vorkommnisse liegen, die zu einer Verfälschung der Erhebung führen können.

- **Zeitdauer**
Grundsätzlich besteht das Interesse, einen vollkommenen Überblick über die Ist-Situation zu erhalten. Die Schwierigkeiten, die sich im Rahmen der Ist-Aufnahme stellen, liegen darin begründet, dass die Erhebung einer beschränkten Zeitdauer unterliegt. Terminliche Begrenzungen eines Projektes lassen für die Ist-Aufnahme nicht unendlich Zeit. Die Dauer der Erhebung muss jedoch so bemessen sein, dass die dabei gewonnenen Informationen auch tatsächlich die Ist-Situation widerspiegeln. Trotz des Anspruchs der vollkommenen Information führen zum einen die begrenzte Zeit für eine Erhebung und zum anderen die begrenzten Mittel (Budget) für die Informationsbeschaffung dazu, dass eine gewisse Unvollkommenheit der Informationen in Kauf genommen wird.

- **Zeit zwischen Erhebung und Erarbeitung von Lösungsentwürfen**
Der Zeitraum zwischen Erhebung und Erarbeitung der Soll-Konzeption darf nicht zu groß sein. Bei länger dauernden Projekten besteht die Gefahr, dass zwischen Erhebung und Erarbeitung der Soll-Konzeption Veränderungen eintreten können. Dann stellt nicht der veränderte Ist-Zustand die Basis für Soll-Vorschläge dar, sondern eine Ist-Situation, die eventuell so schon nicht mehr gegeben ist.

- **Erschwernis durch die von der Erhebung betroffenen Menschen**
Erhebungen sind nicht nur ein technisches Problem. Da organisatorische Vorhaben wie Projekte in der Regel Veränderungen mit sich bringen, können Ängste und Widerstände bei den davon betroffenen Mitarbeitern auftreten. Die Befürchtung, den Arbeitsplatz zu verlieren oder aber neu eingeführte Verfahren und Technologien nicht zu beherrschen, kann zu bewussten oder unbewussten Manipulationen der zur Verfügung gestellten Informationen führen. **Bewusste Manipulationen** sind absichtliches Weglassen relevanter Informationen, das Interpretieren (Färben, Verschleiern) und die Verfälschung von Informationen durch unrichtige Angaben (Irreführen). **Unbewusste Manipulationen** sind unabsichtliches Weglassen von Informationen (Vergessen) und die Selektion und Ergänzung, da nur subjektiv wichtige Informationen angegeben und subjektiv unwichtige Informationen unterdrückt werden. Da Projekte und somit auch Erhebungen von den Betroffenen vielfach als Bedrohung empfunden werden, verlangen Erhebungen Sensibilität. Befürchtungen, Ängste und Widerstände werden sich jedoch nie ganz beseitigen lassen. Umfangreiche Informationen über Ziel und Ausmaß des Projektes und über die Verwendung der erhobenen Informationen bis hin zur breiten Beteiligung der betroffenen Mitarbeiter können die Akzeptanz des Projektes und der eingesetzten Erhebungstechniken positiv beeinflussen.

(2) Analyse des erhobenen Materials

Aus der Ist-Aufnahme ergeben sich in der Regel eine Menge von Informationen, die zunächst ungeordnet vorliegen. Dieser Zustand bezieht sich jedoch nur auf die Möglichkeit der sofortigen Erarbeitung von Lösungsentwürfen, denn je nach eingesetzter Erhebungstechnik liegen die Informationen über die Ist-Situation beispielsweise in Form von Fragebogen, Interviewprotokollen oder Selbstaufschreibungen für sich gesehen geordnet vor. Benötigt wird aber ein konkreter Einblick in die bestehende Situation. Analyse des erhobenen Materials bedeutet daher **Auswertung,** d. h. Ordnung, Systematisierung, Aufbereitung und Dokumentation des erhobenen Materials nach den Kriterien, die sich aus der Zielsetzung des Projektes ergeben.

Nach der Ist-Aufnahme wird daher zunächst überprüft, ob erhobene Informationen vollständig und klar sind. **Vollständigkeit** ist dann gegeben, wenn mit der Erhebung Ursachen für organisatorische Mängel aufgedeckt worden sind und auf der Basis der erhobenen Informationen Lösungsvorschläge erarbeitet werden können. **Klarheit** liegt dann vor, wenn davon ausgegangen werden kann, dass die Einzelangaben der an der Erhebung Beteiligten eindeutig und widerspruchsfrei sind. Wegen der Gefahren bewusster und unbewusster Manipulationen sollte versucht werden, wenn dies die zu erhebenden Informationen zulassen, diese nicht durch Erfragen, Beobachten, Selbstaufschreiben oder Schätzen, sondern durch objektives Messen zu erhalten. Ist das Messen nicht möglich, lassen sich Informationen durch den Einsatz mehrerer Erhebungstechniken 'objektivieren' (s. dazu 4.1).

Der Bearbeitungsschritt der Analyse des erhobenen Materials muss dem Anspruch der wertfreien Ordnung der Informationen über den Ist-Zustand gerecht werden. Die Analyse, d. h. die Auswertung darf noch keine (Be-)Wertung beinhalten. Für die Erarbeitung von Lösungsvorschlägen ist jedoch eine Bewertung der vorgefundenen Situation erforderlich. Diese Aufgabe ist aber gedanklich und inhaltlich von der Analyse zu trennen und bleibt daher dem nächsten Arbeitsschritt vorbehalten.

(3) Würdigung des Ist-Zustands

Erhebung, Analyse und Dokumentation des Ist-Zustandes bilden die Basis für die (kritische) Würdigung. In diesem Arbeitsschritt erfolgt die **(be-)wertende Auseinandersetzung mit der vorgefundenen Ist-Situation**. Um Ansatzpunkte für die Erarbeitung von Lösungsentwürfen zu haben, wird nach Schwächen und Stärken der momentanen Lösung gefragt.

Schwächen

In der Regel sind vermutete oder bekannte Schwächen der Ausgangspunkt für interne Projekte. Diese **Ermittlung** der Schwächen kann sich **in drei Schritten** vollziehen (vgl. *Wittlage* 1993, S. 42 ff.):

- **Grundsatzkritik**
  Dieser erste Schritt der Untersuchung von Schwächen stellt die Frage, warum oder wozu eine vorgefundene organisatorische Regelung überhaupt vorhanden ist. Bevor erste Lösungsvorschläge angedacht werden, gibt die grundsätzliche Kritik Aufschluss über Verrichtungen und Organisationseinheiten, die nicht oder nicht mehr erforderlich sind. Da sie bedeutungslos sind, müssen demzufolge dafür überhaupt keine Lösungen mehr gesucht werden.

- **Schwachstellenanalyse**
  In diesem zweiten Schritt werden vorgefundene organisatorische Regelungen im Hinblick auf Fehler und Unzweckmäßigkeit beurteilt. Basis für diese Bewertung ist zuerst eine rein logische Betrachtung des Untersuchungsbereichs. Die nach allgemeiner Erfahrung in vergleichbaren Gegebenheiten vorliegenden Schwachstellen bilden eine weitere Orientierungsgröße.

- **Verfahrenskritik**
  Die in der Schwachstellenanalyse gewonnenen Erkenntnisse der vorgefundenen Regelungen oder Lösungen werden alternativen Lösungsmöglichkeiten gegenübergestellt und mit diesen verglichen. Diese Vergleichsmöglichkeiten, d. h. in Frage kommende Lö-

sungsalternativen, können gleichartige oder ähnliche Regelungen anderer Unternehmen oder Vorstellungen des Projektleiters oder der Projektgruppe sein. Aus einem solchen Vergleich können sich Hinweise ergeben, ob die gegenwärtigen Regelungen sachgerecht sind. Diese Gegenüberstellung bildet die Grundlage für die Erarbeitung von Lösungsentwürfen, mit denen existierende fehlerhafte oder unzweckmäßige Regelungen neu gestaltet werden können.

Stärken
Obwohl in der Regel Schwächen der Ausgangspunkt für Projekte sind, ist ihre planmäßige Ermittlung erforderlich, da sie nicht immer alle offensichtlich oder bekannt sind. Sie gehen als Ziele in das Projekt ein, dürfen aber nicht dazu führen, dass Stärken der vorhandenen Lösung vernachlässigt oder vergessen werden. Oftmals ist man sich der Stärken der vorhandenen Lösung gar nicht (mehr) bewusst. Die momentan existierende organisatorische Regelung muss jedoch zu einem früheren Zeitpunkt Stärken gehabt haben, denn sie wurde implementiert, weil sie damals ein Problem gelöst hat. Mit hoher Wahrscheinlichkeit hat sie demzufolge zum jetzigen Zeitpunkt nicht nur Schwächen. **Die vorhandenen Stärken sollten für die Zukunft konserviert werden**. Vernachlässigt man diese Stärken, besteht die Gefahr, dass mit der Einführung einer neuen Lösung zwar die Schwächen der gegenwärtigen Lösung beseitigt, aber gleichzeitig auch die momentanen Stärken zunichte gemacht werden. Soll eine neue Lösung mindestens die Stärken der vorhandenen Lösung haben, darf die Würdigung nicht nur nach den Schwächen, sondern muss auch nach den Stärken fragen.

Im Rahmen der Würdigung sind jedoch nicht nur die Stärken und Schwächen der vorhandenen Situation, sondern **auch zukünftige Chancen und Risiken** zu ermitteln. Nur solche Chancen, die bekannt sind, können genutzt werden, und nur solche Risiken, die bekannt sind, können vermieden werden. Damit neue Lösungen tatsächlich Schwächen beseitigen, Stärken erhalten, Chancen nutzen und Risiken vermeiden und nicht nur Symptome behandeln, müssen Stärken, Schwächen, Chancen und Risiken auch im Hinblick auf ihre Ursachen untersucht werden. Das Ergebnis der Würdigung - ein Katalog der zu erhaltenden Stärken und der zu beseitigenden Schwächen sowie der ermittelten Chancen und Risiken - führt zu einer weiteren Präzisierung der Ziele des Projektes.

(4) Erarbeitung von Lösungsentwürfen
Im Rahmen dieses Bearbeitungsschrittes werden auf der Basis der Erhebung, Analyse und Würdigung alternative Lösungsmöglichkeiten erarbeitet. Diese Erarbeitung von Lösungsalternativen stellt den Kernpunkt der Projektarbeit dar. Was dabei an Lösungsvarianten herauskommt, hängt von der Stufe der Konzeption ab. So ergeben sich

- **Grobkonzepte für das Gesamtproblem**
  als Lösungsvorschläge der Vorstudie

- **Grobkonzepte für einzelne Problemfelder oder Teilprojekte**
  als Lösungsentwürfe der Hauptstudie sind

- **Detailkonzepte**
  als Lösungsvorschläge von Teilstudien.

Bei der Erarbeitung von Lösungsentwürfen ist die Kreativität des Projektleiters und der Projektgruppe gefragt. Sie stützen sich dabei einerseits auf das in der Erhebung und Analyse erhaltene Material über die einzelnen Elemente, z. B. (zu verteilende) Aufgaben, (benötigte) Informationen, (einzusetzende) Sachmittel, und andererseits auf Erfahrungen, Vorstellungskraft und Kombinationsfähigkeit der an Lösungen arbeitenden Personen bei der Verknüpfung der Elemente, um beispielsweise Arbeitsabläufe, Organisationseinheiten (z. B. Stellen, Abteilungen), den Sachmitteleinsatz und Informationssysteme zu entwickeln und zu gestalten.

In diesem Schritt geht es ausdrücklich darum, **möglichst viele Alternativlösungen zu erarbeiten**. Mit zunehmender Anzahl in Frage kommender Lösungsalternativen nimmt die Wahrscheinlichkeit zu, dass die optimale Lösung gefunden wird. Die Suche nach der besten Lösung wird erst dadurch möglich, dass zunächst möglichst viele Alternativen erarbeitet werden. Die Gefahr sich mit zweit- oder drittklassigen Lösungen begnügen zu müssen, ist sehr hoch, wenn in diesem Arbeitsschritt bereits die erstbeste Lösung favorisiert wird. Im Anschluss an die Erarbeitung von Lösungsentwürfen ist dann aus den erarbeiteten Alternativen die tatsächlich beste Lösung auszuwählen.

(5) Bewertung von Lösungen und Auswahl

Bei der Bewertung der vorliegenden Alternativen wird überprüft, welches die beste Lösung darstellt. In diesem Arbeitsschritt werden Bewertungstechniken eingesetzt (s. dazu 4.5.2).

Bewerten bedeutet, Aussagen darüber zu machen, inwieweit sich die gesetzten Projektziele mit Hilfe der erarbeiteten Lösungsalternativen erreichen lassen. Bei der Bewertung wird oft fälschlicherweise von der Annahme einer objektiven Bewertung ausgegangen. Aussagen über Zielinhalte, die Bedeutung von Zielen und wie gut eine Variante die Ziele erreicht, sind jedoch **stets subjektiv**, denn es kann nicht ausgeschlossen werden, dass unterschiedliche Bewerter zu unterschiedlichen Resultaten kommen. Der Arbeitsschritt der Bewertung und Auswahl von Lösungen kann daher zu keiner objektiven Bewertung führen, sondern lediglich die höchstmögliche **Transparenz der Entscheidungsgrundlagen** gewährleisten (vgl. *Haberfellner* u. a. 1997, S. 216 ff.; *Schmidt* 2000, S. 85).

Die **Auswahl der besten Lösung** durch den Projektleiter und die Projektgruppe stellt genau genommen einen **Entscheidungsvorschlag** dar, denn die **Entscheidung** über die tatsächlich zu realisierende Lösung **trifft der Auftraggeber**. Die Gründe, welche zu der Entscheidung, den zugrunde liegenden Annahmen und dem Vorschlag der Projektgruppe geführt haben, sind daher ausführlich in einem schriftlichen Bericht zu dokumentieren. In der Regel ist der Soll-Vorschlag auch in einer gemeinsamen Sitzung von Projektleiter, Projektgruppe und Auftraggeber ggf. Lenkungsausschuss zu präsentieren. Der Auftraggeber hat dann mehrere **Möglichkeiten**:

- Der Auftraggeber schließt sich dem Lösungsvorschlag und damit den Annahmen nicht an und entscheidet, das Projekt zu beenden.

- Häufig ergeben sich aus der Präsentation noch Änderungswünsche und Verbesserungsvorschläge des Auftraggebers, die in den Soll-Vorschlag eingearbeitet werden müssen. Projektleiter und Projektgruppe müssen in diesem Fall erneut überprüfen, ob der unter Berücksichtigung dieser Änderungen sich dann ergebende Soll-Vorschlag noch die bestmögliche Lösungsvariante ist.

- Im Idealfall schließt sich der Auftraggeber dem Soll-Vorschlag und damit auch den zugrunde liegenden Annahmen an. Diese Entscheidung des Auftraggebers stellt gleichzeitig den Auftrag für die nächste Stufe oder die nächste Phase dar.

Erfolgt die Zustimmung am Ende der Vorstudie, ist das mit einem Auftrag für die Hauptstudie gleichzusetzen. Geschieht dies zum Abschluss der Hauptstudie, schließt sich die Stufe der Teilstudie(n) an. Eine Zustimmung des Auftraggebers am Ende der Teilstudie(n) beendet die Phase der Konzeption. Die dann abgegebene Zustimmung des Auftraggebers stellt den Auftrag für die nächste Projektphase - die Realisierung - dar.

3.2.2 Realisierung

In der Realisierungsphase werden die Feinkonzeptionen umgesetzt. Bei Organisations- und Informatikprojekten wird diese Phase in Anlehnung an die Bauphase bei Bauprojekten häufig auch als **Systembau** bezeichnet (vgl. *Haberfellner* u. a. 1997, S. 43 f.; *Schmidt* 2000, S. 52; *Keßler/Winkelhofer* 2004, S. 127).

3.2.2.1 Umsetzung und Erprobung

Die Realisierungsphase baut auf der vorangegangenen Konzeptionsphase auf, denn jetzt werden die in der Feinplanung definierten Schwerpunkte abgearbeitet. So erfolgt bei einem Bauprojekt in dieser Phase die Durchführung baulicher Maßnahmen, beispielsweise Aushub-, Mauer- und Installationsarbeiten. In einem Projekt des Fahrzeugbaus würden jetzt alle Arbeiten zur Erreichung der Serienreife ausgeführt. In einem Informatikprojekt bedeutet die Umsetzung, dass nun etwa mit der Programmierung begonnen wird, Datenbanken aufgebaut und Bildschirmmasken erstellt werden, Soft- und/oder Hardware beschafft und mit der Datenbereitstellung begonnen wird. Bei klassischen Organisationsprojekten, z. B. die räumliche Neugestaltung von Arbeitsplätzen würde jetzt, nachdem in der Konzeptionsphase eine Einrichtungs- und Umzugsplanung erarbeitet worden ist, mit der Gestaltung der Räume und der Beschaffung von Büromöbeln begonnen werden. Bei der Umstellung auf ein neues Fertigungsverfahren müssen in der Umsetzung beispielsweise erforderliche Maschinen beschafft, installiert und eingerichtet werden.

Ein weiteres Ziel der Umsetzung besteht darin, vor der Implementierungs- bzw. Anlaufphase **die Funktionalität des Projektergebnisses** zu **erreichen und sicherzustellen**. Demzufolge werden in dieser Phase auch die künftig zu nutzenden Anlagen oder zu implementierenden Verfahren erprobt. Die dafür erforderlichen Tests müssen systematisch erfolgen. So ist in der **Testvorbereitung** der Testumfang festzulegen (Testzeiten und -dauer) und die Auswahl der Testdaten vorzunehmen. Die **Testdurchführung** entspricht dem eigentlichen Testen und den dabei angewendeten Testarten. In der **Testnachbearbeitung** sind die Testergebnisse zu analysieren. Unter Umständen müssen weitere Testfälle festgelegt werden. Die mit Hilfe der Tests herausgefundenen Fehler sind zu beheben. Im Anschluss an vorgenommene Korrekturen kann jedoch nicht automatisch von der einwandfreien Funktionsfähigkeit ausgegangen werden. Um der Gefahr aus dem Wege zu gehen, dass durchgeführte Korrekturen nicht zur endgültigen bzw. vollständigen Fehlerbehebung geführt haben oder etwa bei der Beseitigung von Fehlern neue Fehler ausgelöst wurden, müssen erneut Tests vorgenommen werden. Die Qualitätssicherung ist damit unabdingbares Ziel dieser Phase.

Grundsätzlich hat die Realisierung so zu erfolgen, dass im Anschluss an diese Phase sofort mit der Einführung begonnen werden kann. Das Umsetzen der Pläne in arbeitsfähige Lösungen schließt die Vergabe von Fremdaufträgen nicht aus.
Neben der Erarbeitung einer qualitativ einwandfreien Projektlösung sind spätestens in der Realisierung auch alle direkt mit der Dokumentation und der Vorbereitung der Implementierung zusammenhängenden Fragen zu klären.

3.2.2.2 Information und Dokumentation

Information
Informationen begleiten und verbinden ein Projekt vom Start bis zum Ende, und wie bereits bei den vorangegangenen Projektphasen hat der Projektleiter und die Projektgruppe den Auftraggeber auch am Ende der Realisierungsphase über den Inhalt und das Ergebnis dieser Phase zu informieren.

In allen Phasen eines Projektes nimmt die Projektleitung einerseits Informationen auf, beispielsweise Wünsche, Vorgaben und Auflagen des Auftraggebers sowie Wünsche und Stellungnahmen der betroffenen Organisationseinheiten. Andererseits gibt die Projektleitung über die gesamte Dauer des Projektes Informationen ab, etwa Mitteilungen und Berichte, um den Auftraggeber, die Betroffenen und Außenstehende über den Stand des Projektes in Kenntnis zu setzen.

In der Projektpraxis haben sich drei grundsätzliche **schriftliche Berichtsformen** entwickelt (vgl. *Birker* 2003, S. 151 ff.):

- **Statusbericht**
  Der Projekt-Statusbericht geht regelmäßig (z. B. wöchentlich, monatlich, quartalsweise) einem fest definierten Empfängerkreis zu. Dabei wird einerseits ein umfassender Überblick über den Stand des Projektes vermittelt und andererseits erhalten die Entscheidungsträger (z. B. Auftraggeber, Lenkungsausschuss) aktuelle entscheidungsrelevante Informationen in Bezug auf die Steuerung des Projektes.

- **Sonderbericht**
  Der Projekt-Sonderbericht wird dann erforderlich, wenn im laufenden Projektgeschehen Situationen eintreten, die sofort weitere Maßnahmen und Entscheidungen verlangen, und diese Informationen nicht bis zum nächsten Statusbericht zurückgehalten werden können.

- **Abschlussbericht**
  Der Projekt-Abschlussbericht wird nach Ende aller projektrelevanten Arbeiten erstellt. Er sollte zeitnah erfolgen, kann aber wegen der Vollständigkeit der Informationen erst eine bestimmte Zeit nach Abschluss des Projektes angefertigt werden.

Dokumentation

Die Abwicklung von Projekten ist grundsätzlich mit der Erstellung von Dokumentationen verbunden. Die **Projektdokumentation** umfasst alle schriftlichen Unterlagen, die während der Dauer und nach Ende sowie als Ergebnis des Projektes erstellt werden. So wird gerade in der Phase der Realisierung deutlich, welche unterschiedlichen Dokumentationen anfallen oder erforderlich sind (vgl. *Schmidt* 2000, S. 156 ff.; *Birker* 2003, S. 153 f.).

(1) Abschlussdokumentation

Die Abschlussdokumentation beinhaltet alle Unterlagen, die entweder das Ergebnis einzelner Projektphasen oder das Ergebnis des Gesamtprojektes sein können:

- **Benutzerdokumentation**
  Spätestens am Ende der Realisierung muss die Dokumentation für die späteren Nutzer oder Anwender fertig gestellt sein. Da nach Abschluss der Realisierung einsatzfertige, betriebsbereite Lösungen und Vorgehensweisen vorliegen, z. B. erprobte Verfahren, ausgetestete Maschinen, Aggregate, Software und Anwendungen, benötigen die Mitarbeiter schriftliche Unterlagen darüber, wie sie damit zu arbeiten haben und welche Anwendungsmöglichkeiten ihnen geboten werden. Im Regelfall sind dies Bedienungsanleitungen, Benutzerhandbücher und Arbeitsanweisungen, eventuell Vordrucke und Formulare.

- **Verfahrensdokumentation**
  Neben den künftigen Nutzern und Anwendern benötigen auch Organisations- und DV-Experten und Techniker Dokumentationen, um später Wartungs- und Reparaturarbeiten aber auch Anpassungen vornehmen zu können. Diese für die jeweiligen Spezialisten vorgesehene Dokumentation beinhaltet beispielsweise dv-spezifische Unterlagen wie Programm- und Dateibeschreibungen, Datenflusspläne oder auch technische Dokumentationen wie Schaltpläne, Wartungs- und Reparaturanleitungen für den Kundendienst.

(2) Abwicklungsdokumentation

Um jederzeit einen aktuellen und vollständigen Überblick über den Stand des Projektes zu haben, bedarf es einer laufenden Dokumentation. Die Abwicklungsdokumentation beinhaltet **alle Unterlagen, die im Verlauf der Projektarbeit anfallen**. Dazu gehören Projektaufträge, Projektziele, Plan der Projektorganisation (beteiligte Stellen, Gremien), Termin- und Phasenpläne, Pflichtenheft(e), Verträge, Testvorgaben und -ergebnisse, Projektberichte, Besprechungs- und Entscheidungsprotokolle, Schriftverkehr.

Die Abwicklungsdokumentation hält den Prozess der Projektabwicklung und damit die Planung, Organisation, Steuerung und Kontrolle des Projektes fest. Um den Verlauf des Projektes zu dokumentieren, sollte sich der Aufbau der Abwicklungsdokumentation an den Phasen des Projektes orientieren.

Der Abwicklungsdokumentation kommt gerade auch im Hinblick auf einen eventuellen Personalwechsel im Projekt, beispielsweise Wechsel des Projektleiters oder Wechsel von Mitgliedern der Projektgruppe, eine wichtige Bedeutung zu, denn sie ermöglicht eine Einarbeitung in den bisherigen Verlauf und den gegenwärtigen Stand eines Projektes. Dies setzt jedoch voraus, dass die Abwicklungsdokumentation aussagekräftig, lückenlos und insbesondere aktuell ist. Eine derartige laufende Dokumentation ist auch eine Hilfestellung für

Mitarbeiter, die neu in einem Unternehmen sind und erstmals in einem Projekt mitarbeiten. So gibt eine jederzeit verfügbare Abwicklungsdokumentation bereits abgeschlossener Projekte einen Einblick in die unternehmensspezifischen Eigenarten und Besonderheiten der Projektarbeit.

Da die Abwicklungsdokumentation auch Informationen enthält über den Ist-Zustand zu Beginn des Projektes, über den Status am Ende der einzelnen Projektphasen und nach Abschluss des Projektes sowie Stärken, Schwächen und Lösungskonzepte festhält, kann die Abwicklungsdokumentation auch eine Art **Beweisfunktion** einnehmen. Bei Problemen im Projekt dokumentiert sie den jeweiligen Stand der Projekterfüllung.

Ist darüber hinaus in einem unternehmenseigenen Dokumentationssystem geregelt, was, wann, wie dokumentiert werden muss, wo und wie lange Dokumentationen aufzubewahren sind, und geben technische Dokumentationsstandards die Form für Dokumentationen vor, dann stellt die Projektdokumentation ein nützliches und unverzichtbares Hilfsmittel sowohl für das Management eines einzelnen Projekts als auch für das Gesamtprojektmanagement dar.

3.2.2.3 Vorbereitung der Einführung und Freigabe für die Einführung

Nach Abschluss der Realisierung muss ein Zustand erreicht sein, dass unmittelbar mit der Implementierung begonnen werden kann, sobald der Auftraggeber einen entsprechenden Auftrag zur Einführung verteilt. Der Auftraggeber wird jedoch einen solchen Auftrag nur dann erteilen, wenn außer einer einsatz- und betriebsbereiten Lösung noch die folgenden Sachverhalte geregelt sind (vgl. *Schmidt* 2000, S. 54 f.):

(1) Informationsempfänger und -inhalte
Vor Beginn der Einführung ist gegenüber dem Auftraggeber darzustellen, wer vor der Implementierung zu informieren und zu schulen ist und welche Inhalte dabei vermittelt werden müssen. Um systematisch vorzugehen, sind Informationsempfänger und -inhalte in einer **Adressatenmatrix** darzustellen. Die Abb. 3-4 zeigt, dass sowohl hinsichtlich der Empfänger als auch der Inhalte von Informationen mehrere Gruppen von Empfängern und entsprechende Themenbereiche unterschieden werden müssen.

(2) Art und Weise der Implementierung
Außer den Empfängern und Inhalten ist die Art und Weise der Implementierung festzulegen, denn grundsätzlich kann eine Einführung entweder nur schriftlich, schriftlich und mündlich oder nur mündlich durchgeführt werden. Die Praxis zeigt, dass eine Benutzerdokumentation für die Implementierung unverzichtbar ist, die dabei erstellten Dokumente (z. B. Bedienungsanleitungen, Benutzerhandbücher, Arbeitsanweisungen) jedoch allein nicht ausreichen. Eine Implementierung darf keinesfalls auf schriftliche Unterlagen verzichten. Um die reibungslose Einführung gewährleisten zu können, müssen daher Präsentationen und Schulungen vorbereitet sowie die dabei eingesetzten Unterlagen und Materialien erstellt werden.

Die Implementierung darf aber nie nur auf dem schriftlichen Weg erfolgen. Da selbst eine noch so gute Benutzerdokumentation nicht so umfassend informieren kann, dass damit alle Fragen beantwortet werden und viele Mitarbeiter solche Unterlagen gar nicht oder nur oberflächlich lesen, kann die **Implementierung nur auf schriftlichem und auf mündlichem Weg** geschehen. Neben schriftlichen Unterlagen werden die organisatorischen Neuerungen daher in **Präsentationen** vorgestellt und erläutert. Dabei können **Übungen** helfen, die neuen Verfahren, Anwendungen und Systeme auszuprobieren, um so den Umgang damit zu lernen.

Adressaten / Inhalte	Nutzer (Anwender)	Wartungs-spezialisten	Leitung der betroffenen Fach-abteilungen	Leitung anderer Fach-abteilungen	Mitarbeiter (keine Nutzer)	Kunden	Lieferanten	Öffentlichkeit
Ausgangssituation		X	X	X		X	X	X
Beabsichtigte Verbesserungen	X		X	X	X	X	X	X
Untersuchte Lösungsvarianten			X					
Erläuterung der zu implementierenden Lösung	X	X	X	X				
Vorteile der Lösung	X	X	X	X				
Nachteile der Lösung		X						
Demonstration der Lösung	X	X	X					
Unterstützungsmaßnahmen	X		X					
...								
...								

Abb. 3-4: Beispiel einer Adressatenmatrix

Die Einführung kann durch unterschiedliche Personen erfolgen. In der Projektpraxis sind das entweder Mitarbeiter aus der (DV-)Organisation oder **Multiplikatoren.** Ist der Kreis der Betroffenen, der informiert und geschult werden muss, sehr groß, kann der Einsatz von Multiplikatoren sinnvoll sein. Handelt es sich bei diesen speziell für die Einführung vorbereiteten Personen um reine Schulungsspezialisten, sind diese Personen zwar in der Lage, Inhalte zu vermitteln, haben aber in der Regel nicht das erforderliche Fachwissen. Solche ausgesprochenen Spezialisten der Aus- und Weiterbildung müssen selbst erst inhaltlich geschult werden. Als weitere Multiplikatoren kommen die Fachbereichskoordinatoren in Frage - Mitarbeiter der Fachabteilungen, die sich durch überdurchschnittliches Organisations- und DV-Wissen auszeichnen und das Bindeglied zwischen Fachabteilung und Projekt darstellen. Sie kennen einerseits die Belange der Fachabteilung und sind andererseits bei den Kollegen und Kolleginnen der eigenen Abteilung anerkannt, so dass sie als Schulungskräfte akzeptiert werden. Übernehmen Vorgesetzte der Fachabteilung als Multiplikatoren die Information und Schulung ihrer eigenen Mitarbeiter, besteht bei den Betroffenen vielfach eine Hemmschwelle, beispielsweise vor dem eigenen Vorgesetzten zuzugeben, etwas nicht verstanden zu haben.

Bei einer entsprechend großen Anzahl von Nutzern bzw. Anwendern sind ausreichend Multiplikatoren auszubilden, die die Einführung unterstützen oder übernehmen können. Werden

Multiplikatoren eingesetzt, ist auf eine umfassende Vorbereitung zu achten. Die eingesetzten Materialien sollten zentral erstellt werden, denn die **Einheitlichkeit des Schulungsmaterials** verhindert, dass unterschiedliche Inhalte vermittelt werden. Die in der Praxis zu beobachtende Vorgehensweise, dass Multiplikatoren weitere Multiplikatoren ausbilden, sollte vermieden werden. Das Risiko, dass auf diesem Wege der Vervielfältigung von Informationen wichtige eigentlich zu vermittelnde Inhalte verloren gehen, ist zu groß.

(3) Zeitpunkte und Dauer der Informationsveranstaltungen

Im Rahmen der Vorbereitung der Implementierung haben Projektleiter und Projektgruppe ein Konzept zu erarbeiten, wann, wie lange und wo die Maßnahmen zur Einführung stattfinden. Die Zeitpunkte der Informationsveranstaltungen und die voraussichtliche Dauer dieser Veranstaltungen sind wichtig für die Planungen der betroffenen Mitarbeiter. Sowohl Mitarbeiter als auch Vorgesetzte der jeweiligen Fachabteilung müssen wissen, wer wann über welchen Zeitraum an Informations- und Schulungsmaßnahmen teilnimmt, um Vertretungsregelungen in Kraft zu setzen. Der Auftraggeber wird darüber hinaus den Zeitrahmen wissen wollen, innerhalb dessen die Einführung vollständig abgeschlossen sein wird.

(4) Räume und erforderliche Sachmittel

Für die Informations- und Schulungsveranstaltungen sind geeignete Veranstaltungsräume und Sachmittel vorzusehen. Damit Informations- und Schulungsveranstaltungen reibungslos ablaufen können, sind die (Schulungs-)Räume und deren jeweilige technische Ausstattung zu planen und zu reservieren.

Obwohl diese Sachverhalte und Maßnahmen erst zu Beginn der Implementierung erforderlich sind und erst im Rahmen der eigentlichen Implementierung benötigt werden, müssen sie bereits am Ende der Realisierung dem Auftraggeber in entscheidungsreifer Ausfertigung vorgelegt werden. Erst wenn alle Regelungen geplant und beispielsweise Arbeitsanweisungen, Schulungsunterlagen, Handbücher ausgearbeitet sind, kann mit der eigentlichen Implementierung begonnen werden. Alle erforderlichen Unterlagen müssen demzufolge bereits als Ergebnis der Realisierung vorliegen.

Für die Fortführung des Projektes ist es erforderlich, dass am Ende der Realisierungsphase die Abnahme des Projektergebnisses durch den Auftraggeber geschieht. Damit erfolgt formell die **Freigabe für die Einführung.** Darüber hinaus sind die für die Implementierung erforderlichen Mittel zu bewilligen. Die Entscheidung über die Freigabe und die für die Implementierung benötigten finanziellen, personellen und sachlichen Ressourcen gilt gleichzeitig als Auftrag für die Implementierung. Wie nach jeder Projektphase ist daher auch nach Abschluss der Realisierung eine Entscheidung des Auftraggebers einzuholen. Formal stellt die Zustimmung zu den Ergebnissen der Realisierung eine Freigabeerklärung für die Implementierung und damit den Auftrag für die folgende Phase dar. Der Auftraggeber wird diesen Auftrag jedoch nur dann erteilen, wenn das Projekt in einem Zustand ist, dass unmittelbar mit der Implementierung begonnen werden kann.

Um keine zeitlichen Verzögerungen zu riskieren, sind alle für die Implementierung erforderlichen Materialien bereits zu erarbeiten, obwohl formal noch kein Auftrag für die Implementierung vorliegt. Dieser Auftrag ist jedoch genau dann zu erwarten, wenn der Auftraggeber erkennt, dass der momentane Zustand sofort die Fortsetzung des Projektes zulässt.

3.2.3 Implementierung

Diese Phase kann auch als **Anlaufphase** bezeichnet werden. Das Ziel der Implementierung besteht darin, dass ein Empfänger im Anschluss an die Realisierung in die Lage kommt, etwas nutzen zu können. Bei externen Projekten wird in dieser Phase z. B. einem Kunden ein für ihn erstelltes Erzeugnis (z. B. Produkt, Bauwerk) oder ein für sein Problem entwickeltes Lösungskonzept übergeben. Mit dieser Übergabe ist in der Regel auch die Abnahme durch den Kunden verbunden. Aber auch bei internen Aufträgen kommt dieser Phase der Implementierung eine besondere Bedeutung zu. So ist bei vielen Projekten das Projektziel nicht schon dadurch erfüllt, lediglich neue Konzepte zu planen, etwa organisatorische Strukturen, DV-Programme oder Fertigungsverfahren. Vielmehr ist das Projektziel erst dann erreicht, wenn diese Konzepte bzw. neuen Verfahren so in der täglichen Praxis eingeführt werden, dass sie von den Anwendern mit Erfolg genutzt werden (vgl. *Birker* 1995, S. 33 f.).

3.2.3.1 Formen der Implementierung

Die Einführung von Projektlösungen kann in unterschiedlichen Formen erfolgen. Dabei lassen sich die folgenden **Formen** der Implementierung unterscheiden (vgl. *Blum* 1991, S. 21 f.; *Wittlage* 1993, S. 276 ff.; *Schmidt* 2000, S, 57 f.):

(1) Schlagartige Implementierung
Bei dieser Variante der Einführung wird entweder eine Lösung in der Form implementiert, dass zu einem festen Termin von dem bisherigen auf das neue Verfahren umgestellt wird, oder die Lösungen aller Teilstudien werden gleichzeitig eingeführt. Im Rahmen einer solchen Totaleinführung werden bisher geltende organisatorische Regelungen schlagartig durch neue Soll-Regelungen ersetzt (Abb. 3-5).

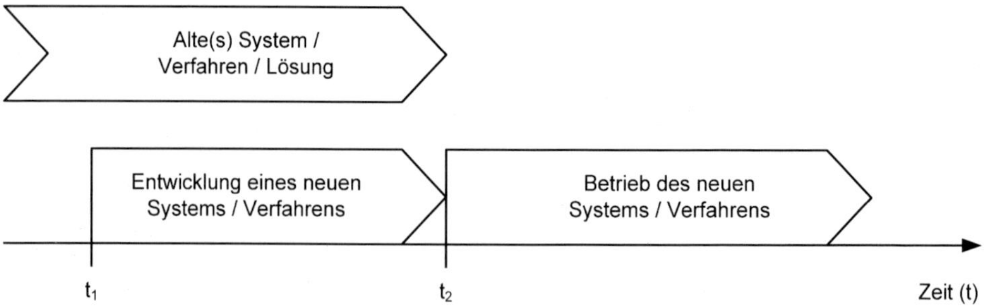

Abb. 3-5: Schlagartige Implementierung

Die schlagartige Einführung ist von allen Formen mit dem höchsten Risiko behaftet, verursacht aber die wenigsten Brüche und Übergangslösungen. Diese Vorgehensweise ist ohne ein größeres Risiko nur bei relativ kleinen und einfachen Lösungen möglich. Vielfach lassen sich aber auch komplexe DV-Anwendungen nur schlagartig einführen, weil beispielsweise andere Formen aus Kapazitäts- oder Kostengründen nicht möglich sind. Ein weiterer Grund für die schlagartige Einführung besteht immer dann, wenn die Nutzung von Teilanwendungen den Betrieb der übrigen Anwendungsbestandteile zwingend voraussetzt.

Eine solche Totaleinführung setzt voraus, dass die Mitarbeiter alle erforderlichen Kenntnisse und Fertigkeiten haben müssen, da ab dem Tag der Implementierung nur noch mit der neuen Lösung gearbeitet werden kann. Von den Mitarbeitern wird Flexibilität erwartet, da sie neue Regelungen akzeptieren und ferner in der Lage sein müssen, auftretende Schwierigkeiten zu bewältigen. Die organisatorischen Regelungen müssen schriftlich und detailliert vorliegen, und die zu realisierende Soll-Konzeption muss ausreichend getestet und fehlerfrei sein.

(2) Stufenweise Implementierung

Wenn die schlagartige Einführung, insbesondere bei großen und komplexen Systemen, wegen der vielen nicht absehbaren Schwierigkeiten mit zu großen Risiken behaftet ist, sollte eine stufenweise Einführung vorgenommen werden. Dabei wird die Soll-Konzeption in sachlich eng abgegrenzte Teilbereiche untergliedert und einzelne Teillösungen werden nacheinander implementiert (Abb. 3-6).

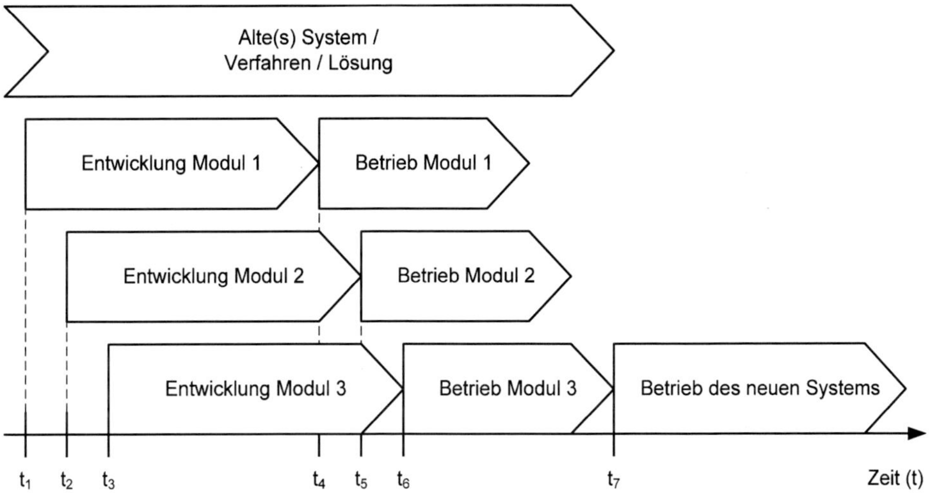

Abb. 3-6: Stufenweise Implementierung

Die stufenweise Implementierung ist jedoch nur dann möglich, wenn überhaupt Teillösungen nacheinander eingeführt werden können. Dies setzt voraus, dass das Vorhaben in kleinere Arbeitspakete oder Module aufgegliedert werden kann, die relativ unabhängig voneinander sind. Darüber hinaus muss es möglich sein, die in der Übergangszeit entstehenden Schnittstellenprobleme zu lösen. Soll eine Lösung in mehreren Organisationseinheiten eingeführt werden, kann die stufenweise Implementierung auch in der Form erfolgen, dass die Einführung in den einzelnen Organisationseinheiten zeitversetzt vorgenommen wird.

Im Vergleich zur schlagartigen Implementierung reduziert sich das Risiko auf die einzelnen zu implementierenden Teillösungen. Bei dieser stufen- oder schrittweisen Implementierung erfolgt nach jeder Stufe der Realisierung eine Ergebnisüberprüfung, um erforderliche Korrekturen vornehmen zu können. Der Prozess der Umstellung geschieht kontinuierlich und kontrolliert. Die betroffenen Mitarbeiter werden dadurch über einen längeren Zeitraum mit Veränderungen der organisatorischen Regelungen konfrontiert.

(3) Parallele Implementierung

Bei der parallelen Einführung existieren Ist- und Soll-Lösung für eine bestimmte Übergangszeit nebeneinander (Abb. 3-7). Diese Variante wird gewählt, um die Brauchbarkeit der neuen Lösung zu prüfen. Die Parallelität bleibt solange bestehen, bis das neue Verfahren ausreichend stabil ist.

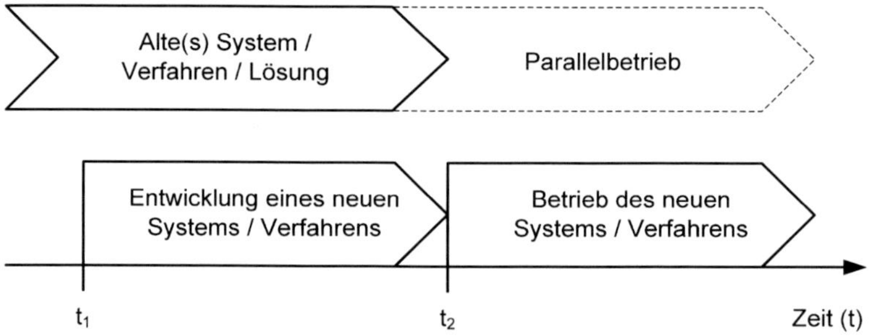

Abb. 3-7: Parallele Implementierung (in Anlehnung an *Zehnder* 1991, S. 89)

Bei der parallelen Einführung wird die zu ersetzende Lösung oft als Ersatz- oder Ausfallverfahren betrachtet. Dies bedeutet, es wird mit dem neuen Verfahren gearbeitet, sollten jedoch Schwierigkeiten auftreten, bis hin zu einem Totalausfall der neuen Lösung, ist es möglich, zum alten Verfahren zurückzukehren.

Im Hinblick auf das Risiko ist die parallele Existenz zweier Lösungen oder Systeme die sicherste, aber auch die aufwendigste Form der Einführung. Soll das momentane Verfahren im Notfall tatsächlich als Ausfallverfahren fungieren, ist die Pflege beider Systeme zwingend erforderlich. An den Übergängen zwischen den beiden Lösungen treten in der Praxis häufig Schnittstellenprobleme auf. Bei der Frage nach einer parallelen Implementierung ist grundsätzlich zu entscheiden, ob der Gewinn an Sicherheit den oft beträchtlichen Aufwand für einen derartigen Parallelbetrieb übersteigt.

Eine weitere Gefahr dieser Parallelität besteht darin, dass Mitarbeiter immer wieder dazu tendieren mit dem alten ihnen vertrauten System zu arbeiten. Die Abb. 3-7 zeigt jedoch, dass die parallele Existenz der beiden Lösungen nur für einen bestimmten Zeitraum gilt. Den Nutzern ist daher deutlich zu machen, dass sie selbst daran interessiert sein müssen, das neue Verfahren so schnell wie möglich zu beherrschen.

(4) Versuchsweise Implementierung (Pilotverfahren)

Liegt bei einer gewählten Lösung eine sehr unsichere Beurteilung hinsichtlich ihrer praktischen Anwendung und Brauchbarkeit vor, empfiehlt sich eine probeweise Einführung. In einer Pilotinstallation, z. B. in einer Organisationseinheit (Abteilung, Niederlassung, Filiale, Werk), lassen sich Erfahrungen über die Eignung der neuen Lösung gewinnen. Das Kriterium für Pilotverfahren ist demzufolge der Umfang des betroffenen Bereichs. Aber auch im Rahmen der versuchsweisen Implementierung stellt sich die Frage nach dem Zeitraum der

Implementierung, d. h. auch eine versuchsweise Implementierung kann sowohl schlagartig als auch stufenweise oder parallel erfolgen.

Das Ziel der probeweisen Implementierung besteht darin, die vorgesehene Lösung einem **Praxistest** zu unterziehen, um dabei Erfahrungen zu gewinnen. Erst daraufhin soll endgültig über die zu realisierende Lösungsvariante entschieden werden. Dies setzt voraus, dass tatsächlich Unternehmensbereiche existieren, die ein solches Pilotverfahren übernehmen können und die Ergebnisse dann auch auf andere Unternehmensbereiche übertragbar sind. Die von Pilotverfahren betroffenen Mitarbeiter müssen dem Reorganisationskonzept positiv gegenüberstehen, um eine eventuell in Frage kommende Lösung nicht an Abwehrmaßnahmen scheitern zu lassen.

Unabhängig von der Wahl der Implementierungsformen besteht bei einer unzureichenden Implementierung die Gefahr, dass selbst eine hervorragende Projektlösung zu einem Misserfolg des Projektes führen kann. Neben einer frühzeitigen Vorbereitung der Einführung sind daher auch Maßnahmen zu treffen, die die Einführung fördern und die eigentliche Einführung regeln.

3.2.3.2 Wege zur Förderung der Implementierung

Maßnahmen der Organisationsgestaltung greifen immer in bestehende Strukturen ein. Die Projektpraxis zeigt, dass es wegen der unterschiedlichen vom Projektergebnis betroffenen Individuen so gut wie kein Projekt gibt, bei dem nicht Abwehrhaltungen auftreten. Diese sind selbst bei Vorhaben zu beobachten, die durch gesetzliche Vorschriften zwingend erforderlich sind. Sogar bei Projekten, die auf den ausdrücklichen Wunsch der Betroffenen zurückgehen, können Abwehrhaltungen entstehen Die wichtigsten **Ursachen für Abwehrhaltungen** liegen in den folgenden Aspekten (vgl. *Hansel/Lomnitz* 2000, S. 118 ff.; *Schmidt* 2000, S. 26 ff.; *Litke* 2004, S. 238 f.;):

(1) Angst vor dem Neuen und Unbekannten
Menschen reagieren unterschiedlich auf Veränderungen. Einige sehen darin eine Chance, andere neigen dazu, am Bekannten und Gewohnten festzuhalten. Solche persönlichkeitsbedingten Widerstände ergeben sich aus der Furcht vor Veränderungen. Der Mensch ist daher häufig bereit, Mängel, Lücken und Fehler in Kauf zu nehmen, anstatt diese zu beseitigen. Im Rahmen der Abwehr von Neuerungen werden bestehende Probleme entweder überhaupt nicht zur Kenntnis genommen oder verharmlost, und die Notwendigkeit von Veränderungen wird bezweifelt. Der Versuch, den Status quo zu konservieren, ist auf die Angst vor dem Neuen und Unbekannten und auf das **Sicherheitsbedürfnis des Menschen** zurückzuführen. Da sich aus den organisatorischen Neuerungen neue Anforderungen ergeben, befürchten die Betroffenen den neuen Aufgaben und neuen Systemen nicht gewachsen zu sein. Dies führt zu einer Änderungsfeindlichkeit, denn Neuerungen werden als **Bedrohung** empfunden. Die Betroffenen befürchten, ihre bisherigen Kenntnisse, Fertigkeiten, Erfahrungen, Statussymbole und ihr Ansehen entweder vollständig oder zumindest teilweise zu verlieren und dass eine rechtzeitige und umfassende Qualifikation nicht erreichbar ist (s. dazu z. B. *Mangler* 1992).

(2) Neuerung wird als Beanstandung einer bisher praktizierten Vorgehensweise empfunden

Eine weitere Ursache für eine ablehnende Haltung ist darin begründet, dass die vom Projekt Betroffenen eine nicht von ihnen selbst vorgeschlagene Neuerung oft als Kritik auffassen. Maßnahmen der Organisationsgestaltung werden als Beanstandung einer bisher praktizierten Vorgehensweise empfunden. Die Betroffenen erleben dies als Vorwurf, nicht selbst auf diese Idee gekommen zu sein. Häufig werden demzufolge vorgeschlagene Veränderungen und neue Lösungen als praxisfremd abqualifiziert und abgelehnt.

(3) Vorzugsweise Wahrnehmung positiver Erfahrungen

Abwehrhaltungen entstehen auch aus der selektiven Wahrnehmung, denn Menschen tendieren dazu, in erster Linie solche Informationen wahrzunehmen, die frühere Entscheidungen als richtig bestätigen. Die vorzugsweise Wahrnehmung positiver Erfahrungen versperrt den Blick für erforderliche Veränderungen. Unbewusst wird zuerst nach bestätigenden Informationen gesucht. Die verstärkte Selektion positiver Erfahrungen blockiert die Einsicht für erforderliche Veränderungen. Erklärungen für Störungen und Probleme werden daher auch weniger im eigenen Bereich oder in der eigenen Person, sondern vielmehr bei Dritten oder in anderen Bereichen gesucht.

(4) Nutzen der Neuerung ist nicht immer sofort erkennbar

Zu den Ursachen gehört auch, dass für die von den Neuerungen unmittelbar betroffenen Mitarbeiter der Nutzen der Maßnahme bzw. der neuen Lösung nicht immer sofort erkennbar ist. Dies liegt oft darin begründet, dass die Betroffenen nicht beteiligt und ihre Wünsche und Lösungsvorschläge nicht immer ausreichend berücksichtigt werden. Der Nutzen bzw. die Vorteile der dann als 'übergestülpt' empfundenen Lösungen ist nicht transparent. Die fehlende Transparenz bezieht sich vielfach auch auf die Ziele und Hintergründe des Projektes.

(5) Auftraggeber bzw. Entscheider schlagen sich auf die Seite der Betroffenen

Außer den durch die Neuerungen unmittelbar Betroffenen können selbst die Entscheider den Neuerungen kritisch gegenüber stehen und sich gegen Veränderungen sperren. Sogar von Führungskräften, die ursprünglich ihre Einwilligung zu dem Projekt gegeben haben, werden gelegentlich Vorbehalte und Abwehrhaltungen zum Ausdruck gebracht. Dieses Verhalten ist beispielsweise dann zu beobachten, wenn sich deutliche Widerstände bei den Betroffenen bemerkbar machen. Auftraggeber bzw. Entscheider schlagen sich daraufhin auf die Seite der Betroffenen. Dem Projektleiter wird der Vorwurf gemacht, diese Entwicklung nicht schon vor Beginn des Projektes erkannt zu haben. Der Grund für dieses Verhalten der Entscheider liegt darin, dass bei vielen Projekten der Aufwand leichter als der Nutzen quantifiziert werden kann. Befinden sich Projekte in dieser kritischen Phase, sehen Entscheider eher den bis dahin entstandenen Aufwand, da sich der Nutzen (noch) nicht beweisen lässt.

(6) Häufigkeit der Reorganisationsmaßnahmen und negative Erfahrungen in anderen Projekten

Abwehrhaltungen sind häufig auch dann zu beobachten, wenn die Betroffenen erst kürzlich ein Projekt erlebt haben. Der Grund für eine ablehnende Haltung ergibt sich aus der Häufigkeit der Reorganisationsmaßnahmen. Eine weitere Ursache für Abwehrhaltungen sind negative Erfahrungen in anderen Projekten. Ausschlaggebend sind daher die Nachwirkungen, denn zu viele und eventuell schlecht gelaufene organisatorische Eingriffe führen zu hohen

Belastungen der Betroffenen. Projektarbeit heißt demnach auch, ein Gespür dafür zu haben, was möglich und den Betroffenen zumutbar ist.

(7) Psychologische Barrieren
Der Erfolg eines Projektes ist jedoch nicht nur von der sachlichen Qualität der erarbeiteten Lösung abhängig. Von mindestens gleicher Bedeutung ist der Umstand, dass häufig sowohl bei (DV-)Organisatoren als auch beim Fachbereich **Vorbehalte, Skepsis und Misstrauen gegenüber der jeweils anderen Seite bestehen.** Durch solche psychologischen Barrieren, die vielfach in Kommunikationsproblemen begründet sind, wird eine konstruktive Zusammenarbeit erschwert oder sogar unmöglich.

(8) Person des Projektleiters
Eine weitere Ursache für Abwehrhaltungen kann auch in der Person des Projektleiters selbst liegen. Die Einstellung, das Verhalten und die Arbeitsweise des Projektleiters stoßen nicht immer bei allen Beteiligten und Betroffenen auf Zustimmung.

Als **Maßnahmen gegen Abwehrhaltungen** haben sich in der Projektpraxis folgende Vorgehensweisen als sinnvoll herausgestellt (vgl. *Hansel/Lomnitz* 2000, S. 125 ff.; *Schmidt* 2000, S. 28 ff.):

(1) Laufend, ausführliche und vorbehaltlose Information der Betroffenen
Eine gute Informationspolitik ist die wichtigste Maßnahme gegen Abwehrhaltungen, d. h. die Betroffenen sind laufend, ausführlich und vorbehaltlos zu informieren. Fehlende oder unzureichende Informationen sind der ideale Nährboden für Spekulationen, denn **Wissensdefizite lösen Mutmaßungen und Gerüchte aus**. Alle Erfahrung zeigt, dass es zu empfehlen ist, auch unbequeme Tatsachen nicht zu verschweigen, sondern offen zu legen. Gegenüber dem Betriebs- oder Personalrat kann sogar eine Verpflichtung zur Information bestehen. Um eine vertrauensvolle Zusammenarbeit zu gewährleisten und kein Misstrauen entstehen zu lassen, sollten Betriebs- oder Personalrat jedoch freiwillig und über das gesetzlich erforderliche Mindestmaß hinaus informiert werden. Gerade aus unvollständigen Informationen können auf der Seite der Arbeitnehmervertreter Vorbehalte entstehen. Eine kontinuierliche, langfristig angelegte Zusammenarbeit setzt daher rechtzeitige und umfassende Information(en) voraus. Grundsätzlich sollten die Informationen nicht nur schriftlich erfolgen. Erst im Rahmen eines Dialogs wird der tatsächliche Informationsbedarf erkennbar. Durch Fragen und Einwände der Betroffenen und der Arbeitnehmervertreter wird deutlich, ob dabei Hintergrundinformationen oder Sachfragen im Vordergrund stehen.

(2) Partizipation der Betroffenen
Die Ziele des Auftraggebers und die Ziele der Betroffenen müssen nicht zwangsläufig deckungsgleich sein. Der Versuch, die Ziele der Betroffenen zu berücksichtigen, kann zum einen im Rahmen der mündlichen Information (Einwände der Betroffenen aufnehmen) und zum anderen durch die Partizipation der Betroffenen geschehen. Die Betroffenen lassen sich durch unterschiedliche Formen der Beteiligung zu Beteiligten machen. So kann die Beteiligung punktuell erfolgen. Dies ist beispielsweise dann der Fall, wenn die Betroffenen in der Ist-Aufnahme im Rahmen von Erhebungen als Lieferanten für Informationen wirken. Ferner kann die Beteiligung in der Form erfolgen, dass Betroffene voll- oder nebenamtlich in der Projektgruppe mitarbeiten und dabei definierte Funktionen und Zuständigkeiten übernehmen. Bei der am weitesten gehenden Form der Beteiligung übernehmen die Betroffenen

vollständige Projekte. Dabei sind (DV-)Organisatoren dann eher Berater, die die Betroffenen bei deren Projektarbeit unterstützen.

(3) Veränderungswillen ranghoher Mitarbeiter nutzen

Es ist nicht nur von Bedeutung, die unmittelbar Betroffenen für ein Projekt zu gewinnen. Vielfach müssen auch Abwehrhaltungen bei den Vorgesetzten der betroffenen Bereiche abgebaut werden. Gelingt dies nicht, fühlen sich zweifelnde Mitarbeiter in ihrer eigenen Abwehrhaltung bestätigt. Daher sollte man den Veränderungswillen ranghoher Mitarbeiter nutzen. Setzen sich solche Mitarbeiter erkennbar für das Projekt ein, dann fördern sie das Projekt, denn oft schließen sich skeptische Mitarbeiter dann dieser Einstellung an. Allein durch ihre Autorität geben solche 'Sponsoren' dem Projekt einen Schub, und nicht selten können sie gerade in kritischen Phasen des Projektes das Projekt positiv beeinflussen und fördern.

(4) Gestaltung der Projektarbeit selbst

Abwehrhaltungen und negative Erwartungen der betroffenen Bereiche und Mitarbeiter werden oft auch durch nicht eingehaltene Termine, erlebte Fehlschläge und abgegebene aber nicht eingehaltene Versprechungen ausgelöst. Daher ist die Projektarbeit selbst so gut wie möglich zu gestalten. Der Glaube an die Hilfe der (DV-)Organisatoren schwindet, wenn die Betroffenen das Gefühl haben, die Experten können ihre eigene Arbeit und die Projekte nicht 'organisieren'.

(5) Individuellen Nutzen der Projektlösung verdeutlichen

Eine weitere Maßnahme gegen Abwehrhaltungen besteht darin, die Ergebnisse der Projektarbeit bekannt zu machen und die Betroffenen von der Notwendigkeit der gefundenen Lösungen zu überzeugen. Dies bedeutet, gegenüber allen direkt oder indirekt vom Projektergebnis Betroffenen den individuellen Nutzen der Projektlösung in den Vordergrund zu stellen. Positive Erwartungen sollten jedoch nur dann geweckt werden, wenn dies sachlich gerechtfertigt ist. Versprechungen sollten nur dann abgegeben werden, wenn diese auch eingehalten werden können.

(6) Hilfe zur Selbsthilfe

Unabhängig von der Form der Beteiligung müssen sich Projektleiter und -gruppe als Dienstleister verstehen und verhalten. Nach dem Prinzip der Hilfe zur Selbsthilfe ergibt sich daraus: Nicht Lösungen 'überstülpen' oder 'aufdrücken', sondern bei der Lösung von Problemen helfen. Darüber hinaus müssen sich die Projektverantwortlichen mit ihrer Arbeit und mit den Ergebnissen identifizieren. Nur wer sich engagiert und die Ergebnisse seiner Arbeit mitträgt, kann auch andere, d. h. die Betroffenen davon überzeugen.

(7) Gefahr von Kommunikationsproblemen vorbeugen

Oft führt allein schon die Fachsprache der Experten zu Barrieren zwischen den Betroffenen und den Experten. So werden die Spezialisten von den 'Laien' entweder falsch oder überhaupt nicht verstanden. Dies verursacht Missverständnisse und führt zu Ängsten vor dem Neuen. Um keine Barrieren zwischen Spezialisten und Betroffenen aufkommen zu lassen, sollte von Seiten der Projektfachleute permanent darauf geachtet werden, der Gefahr von Kommunikationsproblemen vorzubeugen (s. dazu z. B. *Mangler* 2006, S. 111 ff.).

(8) Qualifikation der betroffenen Mitarbeiter
Eine weitere Maßnahme gegen Abwehrhaltungen ist die rechtzeitige und umfassende Qualifikation der betroffenen Mitarbeiter. Im Rahmen dieser Qualifikationsmaßnahmen sollten die Mitarbeiter sowohl erkennen können, wie künftig vorzugehen ist, d. h. was sich durch neue Lösung gegenüber dem früheren Zustand verändert hat, als auch Fähigkeiten und Kenntnisse vermittelt bekommen, mit der neuen Lösung tatsächlich arbeiten zu können.

Aus organisatorischer Sicht ist die Vorbereitung der Einführung wichtig. Erfolgt diese Vorbereitung nicht mit der gleichen Intensität und Genauigkeit wie die davorliegenden Phasen, kann in der Phase der eigentlichen Implementierung viel von dem zerstört werden, was zuvor in den Phasen Planung und Realisierung oft mühsam erarbeitet worden ist. Neben der Qualität der Lösungen hängt die Akzeptanz auch von der Vorbereitung der Implementierung ab. Da die Einführung eines neuen Konzepts oder einer neuen Lösung für die Betroffenen immer auch ein Stück weit das gewohnte Umfeld verändert, ist die Implementierung gut vorzubereiten. Je besser dabei außer der Form der Einführung festgelegt wird, wer zu informieren oder gegebenenfalls zu schulen ist, welche Inhalte dabei zu vermitteln sind, ob dies auf mündlichem und/oder schriftlichem Wege geschehen soll, durch wen, wann und wo dies zu erfolgen hat, desto geringer sind potentielle Abwehrmaßnahmen der Betroffenen.

3.2.3.3 Maßnahmen der Implementierung

Mit der eigentlichen Implementierung sollen die Betroffenen nicht überfordert werden. Diesem Anspruch steht jedoch ein **"Time-lag der Betroffenen"** bzw. der Nicht-Experten entgegen (*Mangler* 1992, S. 317 f.). So erhalten die von den neuen Lösungen Betroffenen in der Regel nicht die entsprechende Zeit, sich mit Neuerungen auseinanderzusetzen, da die Beschäftigung mit organisatorischen und technischen Veränderungen nicht zu ihrem eigentlichen Aufgabengebiet gehört. Als Mitarbeiter von Fachabteilungen haben sie in erster Linie die dort anfallenden Aufgaben zu erfüllen. Dennoch werden sie bei organisatorischen Veränderungen mit (technischen) Neuerungen konfrontiert, und in der Regel wird ihnen dabei nicht der gleiche zeitliche Vorlauf eingeräumt, wie beispielsweise den Organisations- und DV-Experten, um mit den Trends und Entwicklungen wachsen zu können. Trotz dieses Time-lags wird aber von den betroffenen Nutzern mit einer Selbstverständlichkeit erwartet, dass sie ohne große Zeitverzögerung bereit sind, neue Lösungen und Verfahren zu akzeptieren und innerhalb kürzester Zeit in der Lage sind, damit umgehen zu können.

Die Durchführung der Implementierung kann dabei die folgenden **Maßnahmen** beinhalten (s. dazu z. B. *Schmidt* 2000, S. 59 f.):

(1) Keine Überforderung der Betroffenen
Die Implementierung sollte so gestaltet werden, dass keine Überforderung der Betroffenen erfolgt. Schulungskonzepte sind so aufzubauen, dass zunächst das Wesentliche vermittelt wird und keine Überfrachtung stattfindet. Im Vordergrund steht die Überlegung, was die Betroffenen wissen und können müssen, um mit der neuen Lösung arbeiten zu können.

(2) Persönliche Betreuung der Betroffenen vor Ort
Der Time-lag der Betroffenen ist eine der Ursachen dafür, dass die Mitarbeiter in den Fachabteilungen nach der Einführung der Neuerung häufig erst einmal Rückschläge erleben und

Verschlechterungen spüren, unabhängig davon, wie gut die Lösungen und Neuerungen sind. Treten Fehler auf, entsteht der Eindruck, dass der alte Zustand doch besser war. So bauen sich Abwehrhaltungen auf. Eine persönliche Betreuung der Betroffenen vor Ort kann die Einstellung gegenüber der neuen Lösung positiv beeinflussen. Deshalb sollten in der ersten Zeit der Implementierung Ansprechpartner vor Ort sein. Werden die betroffenen Mitarbeiter am Tag der Einführung und eine gewisse Zeit danach vor Ort unterstützt, können auftretende Probleme sofort gelöst werden. Eventuelle Widerstände gegen die einzuführende Lösung können bereits im Vorfeld abgebaut werden. Nach der Zeit der unmittelbaren Betreuung vor Ort kann ein ständig besetzter Telefonanschluß eingerichtet werden, den die Nutzer bei Bedarf zur Beantwortung ihrer Fragen in Anspruch nehmen können.

(3) Auftretende Störungen beseitigen und Mängel beheben
Bei komplexen Projekten kann die Phase der Implementierung durchaus mehrere Wochen oder sogar Monate dauern. In dieser Zeit treten in aller Regel Störungen auf, oder es werden Mängel aufgedeckt, die die Nutzung erheblich einschränken können. Auftretende Störungen sind zu beseitigen, und Mängel sind zu beheben, bis die Lösung stabil funktioniert, denn erst dann gilt das Projekt als abgeschlossen. Das bedeutet nicht, dass dann auch bereits alle Funktionen verfügbar sein müssen, die sich die Nutzer bzw. Anwender wünschen.

(4) Formale Freigabe
Die Implementierung ist erst dann abgeschlossen, wenn nachgewiesen werden kann, dass die Lösung bzw. das Verfahren störungs- und fehlerfrei praktiziert wird. Ist dies gewährleistet, sollte eine formale Freigabe erfolgen. Eventuell vorhandene Ergänzungs- und Anpassungswünsche der Anwender stehen einer Freigabe nicht entgegen. Stellen die Nutzer weitere Anforderungen, sind diese im Rahmen eines neuen Projektes zu bearbeiten (s. 3.2.4.2).

(5) Neue Regelungen formal in Kraft setzen, bisher geltende für ungültig erklären
Mit der Implementierung einer neuen Lösung sind immer auch neue Regelungen verbundenen. Diese sind im Rahmen der Einführung auch formal in Kraft zu setzen. Stellt das Projekt eine Reorganisationsmaßnahme dar, sind darüber hinaus auch die bisher geltenden Anweisungen für ungültig zu erklären.

(6) Formelle Übergabe
Da viele Projekte mit der Implementierung abgeschlossen werden, ist es wichtig, für eine formelle Übergabe zu sorgen. Diese Übergabe stellt das offizielle Projektende dar. Der Projektleiter ist damit aus der Verantwortung entlassen. Für die Betroffenen muss jedoch sichergestellt sein, dass ihnen bei Fragen oder Problemen und Schwierigkeiten auch künftig entsprechende Ansprechpartner zur Verfügung stehen.

Nach der Phase der Implementierung sollten alle Beteiligten die Vorgehensweise im Projekt kritisch durchleuchten. Dies dient einerseits dazu, einmal aufgetretene Fehler in weiteren Projekten zu vermeiden, und andererseits stellt eine solche Kontrolle des Projektverlaufs sicher, dass in Zukunft nur bewährte Vorgehensweisen angewendet werden (s. dazu 3.2.5.2).

3.2.4 Erhaltung der Lösung

Häufig stellen sich im Laufe der Nutzung von Produkten und im Rahmen der Anwendung von Verfahren noch Fehler in der realisierten Lösung heraus, oder es werden Anpassungen erforderlich. Die Beseitigung solcher Fehler und vorzunehmende Anpassungsmaßnahmen sind Gegenstand der Erhaltung. Insbesondere am Beispiel von DV-Programmen und Anwendungssystemen wird deutlich, dass bei der Erhaltung zwischen Pflege und Wartung unterschieden werden muss (vgl. *Stahlknecht/Hasenkamp* 2005, S. 214):

- **Pflege**
  Im Rahmen der Pflege werden die im Laufe der Nutzung aufgetretenen oder festgestellten Fehler beseitigt.

- **Wartung**
  Die Wartung beinhaltet
  - Anpassungen, die sich aus späteren Änderungswünschen der Anwender ergeben,
  - Anpassungen, die infolge von Veränderungen des Umfeldes erforderlich werden,
  - Weiterentwicklungen, die den Charakter von Verbesserungen haben.

Bei der Pflege und Wartung geht es demzufolge darum, ein System, ein Programm oder eine DV-Anwendung von Fehlern zu bereinigen, an veränderte Anforderungen anzupassen, um neue Teile zu erweitern und in der Qualität zu verbessern (vgl. *Stahlknecht/Hasenkamp* 2005, S. 320).

Sowohl die Ersteller von Systemen, Programmen, Anwendungen oder Verfahren als auch die Nutzer bzw. Anwender sind grundsätzlich an einem reibungslosen stabilen Betrieb interessiert. Aber auch die von einem Projekt betroffenen Dritten, beispielsweise Kunden und Lieferanten, sind daran interessiert, dass nach einer Umstellung wieder Ruhe und Ordnung einkehren und alles stabil läuft. Obwohl sich alle Beteiligten und Betroffenen zur Stabilität bekennen, ist die DV-technische Lösung eines betrieblichen Problems keine vollkommen starre Angelegenheit.

3.2.4.1 Technische und funktionale Bereitschaft

Am Beispiel von DV-Programmen und Fertigungsverfahren wird deutlich, dass Erhaltungsmaßnahmen erfolgen müssen, um sowohl die technische als auch die funktionale Bereitschaft zu gewährleisten. Im ersten Fall geht es darum, dass die Einsatzbereitschaft sichergestellt ist, also eine **Anwendung** tatsächlich **läuft**, während funktionale Bereitschaft bedeutet, dass das **System oder das Verfahren** das **leistet, was es leisten soll** (s. dazu z. B. *Schmidt* 2000, S. 61).

Technische und funktionale Bereitschaft bedeutet Sicherstellung der ständigen Einsatzbereitschaft. Dies gilt selbstverständlich für die Hardware, aber auch die Software ist unterhaltsbedürftig. Obwohl Software immateriell ist und damit im Gegensatz zur Hardware eigentlich eine nicht alternde Systemkomponente darstellt, kann daraus aber keine Wartungsfreiheit abgeleitet werden. Jedes DV-System ist daher einem **Änderungsdruck** ausgesetzt, für den es drei **Hauptverursacher** gibt (vgl. *Zehnder* 1991, S. 141 ff.):

- **Zugrunde liegendes Computersystem**
  Hardware und Betriebsystem müssen gelegentlich ergänzt oder erneuert werden. Änderungen der Hardware und des Betriebssystems sind zwar durch standardnahe Systemkonzepte wenigstens innerhalb der einzelnen Produktfamilien und Produktfreigaben (releases) wesentlich entschärft worden, aber nicht vollständig aufgehoben. Daher stellt sich immer die grundsätzliche Frage:

  + **Einfrieren des Systems**
    Der erforderliche Unterhaltsaufwand und eventuelle Sicherheitsüberlegungen können Gründe sein, die für das Einfrieren des Systems sprechen.

  + **Laufende Modernisierung**
    Da Anbieter ältere Versionen nur beschränkt und nicht beliebig lange unterstützen, Anwender aber immer das Modernste benutzen wollen oder müssen, kann darin ein Grund für die permanente Modernisierung liegen.

- **Nachträglich entdeckte Fehler**

- **Änderung der Anwenderbedürfnisse**

Fehlerbeseitigungen, Anpassungen und Komfortverbesserungen sind Änderungsgründe, die im Laufe der Lebensdauer eines Systems oder einer Anwendung zu unterschiedlichem Unterhaltsaufwand führen (Abb. 3-8).

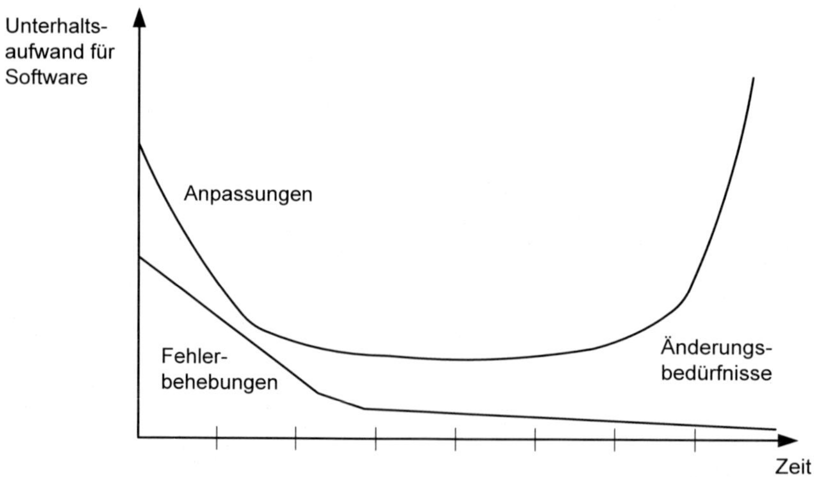

Abb. 3-8: Software-Unterhaltskurve (entnommen aus *Zehnder* 1991, S. 142)

Der Unterhaltsaufwand ergibt sich aus den erforderlichen **Fehlerbehebungen** und dem Aufwand für Anpassungen und Änderungen. So treten zu Beginn der Nutzung in der Regel noch häufiger Fehler auf, deren Beseitigung einen bestimmten Aufwand verursacht. Mit zunehmender Lebensdauer der Anwendung nehmen die Fehler ab. Da aber nie von einer absoluten Fehlerlosigkeit ausgegangen werden kann, wird auch der Aufwand für Fehlerbeseitigungen nie den Wert 0 annehmen. In den ersten Jahren der Lebensdauer entsteht außerdem ein relativ hoher Aufwand für **Anpassungen**. Im Laufe der Nutzungsdauer nimmt dieser Aufwand ab und pendelt sich dann auf einem relativ stabilen Niveau ein. Nach einer bestimmten Lebensdauer nimmt der Unterhaltsaufwand für Software wieder zu, da die Anwender verstärkt **Änderungen** verlangen.

Die Ursachen für Änderungsbedürfnisse bzw. -wünsche liegen häufig darin begründet, dass gerade ein von den Nutzern akzeptiertes Anwendungssystem insbesondere interessierte und aktive Mitarbeiter dazu veranlasst, verstärkt danach zu fragen, ob mit dem System nicht auch noch weitere Aufgaben ausgeführt werden können.

Die Gefahr, dem nachzugeben und solche Sonderwünsche generell zu realisieren, liegt darin, dass dabei nicht immer ökonomische Maßstäbe angelegt werden. Bei einer genauen Überprüfung stellt sich heraus, dass beispielsweise oft der Wunsch besteht, auch relativ seltene Fälle oder Sonderfälle zu automatisieren, ohne dabei Aufwand und Nutzen gegenüberzustellen. Vielfach ist der Hauptgrund für die dabei entstehenden hohen Kosten nicht die einzelne Ergänzung oder Korrektur einer Anwendung, sondern der Eingriff selbst.

Die Änderung eines abgeschlossenen Programmpaketes erfordert zunächst eine vollständige Einarbeitung in die Anwendung und die Klärung von Zusammenhängen und nicht selten das Eingreifen an verschiedenen Stellen der Anwendung. Es kann nicht ausgeschlossen werden, dass durch solche Verbesserungen neue Fehler in ein bis dahin zufrieden stellend arbeitendes System gelangen. Diese müssen gefunden und beseitigt werden, und daher ist es bei solchen Ergänzungen wichtig, auf die ursprünglichen Testdaten zurückgreifen zu können. Damit lassen sich die bisherigen Funktionen erneut überprüfen.

3.2.4.2 Beseitigung von Fehlern und Störungen sowie Behandlung zwingender Anpassungen und zusätzlicher Anforderungen

Einige Zeit nach der Betriebsaufnahme einer DV-Anwendung lassen sich bestimmte Entwicklungen in der Benutzung und in den Rahmenbedingungen beobachten. So entwickeln die direkten Benutzer insbesondere bei Dialoglösungen am Bildschirm im Laufe der Zeit eine große Fertigkeit im Umgang mit dem System. Die DV-Anwendung wird in den Alltag integriert und soweit möglich den individuellen Erfordernissen der Aufgabenerfüllung angepasst. So kann der Benutzer in modernen Anwendungen seine Systeme nahezu selbständig einsetzen, teilweise sogar in Betrieb setzen und seine Systeme über bestimmte Parameter der Betriebsentwicklung anpassen. (vgl. *Zehnder* 1991, S. 139 f.).

Um die technische und funktionale Bereitschaft zu gewährleisten, ist daher wie folgt zu verfahren:

- **Nachträglich entdeckte Fehler**
  Diese müssen unverzüglich ausgeräumt werden.

- **Störungen**
  Diese sind so schnell wie möglich zu beseitigen.

- **Zwingende Anpassungen**
  Diese müssen unverzüglich vorgenommen werden. Ergeben sich beispielsweise Veränderungen in der Steuergesetzgebung, in Tarifverträgen oder Bilanzierungsvorschriften, so müssen DV-Programme, die auf Steuersätze, Tariflöhne oder Richtlinien zur Bilanzierung zugreifen, entsprechend angepasst werden.

- **Zusätzliche Anforderungen**
  Haben Anwender zusätzliche Anforderungen, die in der Regel aus Veränderungen der Anwender- bzw. Nutzerbedürfnisse resultieren, sind diese zu sammeln und im Rahmen eines eigenständigen Projektes zu realisieren. Dafür ist ein neuer Projektantrag zu stellen, der dann ein formelles Genehmigungsverfahren durchläuft und Termine, sachliche, personelle und finanzielle Ressourcen regelt. Ein solches Projektantragsverfahren verhindert Wildwuchs und Zeitdruck, denn es führt zu eindeutigen Prioritäten aller zusätzlichen Anforderungen und stellt damit sicher, dass nur die wirklich wichtigen Dinge bearbeitet werden.

Nehmen die Änderungen an einem im Einsatz befindlichen Programm im Laufe der Zeit zu, stellt sich die grundsätzliche Frage, ob das Programm im Rahmen eines eigenen Projekts neu entwickelt oder reorganisiert werden soll (vgl. *Stahlknecht/Hasenkamp* 2005, S. 320 ff.):

(1) Neuentwicklung
Eine Neuentwicklung lässt sich vereinfachen, wenn Teile der schon vorhandenen Software wieder verwendet werden können. Dies sind beispielsweise Programmteile (Module, Prozeduren), aber auch System- bzw. Programmentwürfe. Diese **Wieder- oder Mehrfachverwendung** lässt sich wie folgt unterscheiden:

- **Ungeplante Wiederverwendbarkeit**
  Dabei wird die vorhandene Software auf wieder verwendbare Bestandteile hin untersucht.

- **Geplante Wiederverwendbarkeit**
  Dabei sind Teile des Systementwurfs und Programmbestandteile bereits bei ihrer Erstellung so konzipiert worden, dass eine spätere Wiederverwendbarkeit möglich ist.

(2) Reorganisation
Mit Reorganisation oder Reengineering sind alle Maßnahmen gemeint, die einer **Sanierung der Software** gleichkommen, d. h. die grundsätzlichen Funktionen werden nicht verändert. Entscheidend für die Möglichkeit einer Reorganisation ist die Frage, wie brauchbar die Beschreibungen für die Programmierung (Entwicklungsdokumentation) und die Anwendungshandbücher sind.

Häufig zeichnet sich gerade Software, die schon viele Jahre im Einsatz ist, dadurch aus, dass zwar noch Dokumentationen bestehen, die aber unübersichtlich, unvollständig und veraltet sind, oder aber es steht überhaupt keine Dokumentationen mehr zur Verfügung. Darüber hinaus sind solche Programme nur selten klar strukturiert.

In dieser Situation ist daher zunächst ein aus den folgenden Schritten bestehendes **Reverse Engineering** erforderlich:

- **Redokumentationen**
  Eine Programmdokumentation ist nachträglich zu erstellen.

- **Redesign**
  Der System- bzw. Programmentwurf ist nachträglich aus dem Quellcode zu erstellen.

- **Respezifikation**
  Aus dem System- bzw. Programmentwurf sind die Anforderungsspezifikationen nachträglich zu rekonstruieren.

Ist ein Reverse Engineering erforderlich, kann dies ergänzt werden durch **Maßnahmen zur Restrukturierung.** Das bedeutet, das Programm von einem unstrukturierten in einen strukturierten Zustand zu transformieren. Dabei werden Programme einerseits durch eine Reformatierung lesbarer gestaltet und andererseits durch Modularisierung in einzelne überschaubare Module zerlegt. Erst wenn es gelingt, die frühen Phasen des Systementwicklungsprozesses in einen strukturierten Systemzustand zu überführen, kann die eigentliche Reorganisation des Programms vorgenommen werden.

Die Realisierung der eigentlichen Änderungen, Anpassungen und Umstellungen verläuft gemäß dem Phasenschema. Wegen der vorwärtsgerichteten Orientierung des Vorgehensmodells spricht man von **Forward Engineering.**

Ein **Reengineering**, welches auf Änderungen, Anpassungen und Umstellungen hinausläuft, **ist** daher immer zusammengesetzt aus einem **Reverse Engineering und** einem **Forward Engineering.**

3.2.5 Projektkontrolle

Obwohl die Kontrolle die letzte Phase innerhalb des Vorgehensmodells ist, gibt es bereits während des laufenden Projektes mehrere Zeitpunkte an denen Kontrollen stattfinden. Solche Zeitpunkte sind die **Meilensteine**, d. h. Anlässe, beispielsweise am Ende einer Projektphase (s. dazu 3.1.6) und bei sehr lange dauernden Phasen auch innerhalb einer Phase, bei denen eine Kontrolle der vorausgegangenen Phase erfolgt (Abb. 3-9). Trotzdem ist am Ende des Projektes noch eine abschließende Kontrolle vorzunehmen. Diese Kontrolle muss sich sowohl auf das Projektergebnis als auch auf den Projektverlauf beziehen.

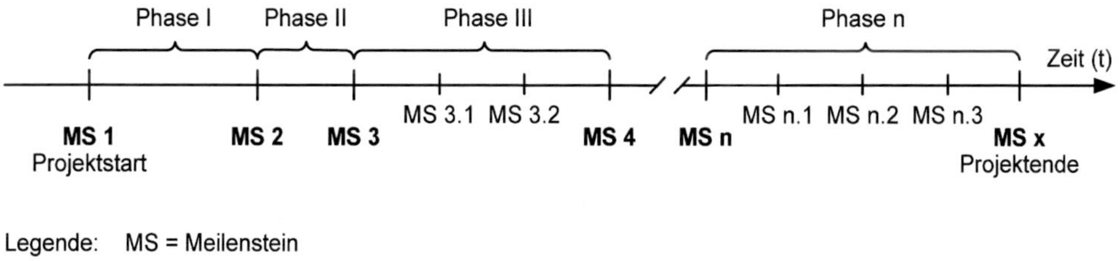

Abb. 3-9: Meilensteine als Kontrollpunkte während des Projekts

3.2.5.1 Analyse des Projektergebnisses

Der erste Teil der Nachkontrolle konzentriert sich auf die Analyse der Projektergebnisse, und das Ziel dieses Teils der Nachkontrolle liegt darin, eventuelle Schwachstellen der Lösung aufzudecken. Dabei sind drei **Aspekte** näher zu beleuchten (vgl. *Zehnder* 1991, S. 144 f.; *Schmidt* 2000, S. 61):

(1) Kontrolle der tatsächlich eingetretenen Ergebnisse
In der Praxis ist immer wieder zu beobachten, dass **ungenügende Projekte**, z. B. aus Prestige, 'durchgezogen' werden, obwohl ein Abbruch die Verschwendung von finanziellen, sachlichen und personellen Ressourcen beenden würde. Auch wenn bis zum Abbruch des Projektes oft schon erhebliche Investitionen vorgenommen worden sind, kann es dennoch vorteilhafter sein, ein geplantes und vielleicht sogar schon realisiertes System überhaupt nicht zu implementieren oder eine betriebsbereite Lösung überhaupt nicht einzusetzen, weil die momentan praktizierte Lösung bzw. Vorgehensweise preiswerter bzw. weniger aufwendig ist.

Neben solchen ganz offensichtlichen Fällen von schlechten Lösungen gibt es aber eine Reihe von **Lösungen, die lediglich problematisch sind.** Gerade dabei gewinnt die Frage nach den tatsächlich eingetretenen Ergebnissen an Bedeutung. Da nicht so offensichtlich von einer schlechten Lösung ausgegangen werden kann, ist zu kontrollieren, ob die erwarteten Ergebnisse des Konzepts oder der Lösung tatsächlich eingetreten sind. Diese Frage zielt auf die Leistungen der Lösung bzw. des Systems ab.

(2) Kontrolle der Kosten und des Nutzens der Lösung
So wie ein Produktionsunternehmen im Rahmen einer Nachkalkulation durch Vergleich des tatsächlich entstandenen Aufwands mit dem erzielten Preis überprüft, ob sich ein Auftrag überhaupt gelohnt hat, muss auch eine (Projekt-)Nachkontrolle erfolgen. Dabei geht es um das Verhältnis von Nutzen oder Leistungen zu Kosten oder Aufwand. Eine solche Nachkontrolle erfolgt jedoch erst nach einer bestimmten Zeit des Praxisbetriebs der Anwendung oder der Lösung (Abb. 3-10).

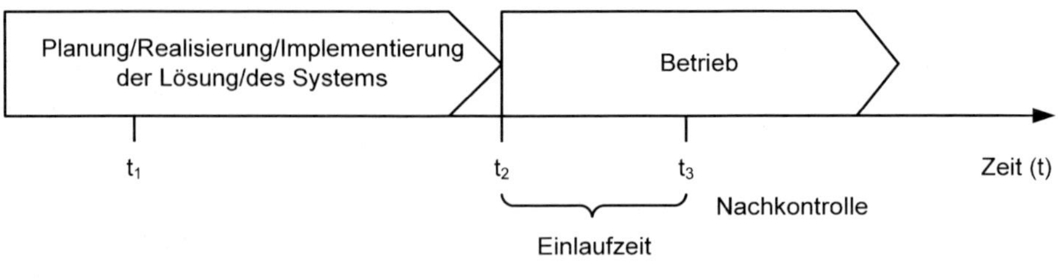

Abb. 3-10: Zeitpunkt der Nachkontrolle (in Anlehnung an *Zehnder* 1991, S. 145)

Die Frage nach der **Einlaufzeit** kann nicht generell beantwortet werden. Bei DV-Lösungen gilt, dass grundsätzlich der erste Zeitpunkt abgewartet werden muss, an dem die Anwendung läuft. Werden mit der Anwendung beispielsweise täglich, wöchentlich oder monatlich bestimmte Prozeduren vorgenommen, kann frühestens nach diesem Zeitraum eine Nachkontrolle vorgenommen werden. Bei Anwendungen, die z. B. nur jährlich zum Einsatz kommen, kann die Einlaufzeit demzufolge bis zu zwölf Monaten betragen. Grundsätzlich sollte jedoch versucht werden, die Nachkontrolle sogar erst nach mehreren Einsätzen des Systems bzw. des Verfahrens vorzunehmen.

Vergleichbar einer Nachkalkulation, sind auch bei Projektlösungen (z. B. DV-Anwendungen, Fertigungsverfahren) Leistungen und Aufwand gegenüberzustellen. Nach einer gewissen Einlaufzeit ist die Lösung eingespielt, und es lassen sich **effektive Leistungskennzahlen** angeben. Dies können beispielsweise Bearbeitungszeiten einer bestimmten Aufgabe oder speziell bei DV-Anwendungen die Antwortzeiten im Dialogbetrieb oder der Datendurchsatz im Stapelbetrieb sein. Solche Leistungszahlen werden dann sowohl dem früheren Ist-Zustand als auch den Schätzungen aus der Planungsphase gegenübergestellt.

Derartige Vergleiche sind auch beim **Aufwand** vorzunehmen, denn nach der vorgesehenen Einlaufzeit sind auch die Aufwendungen, z. B. für das eigentliche Projekt, für Fehlerbeseitigungen, erforderliche Anpassungen, zusätzliche Hardware sowie eventuell erforderliche Ausbildungsmaßnahmen bekannt. Auch diese Größen lassen sich wieder den geplanten Größen gegenüberstellen. Der dann erforderliche Vergleich von laufendem Betriebsaufwand und Nutzen der neuen Lösung sollte im Ergebnis so sein, dass der Nutzen den Aufwand übertrifft.

(3) Kontrolle, ob die Lösung so praktiziert wird, wie sie ursprünglich geplant war
Diese Kontrolle ist erforderlich, weil Konzepte bzw. Lösungen vielfach so gestaltet werden, dass sie über den eigentlichen Bedarf der Betroffenen hinausgehen. Im Rahmen dieser Kontrolle sollte auch die effektive Nutzung geprüft werden. Bei der Feststellung, dass die gesamte Bandbreite einer Lösung überhaupt nicht genutzt bzw. in Anspruch genommen wird und wesentliche Teile der Anwendungen von den Nutzern nicht angenommen werden, muss den Ursachen nachgegangen werden.

In vielen Fällen werden Lösungen aus Gründen eines Perfektionsstrebens überdimensioniert und überfrachtet. Häufig wird daher später der ganze Umfang der Anwendung überhaupt nicht genutzt. Kann im Rahmen der Kontrolle der Projektergebnisse ein derartiges Verhalten der Nutzer bzw. Anwender aufgedeckt werden, muss sich dies auf künftige Projekte auswirken. Dies kann beispielsweise zur Folge haben, bei künftigen Projekten die späteren Nutzer noch stärker in die Analyse des Bedarfs einzubeziehen.

Das Ziel einer Analyse der Projektergebnisse liegt darin, dass dieser Teil der Nachkontrolle die Schwachstellen der Lösung ehrlich aufdeckt. Dabei zielen die beiden Aspekte, ob die erwarteten Ergebnisse eingetreten sind und wie die Kosten und der Nutzen zu bewerten sind, auf die Qualität der Projekt- bzw. Organisationsarbeit ab.

3.2.5.2 Analyse des Projektverlaufs

Trotz der immer weiter voranschreitenden Technisierung und Automatisierung sind die in der Projektarbeit Agierenden und die von Projekten Betroffenen immer noch Menschen, d. h. die Planung, Realisierung und Implementierung von Lösungen erfolgt von Menschen für Menschen. Dabei kann nicht davon ausgegangen werden, dass die individuellen Interessen und Motive aller Beteiligten und Betroffenen stets deckungsgleich sind. Durch das Aufeinandertreffen der unterschiedlichen Individuen bleibt es nicht aus, dass Interessen häufig sogar entgegengesetzt verlaufen. **Konflikte im Verlauf von Projekten** können dann die Folge sein.

Der zweite Teil der Nachkontrolle bezieht sich daher auf die Analyse des Projektverlaufs. Im Folgenden werden fünf **kritische Sachverhalte im Verlauf von Projekten** aufgezeigt. In vielen Projekten erweisen sich gerade diese Aspekte als problematisch. Sie sollten daher **nach Abschluss des Projektes Inhalt einer Analyse des Projektverlaufs** sein.

(1) Projektstart
Die Praxis zeigt, dass von der Art und Weise des Beginns von Projekten durchaus auf den weiteren Verlauf des Projektes und sogar auf das Projektende geschlossen werden kann. Nicht immer sind der Start und das Ende eines Projektes so eindeutig zu erkennen, wie es die DIN 69901 (vgl. DIN 1987b, S. 1) definiert. Bereits im Vorfeld von Projekten versuchen eventuell in Frage kommende Projektbeteiligte, Weichen zu stellen oder zumindest Zeichen zu setzen. Mehr oder weniger offensichtlich können Möglichkeiten der Einflussnahme, z. B. durch den Auftraggeber, durch den für das Projekt vorgesehenen Projektleiter sowie durch die für das Projektteam vorgesehenen Mitglieder und natürlich durch die Betroffenen selbst erfolgen. Aus der Sicht des Projektleiters ist es daher empfehlenswert, so früh wie möglich eine Strategie zur Durchführung des Projektes festzulegen. Gegenstand dieser **Projektdurchführungsstrategie** sollten die folgenden Aspekte sein (vgl. *Hansel/Lomnitz* 2000, S. 41 ff. und S. 126; *Litke* 2004, S. 185 ff.):

- **Analyse der Ausgangssituation**
  Da erst aus der genauen Kenntnis der Ausgangssituation eine Strategie entwickelt werden kann, ist in einem ersten Schritt eine exakte Analyse der Ausgangssituation vorzunehmen. Dabei sollte geklärt werden, wer Auftraggeber ist und wer die Träger der Projektidee sind. Es ist ferner zu definieren, wer von dem Projekt betroffen ist, d. h. für wen das Vorhaben erfolgt, wie die Betroffenen diesem Projekt gegenüberstehen und welche Bedeutung das Projekt für die Betroffenen hat. An dieser Stelle sollten auch schon eventuelle Wünsche der Betroffenen, z. B. der Wunsch nach einer Beteiligung, geprüft werden. Nicht zuletzt muss sich der Projektleiter zu diesem Zeitpunkt auch die selbstkritische Frage nach seiner Fähigkeit und Bereitschaft zur Übernahme der Projektleitung stellen.

- **Planung möglicher Veränderungsschritte**
  Je differenzierter die Situationsanalyse erfolgt, desto besser lässt sich bestimmen, wer im Sinne einer sachlich richtigen Lösung unbedingt am Projekt mitwirken muss, wer eventuell mitwirken möchte und wer mitwirken sollte, um z. B. die Akzeptanz des Vorhabens zu begünstigen. In einem weiteren Schritt sind die auf jeden Fall erforderlichen sowie die möglichen Veränderungsschritte zu planen. Dabei ist zu prüfen, welche Auswirkungen sich durch die vorgesehene Lösung ergeben können. Erscheinen die Veränderungen infolge des Projektes zu massiv, ist zu untersuchen, ob notwendige Veränderungen schrittweise erfolgen können.

Das Ziel einer solchen Projektdurchführungsstrategie liegt darin, durch die Gesamtheit der dabei entwickelten Maßnahmen das Projektrisiko zu reduzieren. Darüber hinaus soll eine derartige Strategie sicherstellen, dass im Rahmen einer ökonomischen Vorgehensweise eine qualitativ gute und von allen Beteiligten akzeptierte Lösung erreicht wird.

Neben einer Strategie zur Durchführung eines Projektes kann der Projektleiter auch mit der **Vorbereitung und Abwicklung der ersten Projektsitzung** gegenüber allen Beteiligten den Leitungscharakter, d. h. die Führungsfähigkeit und den Führungswillen deutlich machen. Darüber hinaus sollte er bereits zu diesem frühen Zeitpunkt des Projektes zeigen, dass er die Erwartungen, Befürchtungen, Wünsche und Hoffnungen aller Beteiligten ernst nimmt.

(2) Teamarbeit
Projektmanagement heißt aus der Sicht des Projektleiters nicht, als 'Einzelkämpfer' vorzugehen, sondern fähig und bereit zu sein, im Rahmen der **Teambildung** die für das Vorhaben am besten geeigneten Personen zu integrieren. Projektmanagement ist in der Regel Teamarbeit, und dabei sind die folgenden Gegebenheiten von Bedeutung (vgl. *Hansel/Lomnitz* 2000, S. 47 f.; *Litke* 2004, S. 195 ff.):

- **Zielorientierte Teamleitung**
  Neben der Frage der Teambildung, d. h. wer muss, sollte, kann und möchte in einem Projekt mitarbeiten, gehört die zielorientierte Teamleitung zu den zentralen Aufgaben des Projektleiters, d. h. Aufgaben in einem vorgegebenen Zeitraum gemeinsam zu lösen und die Mitglieder des Teams dahingehend zu motivieren. Die in der praktischen Projektgruppenarbeit anfallenden Probleme lassen sich auf die Einflussfaktoren Projektziel, Individuum, Gruppe und Umfeld zurückführen. So wird die gesamte Arbeit des Teams durch das Projektziel bzw. das Thema bestimmt. Die Einstellungen und Verhaltensweisen sowie die fachliche und methodische Kompetenz jedes einzelnen Gruppenmitglieds beeinflussen die Arbeit der gesamten Gruppe. Aber auch die zwischen den Teammitgliedern bestehenden Beziehungen und Umgangsformen, d. h. der gruppendynamische Prozess, wirkt sich auf die Arbeit aus. Nicht zuletzt ist auch das Umfeld, in dem die Gruppe arbeitet, für die Teamarbeit und den Verlauf eines Projektes ausschlaggebend.

- **Analyse des Gruppenprozesses**
  Soll Teamarbeit erfolgreich sein, sind in der Gruppe von allen getragene und von allen einzuhaltende Arbeitsregeln einzuführen. Eine vom Team regelmäßig vorgenommene Analyse des Gruppenprozesses, beispielsweise am Ende einer jeden Sitzung, ermöglicht das ständige Hinterfragen des Verhaltens aller Gruppenmitglieder einschließlich des eigenen Verhaltens. Dies bietet die Chance, die Art und Weise der Zusammenarbeit und das Gruppenklima zu verbessern.

- **Aktionsplan**
  So wie rechtzeitig vor einer jeden Zusammenkunft des Teams und noch zu Beginn der Sitzung die Themenvorschläge aller Beteiligten schriftlich zusammengetragen werden sollten, ist auch am Ende der Meetings zu verfahren. Der Abschluss einer jeden Sitzung ist der schriftliche Aktionsplan. Damit lassen sich alle beschlossenen Maßnahmen mit den entsprechenden Zuständigkeiten (z. B. dafür verantwortliche Teammitglieder), mit eventuell erforderlichen Hilfsmitteln und mit Terminen festhalten. Mit Hilfe dieses Instruments kann der Fortschritt der Gruppenarbeit verfolgt und kontrolliert werden.

(3) Hierarchie und Autorität
Für den Projektleiter ist der Aspekt Hierarchie und Autorität bzw. Macht von zentraler Bedeutung, da er einerseits im Rahmen der Projektarbeit Hierarchien und damit Macht ausgesetzt ist und andererseits auch von ihm Autorität und Macht ausgehen können. Die Problematik von Hierarchien und Autorität ist jedoch vor dem Hintergrund zweier Ursachenkomplexe - einerseits strukturelle und andererseits verhaltensbedingte Ursachen - zu betrachten (vgl. *Hansel/Lomnitz* 2000, S. 93 ff.; *Litke* 2004, S. 239 ff.):

- **Strukturelle Ursachen**
  Die zunehmende Komplexität vieler Aufgabenstellungen erfordert heute ein Denken, Entscheiden und Handeln über die Grenzen von Arbeitsplätzen, Abteilungen oder Ressorts hinweg und eine dementsprechende Organisationsform von Projekten. Voraussetzung für eine erfolgreiche Projektarbeit ist daher eine **bereichs- und hierarchieübergreifende Kooperation.** Damit entsteht aber ein Spannungsfeld, welches auf die Unterschiede zwischen den Strukturen in hierarchischen Organisationen und in Projekten zurückzuführen ist.

  Das Spannungsfeld lässt sich nicht allein dadurch beseitigen, dass man dem Projektleiter mehr Kompetenzen zugesteht. Da Projektarbeit heute in vielen Unternehmen noch immer bedeutet, ein bereichs- und hierarchieübergreifendes Konzept in eine bestehende hierarchische Organisationsform zu integrieren, kann dies nur funktionieren, wenn bestimmte Spielregeln eingehalten werden. Die Lösung dieses Problems, d. h. die Milderung oder **Beseitigung des Spannungsfeldes zwischen eher hierarchischen Organisationsstrukturen und der Projektarbeit,** liegt aber in erster Linie in einer veränderten Einstellung aller Mitarbeiter des Unternehmens.

- **Verhaltensbedingte Ursachen**
  Neben der strukturellen Seite wird die Projektarbeit durch die Verhaltensseite beeinflusst. So hat beispielsweise die **äußere Hierarchie,** d. h. das Verhalten von Führungskräften gegenüber Projekten, Projektleitern und den Projektbeteiligten, einen entscheidenden Einfluss auf die Projektarbeit, denn dadurch werden die Grenzen und damit das Ausmaß an Freiräumen definiert. Jede noch so gut konzipierte Projektarbeit kann nicht erfolgreich sein, wenn Führungskräfte etwa die Kompetenzen des Projektleiters nicht respektieren oder die Aufgaben der Projektgruppe nicht ernst nehmen. Eigentlich müsste es genau umgekehrt sein, dass Führungskräfte eventuelle strukturelle Probleme erkennen und beseitigen und so Projektlösungen fördern. Für den Projektleiter bedeutet dies, sich vor Beginn der Projektarbeit ein objektives Bild über die Einflussgrößen der Hierarchien auf seine Arbeit zu machen.

  Die Projektarbeit wird aber auch durch **innere Hierarchien** geprägt, d. h. Umgang mit den eigenen Grenzen oder Blockaden gegenüber der Führung. Dieser Aspekt der Hierarchieproblematik kann aber nicht allein dadurch gelöst werden, dass sich andere, d. h. die Führungskräfte, ändern. Die Ursache für ein solches Verhalten des Projektleiters und/oder der Teammitglieder sind in den eigenen Vorstellungen und Phantasien über Macht und Autorität begründet. Wer etwa der Ansicht ist, Vorgesetzten gegenüber nicht die eigene Meinung äußern zu dürfen, Äußerungen von Vorgesetzten grundsätzlich als auszuführende Befehle auffasst und unverständliche Aussagen nicht durch eigenes Nachfragen präzisiert, der legt sich selbst Fesseln an und erschwert sich den Umgang mit Führungskräften. Der Abbau bzw. die Beseitigung der inneren Hierarchien erfordert daher in erster Linie die Überprüfung der eigenen Einstellung und des eigenen Verhaltens gegenüber den Führungskräften und damit gegenüber Macht und Autorität im Unternehmen.

(4) Widerstände

Projektarbeit stellt wegen seiner Vorgehensweise und den dabei erarbeiteten Lösungen eine Abweichung von der für alle Beteiligten und Betroffenen gewohnten Routine dar. Derartige Veränderungen können Befürchtungen und Ängste verursachen und führen damit häufig zu einem Verhalten, welches darauf abzielt, das Gewohnte und Bekannte zu bewahren. Dabei sind unterschiedliche **Widerstandsphänomene** zu beobachten. Für die Projektleitung stellt sich die Frage, wie mit Widerstand umzugehen ist, wenn die Projektarbeit nicht gefährdet werden soll (vgl. *Hansel/Lomnitz* 2000, S. 113 ff.; *Litke* 2004, S. 236 ff.).

Widerstand kann sich in unterschiedlichen **Erscheinungsformen** bemerkbar machen. Häufig sind nicht endende Diskussionen über das Projektziel, über Sachfragen, über Vorgehensweisen und über Termine ein Indikator für Widerstand. Abwehrverhalten kann sich auch so äußern, dass Fachabteilungen nicht qualifizierte und nicht am Projekt interessierte Mitarbeiter in das Projektteam delegieren, Mitarbeiter in den Fachabteilungen Dienst nach Vorschrift machen oder Projektmitarbeiter Informationen zurückhalten. Sowohl bei internen als auch bei externen Projekten ist häufig zu beobachten, dass die vom Projekt Betroffenen erarbeitete Lösungsvorschläge kategorisch ablehnen oder aber Schwachstellen der neuen Lösung hervorheben und Fehler oder Schwächen aus früheren Projekten wieder neu beleben. Der Widerstand kann so weit gehen, dass der Projektleiter attackiert wird. Die Beispiele zeigen, dass Widerstand sowohl verdeckt als auch offen erfolgen kann und sich in drei Kategorien einteilen lässt. So können Abwehrmechanismen in Form von übertriebenem Kompromissverhalten, Ausweich- und Rückzugsreaktionen sowie Aggressionen auftreten.

Widerstandsphänomene sind jedoch nicht schon die **Erklärung für Widerstände.** Die unterschiedlichen Erscheinungsformen von Widerstand ergeben sich erst daraus, dass Beteiligte und/oder Betroffene den momentanen Zustand erhalten möchten und deswegen Maßnahmen ergreifen, die verhindern sollen, einen neuen unbekannten Zustand zu erreichen. Widerstände sind demzufolge Kräfte, die das von den Beteiligten und Betroffenen erlebte gegenwärtige Gleichgewicht zu destabilisieren versuchen. Die erforderlichen Veränderungsprozesse zur Erreichung eines neuen Zustands werden gescheut, da dadurch vielleicht Erfahrungen, Wissen, fachliche Qualifikationen, Denk-, Einstellungs- und Verhaltensweisen, Gewohnheiten, soziale Beziehungen, Zukunftsperspektiven und eventuell persönliche Ziele aufgegeben werden müssen. Befürchtungen, Macht- und Statusverluste zu erleiden, können ebenfalls dazu beitragen, erforderliche Veränderungsschritte zu torpedieren.

Der Widerstand in Projekten kann sich einerseits gegen die Projektergebnisse und andererseits gegen die Art und Weise der Projektdurchführung richten. Ein weiterer **Grund für Widerstände** liegt häufig in negativen Erfahrungen aus früheren Projekten. Vielfach sind Widerstände auch in der Persönlichkeitsstruktur begründet, d. h. eine grundsätzlich ablehnende Haltung gegenüber jeglichen Veränderungen.

Als Projektleiter begegnet man Widerstand zunächst dadurch, dass man ihn ernst nimmt. Widerstände zu ignorieren, beseitigt sie nicht, sondern bedeutet in der Regel, sie zu Konflikten anschwellen zu lassen. Je länger Widerstände ignoriert werden, desto schwerer sind sie zu handhaben. Es geht somit darum, nicht gegen den Widerstand, sondern mit dem Widerstand zu arbeiten. Das setzt voraus, die **Botschaft(en) des gezeigten Widerstands** zu verstehen. Erst daraufhin lassen sich **Ursachen des erlebten Widerstands** ermitteln. Dabei ist jedoch deutlich zwischen Symptomen und Ursachen zu trennen. Die genaue Prüfung, gegen was sich der Widerstand richtet, d. h. die Gründe dafür zu ermitteln, ist eine unverzichtbare Voraussetzung dafür, gemeinsam mit allen Beteiligten und Betroffenen Maßnahmen zum Abbau der Widerstände zu erarbeiten.

(5) Projektende
Schwierigkeiten beim Ende von Projekten können vielfach auf sachliche Ursachen zurückgeführt werden und somit organisatorische als auch technische Gründe haben. So sind häufig Planungsfehler und technische Schwierigkeiten bei der Realisierung und Implementierung für Probleme beim Projektabschluss verantwortlich. Darüber hinaus zeigen sich beim Abschluss von Projekten aber vielfach noch Schwierigkeiten ganz anderer Art (vgl. *Hansel/Lomnitz* 2000, S. 135 ff.; *Litke* 2004, S. 241 f.):

- **Abschlussphänomene**
  Immer wieder lassen sich bei Projekten unterschiedliche Abschlussphänomene beobachten, so beispielsweise die Situation, dass ein Projekt eigentlich überhaupt kein Ende findet. Sowohl der Projektleiter als auch die Projektmitarbeiter führen laufend neue dringende Aufgaben an, die noch unbedingt vor Projektende zu erledigen sind. Oder aber ein Projekt geht eigentlich unbemerkt, d. h. sang- und klanglos, zu Ende. Eventuell noch ausstehende Restarbeiten werden dann einem einzelnen übertragen. In vielen Fällen ist das der Projektleiter selbst. Eine dritte Variante besteht darin, dass misslungene Projekte so schnell wie möglich verdrängt werden. Eventuell erforderliche Folgeprojekte, die dann den Charakter von Reparaturarbeiten hätten, werden als zu zeit- und kostenaufwendig gesehen und demzufolge nicht angegangen.

- **Gründe für zu beobachtende Abschlussphänomene**
  Die Gründe für zu beobachtende Abschlussphänomene können auch in einer Perspektivlosigkeit der Projektmitarbeiter liegen. Für manche stellt sich die Frage was nach dem Projekt geschieht und darum versuchen sie das Projektende hinauszuzögern oder aber vorzeitig andere Chancen wahrzunehmen. Die mangelnde Identifikation mit den Ergebnissen des Projekts bis hin zur Befürchtung nach Ende des Projektes eventuell unattraktive Aufgaben, wie z. B. Wartungsaufgaben, wahrnehmen zu müssen, ist ein weiterer Grund für Probleme bei Projektende.

- **Bewusste Gestaltung des Projektabschlusses**
  Für den Projektleiter bedeutet das, sein Augenmerk auch auf die bewusste Gestaltung des Projektabschlusses zu legen. Dazu gehört neben einem Soll-/Ist-Vergleich der Ergebnisse auch die Dokumentation der erreichten Ergebnisse. Nicht erreichte Ergebnisse sind ebenfalls zu dokumentieren und insbesondere zu begründen. Der Projektleiter hat Ansprechpartner für die Zeit nach dem Projekt zu benennen und alle davon betroffenen Stellen im Unternehmen über das Ende des Projektes zu informieren. Im Idealfall klärt der Projektleiter, was die Projektmitarbeiter nach Abschluss des Projektes tun, und er entwickelt mit den Projektmitarbeitern gemeinsam Maßnahmen, die ihnen den Übergang zu neuen Aufgaben erleichtern.

Die nach Abschluss eines Projektes vorgenommene **Analyse des Projektverlaufs** sollte **sowohl bei erfolglosen als auch bei erfolgreichen Projekten** durchgeführt werden. Die aufgezeigten kritischen Sachverhalte sind zugleich Grund und Inhalt einer derartigen Projektrückschau. Werden diese (kritischen) Sachverhalte im Verlauf des Projektes 'richtig' gehandhabt, dann sind sie neben der Qualität der zu erarbeitenden Lösung entscheidende Garanten für den Erfolg des Projekts. Werden diese Aspekte vernachlässigt, dann können sie selbst bei einer eigentlich guten Projektlösung zum Scheitern eines Projektes führen. Darüber hinaus sollte sich die Analyse des Projektverlaufs aber auch mit der Frage beschäftigen, wie die Zusammenarbeit zwischen allen Beteiligten verlaufen ist. Wo lagen die Stärken des Projektteams und was hat jeder für sich aus diesem Projekt gelernt, sind ebenfalls Inhalte einer solchen Projektverlaufskontrolle. Die Frage, was man in Zukunft grundsätzlich anders machen sollte, gibt zusätzlich Aufschluss über zu verbessernde Tatbestände. Nicht zuletzt sollte eine solche Analyse des Projektverlaufs auch gegenseitige konstruktive Kritik und Lob beinhalten (vgl. *Hansel/Lomnitz* 2000, S. 139 f.).

Die Analyse des Projektverlaufs dient dazu, **Stärken transparent zu machen**, denn oftmals sind die positiven Sachverhalte gar nicht bewusst. Um in künftigen Projekten ebenso verfahren zu können, sollen die Stärken für die Zukunft konserviert werden. Die Projektrückschau muss aber auch eine **planmäßige Suche der Fehler und Schwächen** beinhalten. Nur so werden **zu verbessernde Tatbestände** aufgedeckt. Diese Tatbestände sind der Ausgangspunkt für die Optimierung der Projektarbeit. Genau genommen handelt es sich dabei um Sachverhalte, die in künftigen Projekten vermieden werden sollen.

C Arbeitsaufgaben

1. Erläutern Sie die zwei grundsätzlichen Arten von Projekten.
2. Durch welche Merkmale lässt sich ein Projekt charakterisieren?
3. Beschreiben Sie die drei grundsätzlichen Initiatoren interner Projekte.
4. Begründen Sie, welche Vorteile die schriftliche Fixierung interner Projekte im Rahmen eines Projektauftrages hat.
5. Grenzen Sie Antragsteller und Auftraggeber von Projekten ab.
6. Welche Aufgaben kommen dem Projektsteuerungsgremium zu?
7. Was versteht man unter Fach-, Methoden- und sozialer Kompetenz des Projektleiters?
8. Charakterisieren Sie die Besonderheiten hierarchischer und hierarchiefreier Projektgruppen.
9. Beschreiben Sie außer dem Auftraggeber, Lenkungsausschuss, Projektleiter und der Projektgruppe weitere Instanzen in Projekten.
10. Was versteht man im Rahmen der Projektarbeit unter Systemdenken, und charakterisieren Sie die Bestandteile des Systemdenkens.
11. Welche Ziele verfolgt das Systemdenken?
12. Durch welche Phasen und Stufen lässt sich ein Vorgehensmodell charakterisieren?
13. Was versteht man unter einem Meilenstein?
14. Warum sollte in der Phase der Konzeption eine Unterteilung in Vorstudie, Hauptstudie und Teilstudie(n) vorgenommen werden?
15. Erläutern Sie die Grundstruktur der Konzeptionsstufen.
16. Warum muss in der Phase der Realisierung neben der Umsetzung der Konzeption auch deren Erprobung stattfinden?
17. Beschreiben Sie die drei grundsätzlichen Berichtsformen in Projekten.
18. Was versteht man unter Abschluss- und Abwicklungsdokumentation?
19. Charakterisieren Sie den Sinn einer Adressatenmatrix im Rahmen der Vorbereitung der Einführung.
20. Erläutern Sie vier Formen der Implementierung.

21. Beschreiben Sie Ursachen für Abwehrhaltungen in Projekten.

22. Erläutern Sie Maßnahmen gegen Abwehrhaltungen.

23. Was versteht man im Rahmen der Implementierung unter dem "Time-lag der Betroffenen"?

24. Grenzen Sie die Begriffe Pflege und Wartung von Projektlösungen bzw. Systemen ab.

25. Was versteht man unter technischer und funktionaler Bereitschaft?

26. Welches sind die drei Hauptauslöser für den Änderungsdruck, dem DV-Lösungen ausgesetzt sind?

27. Wie verhält sich der Aufwand für Fehlerbeseitigungen, Anpassungen und die Realisierung von Änderungsbedürfnissen im Laufe der Lebensdauer von DV-Lösungen?

28. Wie ist bei der Beseitigung von Fehlern und Störungen in Projektlösungen vorzugehen?

29. Erläutern Sie die Behandlung zwingender Anpassungen und zusätzlicher Anforderungen.

30. Welche Bedeutung haben das Reverse Engineering und Forward Engineering im Rahmen der Reorganisation von DV-Anwendungen?

31. Warm sollte im Rahmen der Analyse des Projektergebnisses kontrolliert werden, ob die erwarteten Ergebnisse des Konzepts oder der Lösung tatsächlich eingetreten sind?

32. Beschreiben Sie die Vorgehensweise bei der Kontrolle von Kosten und Nutzen einer Projektlösung.

33. Begründen Sie, warum im Rahmen der Kontrolle des Projektergebnisses auch die effektive Nutzung überprüft werden muss.

34. Warum ist bei einer Analyse des Projektverlaufs die Betrachtung des Projektstarts von Bedeutung?

35. Die Analyse des Projektverlaufs sollte auch die Teamarbeit untersuchen. Begründen Sie dies.

36. Warum sollten Hierarchien und Autorität in Projekten Gegenstand der Analyse des Projektverlaufs sein?

37. Was spricht dafür, im Rahmen der Analyse des Projektverlaufs auch den Aspekt "Widerstände im Projekt" zu betrachten?

38. Warum ist speziell das Projektende bei der Analyse des Projektverlaufs von Bedeutung?

39. Erläutern Sie typische Fragen, die Inhalt einer Projektrückschau sind.

4 Techniken der Organisationsgestaltung

A Lernziele

Im vierten Kapitel soll der Leser ausgewählte

- *Techniken zur Gewinnung von Informationen,*
- *Techniken zur Ordnung des erhobenen Materials,*
- *Techniken zur (Be-)Wertung der Ist-Situation,*
- Techniken zur Erarbeitung von Lösungsvarianten,
- *Techniken zur Beurteilung und Auswahl von Lösungen,*
- *Techniken zur Abbildung von Ist-Lösungen,*

kennen lernen und einsetzen bzw. anwenden können.

B Sachanalyse

Im vorausgegangenen Kapitel wurde die grundsätzliche Methodik der Organisationsgestaltung aufgezeigt. Die Abb. 4-1 verdeutlicht, dass dabei in den Phasen und Arbeitsschritten eines organisatorischen Vorhabens Techniken eingesetzt werden.

Die einzelnen Phasen, Stufen und Arbeitsschritte eines Projektes verfolgen bestimmte Ziele. Zur Erreichung dieser Ziele bzw. zur Bewältigung oder Lösung der entsprechenden Probleme werden Techniken eingesetzt. So besteht beispielsweise das Ziel einer Erhebung darin, Informationen zu gewinnen, und Erhebungstechniken sind dafür ein Hilfsmittel. Mit dem Arbeitsschritt Lösungsentwürfe wird das Ziel verfolgt, in Frage kommende Lösungsalternativen zu gewinnen, und Techniken der Alternativensuche oder Kreativitätstechniken sind dafür geeignete Hilfsmittel. Präsentationstechniken sind Hilfsmittel, um in Frage kommende Lösungsvarianten und insbesondere die tatsächlich einzuführende Lösung aufzuzeigen.

Techniken lassen sich unterscheiden in anwendungsneutrale Techniken und Techniken oder die Kombination mehrerer Techniken, die um Anwendungsregeln ergänzt sind, d. h. für einen abgegrenzten Anwendungsbereich gelten. Bei den **anwendungsneutralen Techniken** geht es lediglich um die logische Struktur eines Problems unabhängig vom jeweiligen Anwendungsgebiet. Demgegenüber bezieht sich die andere Gruppe von Techniken auf die Anwendung in einem bestimmten Problembereich und die für diesen Bereich spezifischen Regeln zur Problembewältigung. Diese **um Anwendungsregeln ergänzten Techniken**, beispielsweise Datenflusspläne zur graphischen Darstellung von Abläufen im DV-Bereich oder Organigramme zur graphischen Darstellung von Organisationsstrukturen, werden auch als Methoden im engeren Sinne bezeichnet (vgl. *Schwarze* 1995, S. 73 f.).

Die **Auswahl und Behandlung der hier aufgezeigten Techniken** erfolgt vor einem praxisorientierten Hintergrund. So werden zunächst die Techniken zu Gruppen zusammengefasst, die den einzelnen Phasen, Stufen und Schritten im Rahmen eines organisatorischen Vorhabens entsprechen. Damit soll der Hilfsmittelcharakter deutlich gemacht werden. Innerhalb einer Gruppe werden in erster Linie solche Techniken dargestellt, die in den Organisationsvorhaben der Praxis häufig zum Einsatz kommen. Im Rahmen der Darstellung einer einzelnen Technik erfolgt eine Dreiteilung in die Rubriken

<table>
<tr><th colspan="4">Ziel(e) / Problem(e)</th></tr>
<tr><th colspan="3">Projektphasen</th><th>Techniken</th></tr>
<tr><td rowspan="7">Entwicklung</td><td colspan="2">PROJEKTINITIATIVE (Anstoß)</td><td></td></tr>
<tr><td rowspan="6">KONZEPTION
- Vorstudie
- Hauptstudie
- Teilstudien</td><td>Auftrag</td><td>Planungstechniken/ Zielformulierungstechniken</td></tr>
<tr><td>Erhebung</td><td>Erhebungstechniken</td></tr>
<tr><td>Analyse</td><td>Techniken zur Analyse des erhobenen Materials</td></tr>
<tr><td>Würdigung</td><td>Techniken der Problemanalyse</td></tr>
<tr><td>Lösungsentwürfe</td><td>Techniken zur Alternativensuche</td></tr>
<tr><td>Bewertung u. Auswahl</td><td>Techniken zur Bewertung u. Auswahl von Problemlösungen</td></tr>
<tr><td>Realisierung</td><td colspan="2">REALISIERUNG (Systembau)</td><td>Techniken zur Darstellung u. Gestaltung der Aufbau- u. Ablauforganisation</td></tr>
<tr><td rowspan="3">Realisierung / Nutzung</td><td colspan="2">IMPLEMENTIERUNG</td><td>Präsentationstechniken</td></tr>
<tr><td colspan="2">ERHALTUNG</td><td></td></tr>
<tr><td colspan="2">KONTROLLE</td><td></td></tr>
<tr><th colspan="4">Ergebnis / Lösung</th></tr>
</table>

Abb. 4-1: Zusammenhang zwischen Vorgehensmodell und Techniken der Organisationsgestaltung (in Anlehnung an *Haberfellner u. a.* 1997, S. 84 f.; *Schmidt* 2000, S. 89)

- **Beschreibung**
  Darunter wird eine begriffliche Klärung, d. h. eine Definition vorgenommen, und es werden eventuelle Formen der Technik aufgezeigt.

- **Vorgehen**
  Darunter wird die Durchführung oder Vorgehensweise aufgezeigt, und es werden Anwendungs- und Einsatzmöglichkeiten der Technik behandelt.

- **Beurteilung**
  Darunter werden Vor- und Nachteile der Technik aufgezeigt und Aussagen zur Eignung der Technik vorgenommen.

Diese Dreiteilung ermöglicht einen Vergleich der unterschiedlichen Techniken und lässt eine Einschätzung zu, wann, d. h. für welches Problem, welche Technik wie eingesetzt werden kann und welche Einschränkungen dabei zu beachten sind. Damit soll eine Entscheidungshilfe für den konkreten Einsatz geliefert werden.

4.1 Erhebungstechniken

Das Ziel der Ist-Aufnahme besteht darin, Mengen-, Zeit- und Wertinformationen zu erhalten, die den Untersuchungsbereich beschreiben und die zur Lösung der Projektaufgabe erforderlich sind. Die Gewinnung von Informationen ergibt sich aus den Merkmalen und Aufgaben des zu untersuchenden Bereichs und orientiert sich an dem Regelkreis der Informationsgewinnung. Dabei ist aufzunehmen bzw. zu erheben in welcher Situation

- wer? (Aufgabenträger)

- was? (Verrichtungen)

- wo? (Ort, an dem die Verrichtungen und Tätigkeiten anfallen)

- wann? (Zeitpunkt, Dauer der Verrichtungen und Tätigkeiten)

- womit? (Verfahren, Sachmittel)

- woran? (Objekte)

- warum? (Ziel, Zweck)

macht. Ungleich schwieriger zu erfassen, aber dennoch ebenso wichtig wie die Informationen der formalen Organisation sind Informationen der informalen Organisation (s. dazu *Mangler* 2006, S. 6). In der Regel sind diese Informationen, die die informalen Gegebenheiten im Untersuchungsbereich charakterisieren, nicht vollständig erfassbar. Da sie in der individuellen Sphäre der Mitarbeiter des Untersuchungsbereichs liegen, sind diese Informationen den Mitarbeitern nicht immer bewusst und können demzufolge entweder gar nicht, nur unvollständig oder nur 'verfälscht' (subjektiv gefärbt) zur Verfügung gestellt werden. Dennoch sind sie ein wichtiger Mosaikstein der Ist-Situation und sollten daher ebenfalls Inhalt einer Ist-Aufnahme sein (vgl. *Wittlage* 1993, S. 47).

4.1.1 Mündliche Befragung

Beschreibung
Das **Interview** ist ein **Gespräch zwischen Frager und Befragtem, bei dem durch gezielte Fragen Informationen gewonnen werden.** Diese besondere Gesprächssituation zeich-

net sich durch eine mehr oder weniger stark ausgeprägte Lenkung des Gesprächs durch den Interviewer aus. Da der Interviewte gelenkt wird, ist die soziale Beziehung zwischen Frager und Befragtem für den Verlauf des Interviews und das Ergebnis von hoher Bedeutung (Abb. 4-2).

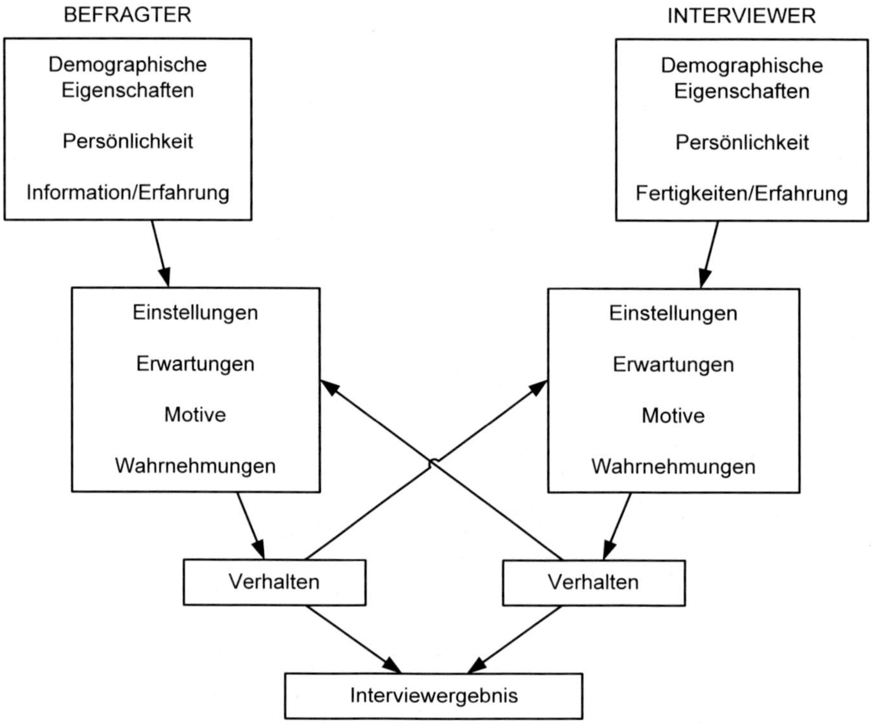

Abb. 4-2: Die Situation des Interviews als sozialer Prozess (in Anlehnung an *Cannell/Kahn* 1968, S. 538)

Die im Verlauf eines Interviews entstehende soziale Situation und die Wechselbeziehung zwischen Interviewer und Interviewtem birgt die Gefahr einer psychologischen Belastung des Fragenden insbesondere aber des Befragten (vgl. *Friedrichs* 1985, S. 215 ff.; *Atteslander* 2003, S. 123 ff.). Daher sollte zu Beginn des Interviews durch folgende Maßnahmen ein **Sympathiefeld** und ein positives Gesprächsklima aufgebaut werden:

- Gute organisatorische Vorbereitung des Interviews (Zeit, Ort, Vorinformationen, Ängste abbauen)

- Gegenüber dem Befragten Engagement und Identifikation mit dem organisatorischen Vorhaben zu erkennen geben

- Persönliche Wertungen über den Gesprächspartner, Dritte und die zu untersuchende Situation unterlassen

- Sich selbst bewusst zurücknehmen (Der Befragte ist die wichtigste Person, nicht der Fragende)

- Mut zur offenen Konfliktlösung und zum Abbau von Befürchtungen und Ängsten zeigen

- Neben dem Sachziel des Organisationsvorhabens nie den Menschen vergessen.

Zur Steuerung des Interviews darf der Interviewer nur faire Mittel einsetzen. Dadurch, dass der Interviewer bereits während des Interviews die psychische Situation des Befragten berücksichtigt, erleichtert er dem Interviewten diese besondere Situation und sich selbst die Arbeit in den nachfolgenden Phasen des Organisationsvorhabens.

Bei diesem zwischen Frager und Befragtem stattfindenden Gespräch lassen sich bestimmte **Interviewformen** unterscheiden (vgl. *Macoby/Macoby* 1974, S. 39 ff.; *Atteslander* 1995, S. 160 ff. u. S. 178 ff.):

- **Voll standardisiertes (stark strukturiertes bzw. gebundenes) Interview**
  Das Ziel dieser Interviewform ist die Gewinnung von vergleichbaren Antworten. Daher werden die Anzahl, der Wortlaut und die Abfolge der Fragen und die Antwortmöglichkeiten und deren Gewichtung vorher festgelegt. Genau genommen liegt ein Fragebogen vor, der aber nicht vom Befragten ausgefüllt wird, sondern der Interviewer liest dem Befragten die Fragen vor und notiert die Antworten des Befragten. Mit dieser Form des Interviews sollen mögliche störende Einflüsse, die sich aus dem Kontakt der beiden Beteiligten ergeben, weitgehend unterbunden werden. Ein erheblicher Nachteil besteht darin, dass sich der Interviewer exakt an sein Konzept halten muss. Interessante Fragestellungen, die sich eventuell aus den Antworten des Befragten ergeben können, dürfen nicht weiter verfolgt werden. Der Aufwand für die Auswertung ist im Vergleich zu den anderen Formen des Interviews am geringsten.

- **Wenig standardisiertes (wenig strukturiertes bzw. freies) Interview**
  Ist die exakte Vergleichbarkeit der Antworten nicht erforderlich, kann mit der Form des wenig standardisierten Interviews gearbeitet werden. Der Interviewer hat dabei lediglich einen Interviewleitfaden. Dieser Leitfaden enthält Stichpunkte, die im Verlauf des Interviews angesprochen werden müssen. Der genaue Verlauf des Interviews ist in das Ermessen des Interviewers gestellt. Der Interviewer kann damit durch individuelle Fragen auf die Gedankengänge und Antworten des Befragten eingehen. Durch diesen Vorteil ergeben sich jedoch Einschränkungen hinsichtlich der Vergleichbarkeit solcher wenig standardisierten Interviews. Diese Interviewform bietet sich daher dann an, wenn nur eine geringe Anzahl von Interviews vorgesehen ist. Das wenig standardisierte Interview stellt darüber hinaus hohe Anforderungen an die Fähigkeiten des Interviewers hinsichtlich der Gesprächsführung und Fragetechnik. Im Vergleich zum voll standardisierten Interview ist der Vorbereitungsaufwand geringer. Durch die eingeschränkte Vergleichbarkeit ist der Aufwand der Auswertung beim wenig standardisierten Interview größer.

- **Teil-oder halbstandardisiertes (teilstrukturiertes) Interview**
  Diese Form des Interviews verknüpft die Vorteile der beiden anderen Formen. Einige bereits vorformulierte (Haupt-)Fragen werden im Verlauf des Interviews wörtlich abgefragt. Genau genommen führt der Interviewer ein wenig standardisiertes Interview, welches um standardisierte Fragen ergänzt wird. Der Vorteil dieser Form liegt darin, dass ein Teil der Antworten vergleichbar ist und das Interview trotzdem die Gelegenheit bietet, wichtige Zusatzinformationen, die sich aus dem Gesprächsverlauf ergeben, zu erhalten. Im Vergleich zum wenig standardisierten Interview ist der Aufwand für die Vorbereitung höher, der Aufwand für die Auswertung dagegen geringer.

In Bezug auf den Umgang des Interviewers mit dem Befragten und der Beziehung zwischen beiden Beteiligten lassen sich **Verhaltensformen des Interviewers** unterscheiden (vgl. *Scheuch* 1973, S. 95 ff.; *Macoby/Macoby* 1974, S. 62 ff.; *Atteslander* 2003, S. 149 ff.):

- **Weiches Interview**
  Ein weiches Interview ist nicht nur sach-, sondern auch sehr stark personenorientiert. Der Interviewer ist zwar freundlich, zuvorkommend und hilfsbereit, aber er spielt eine eher passive Rolle. Er vermeidet Zeitdruck und gezielte Unterbrechungen, d. h. den Verlauf des Gesprächs bestimmt weitgehend der Befragte. Ein Themenwechsel und eine Steuerung der Antworten sind nicht zulässig. Das weiche oder auch nicht-direktive Interview ist von der Annahme getragen, dass eine zwischen Interviewer und Befragtem auf Sympathie beruhende Beziehung am ehesten die Offenheit der Antworten begünstigt. Ein derartiger Umgang mit dem Befragten dient häufig dazu, zu Beginn eines Interviews eine angenehme Gesprächsatmosphäre herzustellen und nach einem Interview einen positiven Gesprächsausklang zu erreichen.

- **Neutrales Interview**
  Ein neutrales Interview ist in erster Linie sachorientiert. Der Interviewer ist zwar freundlich, zuvorkommend und hilfsbereit, verhält sich aber so neutral wie möglich und versucht emotionale Handlungen zu vermeiden. Das Interview verläuft in einem vorgegebenen Zeitrahmen. Eingriffe erfolgen nur, wenn diese sachlich begründet sind. Eine Steuerung der Antworten ist nicht zulässig. Der Interviewer muss seine eigene Einstellung zum Gegenstand der Untersuchung zurückhalten und er darf keine Bewertung der Äußerungen der Befragten vornehmen. Im Vordergrund steht das Interesse an dem, was der Befragte sagt, d. h. das neutrale Interview dient in erster Linie dazu, klare Antworten und Argumente zu gewinnen.

- **Hartes Interview**
  Ein hartes Interview ist nicht nur sachorientiert, sondern äußerst emotional. Der Interviewer stellt provozierende und aggressive Fragen. Während des Interviews wird ein ständiger Druck auf den Befragten ausgeübt. Eingriffe erfolgen laufend und haben das Ziel, den Befragten zu verwirren und in die Enge zu treiben. Eine Steuerung ist lediglich ein Mittel, um gewünschte Reaktionen zu provozieren. Das harte Interview versucht, insbesondere wenn erhebliche Widerstände vorliegen, Informationen durch spontane Antworten zu gewinnen. Mit dieser Form des Interviews besteht die Gefahr, den Interviewten zu verunsichern. Statt der erwarteten spontanen Antworten kann dies beim Befragten eine Zurückhaltung auslösen oder sogar zum Abbruch des Interviews führen. Das harte Interview ist wegen seinem Verhörcharakter zur Gewinnung von Informationen im Rahmen von Organisationsvorhaben wenig geeignet.

Vorgehen
Im Rahmen der praktischen Organisationsarbeit ist das neutrale Interview die Regel. Der **Aufbau eines Interviews** zur Ist-Aufnahme für Organisationsvorhaben sollte daher aus den folgenden Phasen bestehen (vgl. *Schrader* 1973, S. 107 f.; *Schmidt* 2000, S. 175 ff.):

- **Einleitungsphase (im Stil des weichen Interviews)**
  Die Einleitung dient dem Interviewer dazu, ein **Sympathiefeld** aufzubauen. Es geht zunächst darum, durch Themen, die nichts mit der Untersuchung zu tun haben müssen, eine angenehme **Gesprächsatmosphäre** herzustellen. Der Interviewer sollte diese Phase des Interviews auch dazu nutzen, Verunsicherung abzubauen. Dies geschieht in erster Linie dadurch, dass dem Interviewten Vertraulichkeit zugesichert wird. Auch wenn der Befragte bereits informiert ist über die Zielsetzung und das Vorgehen des Organisationsvorhabens, sollte durch den Interviewer eine erneute **Begründung für die Zielsetzung der Untersuchung** erfolgen. Die Einleitungsphase hat das Ziel, die Kooperationsbereitschaft zu wecken.

- **Informationsgewinnungsphase (im Stil des neutralen Interviews)**
  Das wesentliche Ziel dieser Phase besteht darin, dass für den Interviewer Probleme, Ursachen und Lösungen verständlich werden. Außer der **Aufnahme allgemeiner Informationen** sind aber auch die aus der Sicht des Interviewten aufgetretenen Schwierigkeiten zu erfragen. Um der Gefahr aus dem Wege zu gehen, dass Organisationsexperten glauben, die Probleme im Untersuchungsbereich zu kennen, sind die **Probleme aus der Sicht des Interviewten** zu erfragen. Wege zur Beseitigung der Probleme, d. h. Verbesserungsmöglichkeiten, können jedoch nur dann erarbeitet werden, wenn auch **Problemursachen** erfragt werden. Da die Betroffenen des Untersuchungsbereichs täglich mit den Problemen zu tun haben, sind in dieser Phase auch bereits schon **Lösungsansätze** zu erfragen. Den Befragten muss jedoch deutlich gemacht werden, dass solche Lösungsansätze zunächst den Charakter von Vorschlägen haben und auf ihre Realisierbarkeit geprüft werden müssen. Betroffene eines Untersuchungsbereichs sind in der Regel in der Lage, auch eine Bewertung der vorgeschlagenen Lösungen abzugeben. Daher sind die **Vor- und Nachteile der Lösungsansätze** zu erfragen. Auch in dieser sachlichen Erhebungsphase darf der Interviewer keine persönlichen Stellungnahmen und Einschätzungen und insbesondere keine Bewertungen der Angaben des Interviewten vornehmen. Dieser Teil des Interviews schließt mit einer **Zusammenfassung.** Da diese Zusammenfassung dazu dient zu überprüfen, ob alles richtig verstanden worden ist, muss die Zusammenfassung immer aus der Sicht des Befragten erfolgen und darf keine Bewertung des Interviews darstellen.

- **Ausklang- bzw. Trennungsphase (im Stil des weichen Interviews)**
  Die zu Beginn des Interviews aufgebaute **positive Atmosphäre** soll am Ende des Interviews verstärkt werden. Das Interview soll in entspannter Atmosphäre schließen, denn in vielen Organisationsvorhaben können weitere Interviews erforderlich werden. Ein positiver Ausgang des Interviews fördert die Bereitschaft des Befragten, für weitere Befragungen zur Verfügung zu stehen. Zum Abschluss des Interviews ist dem Befragten daher auch **das weitere Vorgehen** zu erläutern.

Um aussagefähige Informationen über die Ist-Situation zu erhalten, bedarf es neben dem Aufbau der Interviews einer sorgfältigen **Vorbereitung der mündlichen Befragung**. Die Durchführung von Interviews erfordert daher noch weitere Überlegungen.

(1) Kreis der Befragten

Die Aussagekraft der Interviewergebnisse hängt entscheidend vom Kreis der Befragten ab. Ausgehend vom Projektauftrag ist zunächst der Untersuchungsbereich im Rahmen des Systemdenkens (s. dazu 3.1.5) abzugrenzen. Da es jedoch nicht immer möglich ist, alle Mitarbeiter des Untersuchungsbereiches zu interviewen (Vollerhebung), gilt es, sorgfältig auszuwählen. Grundsätzlich sollten nur die Personen befragt werden, die in der Lage sind, zu dem Problem auch Angaben machen zu können. In der Praxis ist dabei immer wieder zu beobachten, dass die Vorgesetzten der eigentlich Betroffenen befragt werden in der Annahme, damit alle relevanten Informationen über die Ist-Situation zu erhalten. Grundsätzlich sollte immer versucht werden, diejenigen zu befragen, die täglich vor Ort mit dem zu untersuchenden Problem konfrontiert sind. In vielen Fällen sind dies die Mitarbeiter und nicht deren Vorgesetzte.

(2) Standardisierung der Interviews

In Abhängigkeit vom zu untersuchenden Problem und der Anzahl der zu befragenden Personen ist über die Standardisierung der Interviews zu entscheiden. Dementsprechend ist entweder ein Interviewleitfaden oder ein vollständig ausgearbeiteter Fragenkatalog zu erarbeiten.

(3) Anforderungen an Interviewer

Um in der praktischen Projekt- und Organisationsarbeit nicht das Risiko einzugehen, dass sich aus Interviews keine oder kaum aussagefähige Informationen über die Ist-Situation ergeben, sind bestimmte Anforderungen an Interviewer zu stellen. So sollten Interviewer zum einen mit organisatorischen Problemen vertraut sein und zum anderen die Interviewtechnik beherrschen. Neben der Kontaktfähigkeit und der Fähigkeit, sich auf unterschiedliche Personen einzustellen und eventuelle Spannungen und Provokationen auszugleichen, müssen Interviewer neutral auftreten und unvoreingenommen sein. Insbesondere die Arbeit mit teil- und wenig standardisierten Interviews erfordert sprachliche Beweglichkeit, die Fähigkeit, Fragen selbst formulieren zu können und auf unklare und ausweichende Antworten durch Nachfragen zu reagieren.

(4) Fragetechnik

Der Einsatz der Erhebungstechnik Interview setzt Kenntnisse der Fragetechnik voraus, denn die Formulierung von Fragen kann unterschiedlich erfolgen. Da sich Fragen hinsichtlich Umfang oder Länge und Verständlichkeit unterscheiden können und entweder objektive Aussagen oder Einschätzungen des Befragten erhoben werden sollen, sind Fragen nicht richtig oder falsch, sondern nur zweckmäßig oder unzweckmäßig. Dennoch haben sich in der praktischen Organisations- und Projektarbeit einige Regeln oder Fragetypen herauskristallisiert (s. dazu z. B. *Mayntz/Holm/Hübner* 1978, S. 106 ff.; *Friedrichs* 1985, S. 192 ff.; *Atteslander* 2003, S. 161 ff.):

Für den Befragten sind **kurze und konkrete Fragen** verständlicher, und er wird nicht überfordert. Je prägnanter die Frage gestellt ist, desto größer ist die Chance, dass auch die Antwort kurz und präzise ausfällt. **Kettenfragen,** d. h. die unzusammenhängende Reihung mehrerer Fragen, ohne dass der Befragte zwischendurch antworten kann, und **Unterfragen,** d. h. die Detaillierung einer Frage, verwirren den Befragten und führen dazu, dass er Teile der Frage vergisst. Bewusst oder unbewusst antwortet er nur auf solche Teile der Frage, die er sich gemerkt hat. Werden zwar einzelne aber vom Sinngehalt gleiche Fragen mehrfach hintereinander gestellt, entsteht beim Befragten der Eindruck, dass eine einmal gegebene Antwort überprüft werden soll. Solche Kontrollfragen können in Ausnahmesituationen erforderlich sein, grundsätzlich sind jedoch **redundante Fragen** zu vermeiden. Ist der Interviewer an exakten Mengen- und Ortsangaben oder an einer eindeutigen Zustimmung (Ja) oder Ablehnung (Nein) interessiert, dann sind **geschlossene Fragen** zu stellen. Geht es jedoch in erster Linie um Erklärungen, bei denen der Befragte seine Antwort frei formulieren soll, bieten sich **offene Fragen** an. Sie enthalten keine festen Antwortmöglichkeiten, sondern sie wecken die Auskunftsbereitschaft und geben Raum für neue Gesichtspunkte. Grundsätzlich sollten in einem Interview **Skalafragen** vermieden werden. Fragen wie z. B. "Erledigen sie den Vorgang immer - häufig - gelegentlich - selten - nie so?" führen dazu, dass sich der Befragte meistens nicht die gesamte Skala, sondern nur einzelne Merkmale der Skala merken kann, also z. B. "immer" oder "nie", und dementsprechend antwortet. Würde er diese Skala vor sich sehen, wie beispielsweise bei einer schriftlichen Befragung, würde die Antwort vielleicht anders ausfallen. Dazu kommt noch, dass bei solchen Skalen häufig eine eindeutige Trennung, beispielsweise zwischen "gelegentlich" und "selten" nur schwer möglich ist. Um der Gefahr einer Beeinflussung aus dem Wege zu gehen, sollten **suggestive Fragen** vermieden werden. Solche Fragen führen dazu, dass der Befragte häufig das antwortet, was der Interviewer offensichtlich hören möchte, auch wenn er vielleicht selbst nicht dieser Ansicht ist. Grundsätzlich sollten Fragen so formuliert sein, dass sie von den Befragten auch tatsächlich verstanden werden. Abkürzungen und unbekannte Begriffe sind zu vermeiden oder zu erläutern, da die Befragten nicht immer zu erkennen geben, dass sie etwas nicht verstanden haben, aber dennoch antworten.

(5) Interviewort

Das Interview sollte nach Möglichkeit am Arbeitsplatz des Befragten, d. h. in der ihm vertrauten Umgebung stattfinden. An diesem Interviewort fühlt sich der Befragte sicher. Bei Bedarf kann er auf praktische Beispiele seiner Arbeitssituation eingehen, z. B. Werkstücke und Unterlagen zeigen und Arbeitsgänge vorführen. Der Befragte hat damit die Möglichkeit, seine Aussagen zu untermauern, und der Interviewer erhält so eine bessere Vorstellung von der zu untersuchenden Situation. Interviews am Arbeitsplatz lassen es ferner zu, dass man Informationen außer durch (Be-)Fragen noch durch Beobachten (s. dazu 4.1.3) gewinnt. Selbst ungewollt erhält der Interviewer einen Einblick in die Bedingungen des Arbeitsplatzes, denn der Arbeitsstil, Besucher- und Telefonhäufigkeiten sowie eingesetzte Sachmittel bleiben dem Interviewer nicht verborgen. Hat der Befragte Kundenkontakt oder befindet sich sein Arbeitsplatz in einem Mehrpersonenbüro, dann sollte das Interview in einem dem Arbeitsplatz nahe gelegenen Besprechungsraum stattfinden. So können Störungen durch Unterbrechungen ausgeschlossen werden, und der Befragte antwortet freier ohne Anwesenheit von Kollegen. Der Besprechungsraum in der Nähe des Arbeitsplatzes des Befragten gibt ihm noch immer das Gefühl des Heimvorteils. In keinem Fall sollte das Interview am Arbeitsplatz des Interviewers stattfinden. Dies ist für den Befragten ungewohntes Terrain, und dabei kann leicht der Eindruck entstehen, zum Interview zitiert worden zu sein.

(6) Interviewzeitpunkt und Interviewdauer

Da Interviews sowohl vom Interviewer als auch vom Befragten Konzentrationsfähigkeit verlangen, sollte auf einen entsprechenden Interviewzeitpunkt und auf die Interviewdauer geachtet werden. Wenn es sich einrichten lässt, sollten Interviews nicht sofort (morgens) nach Aufnahme der Arbeit, nicht unmittelbar vor Pausen und nicht kurz vor Feierabend stattfinden. Hat der Befragte gerade erst seine Arbeit aufgenommen oder stellt er sich auf Pausen oder das Arbeitsende ein, ist die Bereitschaft, Rede und Antwort zu stehen, entsprechend gering. Die Dauer des Interviews hängt auch von der Anzahl und dem Schwierigkeitsgrad der Fragen ab, sollte jedoch nicht länger als 45 Minuten dauern. Interviewer und Befragter sollten den Zeitpunkt des Interviews miteinander vereinbaren. Dabei muss der Befragte über den Zeitpunkt entscheiden können, da er am besten beurteilen kann, wann dafür die günstigste Zeit ist. Damit der Befragte seine eigene Planung anpassen kann, ist er bereits bei der Terminvereinbarung über die voraussichtliche Dauer des Interviews zu informieren.

(7) Dokumentation des Interviews

Schon während der Befragung muss der Interviewer eine Dokumentation des Interviews vornehmen. Bei einem voll standardisierten Interview beschränkt sich die Dokumentation in der Regel auf das Ankreuzen der vom Befragten abgegebenen Antworten. Bei teil- oder wenig standardisierten Interviews ist die Dokumentation ungleich schwieriger. Der Befragte geht lediglich mit dem Interviewleitfaden in das Gespräch. In diesem Fall muss sich der Interviewer während des Interviews stichwortartige Notizen erstellen. Dabei ist es nicht erforderlich, dies so zu tun, dass es dem Befragten verborgen bleibt. Der Interviewer sollte im Gegenteil deutlich darauf hinweisen, dass er die Antworten (stichwortartig) festhält, denn der Befragte erkennt daran, dass seine Aussagen oder Angaben gewünscht sind und ernst genommen werden. Werden mehrere Interviews hintereinander vorgenommen, dann ist zwischen den einzelnen Interviews ausreichend Zeit für die Erstellung eines Gesprächsprotokolls vorzusehen. Der Versuch, nach einer Interviewserie mehrere Gesprächsprotokolle zu erstellen, unterliegt der Gefahr, dass sich die Inhalte selbst bei Notizen in jedem einzelnen Interview danach vermischen und solche Protokolle entsprechend ungenau werden. Von Tonbandaufzeichnungen oder einem zusätzlichen Protokollanten während des Interviews ist abzusehen. Selbst wenn der Befragte dem zustimmen sollte, entsteht immer der Eindruck, dass die dritte Person oder das Aufzeichnungsgerät nur dazu dient, später Aussagen beweisen oder bestätigen zu können. Der Befragte wird daher entsprechend taktieren und vorsichtig formulieren (vgl. *Macoby/Macoby* 1974, S. 67 ff.; *Sheatsley* 1974, S. 130 ff.; *Wittlage* 1993, S. 60 f.).

(8) Anzahl der gleichzeitig zu befragenden Personen

Da Interviews grundsätzlich nur von einem Interviewer geführt werden sollten, stellt sich die Frage nach der Anzahl der gleichzeitig zu befragenden Personen. Werden in den Interviews problematische, kritische und heikle Fragen angesprochen, dann ist auf jeden Fall ein Gespräch unter vier Augen zu führen. Das **Einzelinterview** hat den Vorteil, dass sich der Interviewer auf den Befragten konzentrieren kann und ein vertrauliches Klima entsteht. Der Befragte ist dann auch eher bereit, Ansichten und Meinungen zu vertreten und Stellungnahmen abzugeben, wenn er mit dem Interviewer allein ist. Ein **Gruppeninterview** bietet sich dann an, wenn mehrere Personen zu einem Fragenkomplex Informationen geben können. Darüber hinaus wird die Möglichkeit, durch ein "Interview in Gruppensituationen" (*Scheuch* 1973, S. 127) Zeit zu sparen, häufig als Argument angeführt. Muss der Interviewer jedoch mehr als eine Person zur gleichen Zeit befragen, ergeben sich häufig Diskussionen zwischen den Befragten. Neben der Schwierigkeit dies während des Interviews zu dokumentieren, können eventuell ausgetragene Meinungsverschiedenheiten auch das Antwortverhalten der Teilnehmer beeinflussen. Personen, die sich gerne in den Vordergrund drängen, können solche Interviews dominieren. Nicht immer kann geprüft werden, ob deren Antworten von den anderen eher ruhigen Teilnehmern mitgetragen werden. Die Frage, ob Schweigen als Zustimmung oder Ablehnung zu interpretieren ist, kann nicht eindeutig beantwortet werden. Grundsätzlich ist daher festzustellen, dass sich die Antworten der Befragten in einer für den

Interviewer nicht zu kontrollierenden Art und Weise beeinflussen. Im Vergleich zum Einzelinterview werden jedoch im Gruppeninterview durch soziale und sprachliche Barrieren Antworten eher zurückgehalten. Unterschiedliche Persönlichkeiten als Gesprächspartner können es dem Interviewer erschweren, zielgerichtet zu den gewünschten Informationen zu gelangen. Wenn sich Gruppeninterviews aus organisatorischen Gründen nicht vermeiden lassen, sollten möglichst homogene Gruppen gebildet werden. Sind beispielsweise unterschiedliche Hierarchieebenen in der Gruppe der Befragten vertreten, kann das bei einzelnen Teilnehmern zu Dominanzverhalten und bei anderen Teilnehmern zur Zurückhaltung führen. Wenn keine gravierenden zeitlichen Argumente dagegen sprechen, sollte daher immer versucht werden, mit Einzelinterviews zu arbeiten.

Beurteilung

Die **Vorteile** der mündlichen Befragung liegen darin, dass mit dieser Erhebungstechnik auf alle Inhalte eingegangen werden kann. Es besteht keine Vorschrift, dass das Interview nur bei bestimmten Untersuchungsfragen eingesetzt werden darf. Neben Sachfragen können selbst heikle, emotionsgeladene Fragen angesprochen werden. Die Fragen lassen sich der Besonderheit der Situation, der Art der Aufgabe und insbesondere dem Niveau der Befragten anpassen. Bei einer Befragung am Arbeitsplatz des Befragten kann sich der Interviewer zusätzlich einen Einblick über die Arbeitssituation des Befragten machen. Durch den persönlichen Kontakt erschließt sich dem Interviewer auch das Ausmaß der Aufgeschlossenheit der Betroffenen für das organisatorische Problem und dessen Bewältigung oder Lösung. Der zeitliche Vorteil lässt sich nur getrennt nach Vorbereitung und Auswertung beurteilen. Während beim wenig standardisierten Interview der Zeitaufwand für die Vorbereitung relativ gering ist, liegt der zeitliche Vorteil des voll standardisierten Interviews bei der Auswertung (s. dazu z. B. *Acker* 1973, S. 22 f.; *Blum* 1991, S. 44 f.).

Hinsichtlich des Zeitaufwandes verhalten sich die **Nachteile** der mündlichen Befragung genau umgekehrt. So ist beim wenig standardisierten Interview der Zeitaufwand für die Dokumentation und Auswertung sehr hoch, während beim voll standardisierten Interview die Vorbereitung zeitaufwendiger ist. Bei Interviews ist eine grundsätzliche Skepsis gegenüber Mengen- und Zeitangaben der Befragten angebracht. Dies hat weniger mit der Gefahr zu tun, dass Befragte wissentlich falsche Angaben machen, sondern ist darauf zurückzuführen, dass es sich dabei immer um subjektive Einschätzungen handelt. Die Gefahr der Ungenauigkeit ergibt sich vielfach auch dadurch, dass sich solche Angaben auf bereits zurückliegende Zeitabschnitte beziehen. Um bewussten aber auch unbewussten Verfälschungen aus dem Wege zu gehen, sollten alle Angaben, die sich (exakt) messen lassen, wenn möglich nicht erfragt werden. Die im Interview angetroffene Situation darf vom Interviewer nicht als repräsentativ angesehen werden. In jedem Interview hört und sieht der Interviewer lediglich einen kleinen vom Befragten subjektiv erlebten und beschriebenen Ausschnitt der Ist-Situation. Ein weiterer Nachteil der mündlichen Befragung liegt in der Zeitdauer und in der Koordination, wenn ein großer Personenkreis zu befragen ist. Werden darüber hinaus mehrere Interviewer eingesetzt, ist die Vergleichbarkeit der Befragungsergebnisse problematisch. Der insgesamt eher hohe Aufwand für die Durchführung kann dazu führen, die mündliche Befragung eher bei einem kleineren Kreis von Befragten einzusetzen (s. dazu z. B. *Acker* 1973, S. 23 f.).

4.1.2 Schriftliche Befragung

Beschreibung
Die schriftliche Befragung entspricht weitgehend dem voll standardisierten Interview. Der wesentliche Unterschied besteht darin, dass den Befragten die ausformulierten Fragen nicht vorgelesen werden, sondern jeder Befragte des Untersuchungsbereiches einen Fragebogen erhält und die Antworten selbst einträgt.

Dies kann in der Form geschehen, dass eine **Versendung der Fragebogen** erfolgt und der ausgefüllte Bogen bis zu einem angegebenen Termin zurückzusenden ist. Wird die schriftliche Befragung innerhalb eines Unternehmens eingesetzt, z. B. bei internen Projekten (s. dazu Kap.3), besteht bei dieser Form der Befragung die Gefahr, dass sich die Befragten des Untersuchungsbereiches vor ihrer Beantwortung abstimmen. Darüber hinaus existiert das Risiko einer geringen Rücklaufquote, da die Rücksendung entweder aus Gedankenlosigkeit vergessen oder aber der Fragebogen bewusst nicht ausgefüllt und zurückgegeben wird, aus Furcht, die Antworten könnten Rückschlüsse auf die Person des Befragten zulassen. Bei der Zustellung der Fragebogen besitzt der Befrager auch keine Möglichkeit mehr auf Rückfragen der Befragten einzugehen. Die schriftliche Befragung kann daher auch in der Form stattfinden, dass die Befragten den **Fragebogen in Gegenwart eines Befragers ausfüllen**. Dieser kann einleitende Erläuterungen geben und bei Verständnisfragen erklärend eingreifen. Der Befrager stellt im Übrigen auch sicher, dass jeder Befragte den Bogen für sich ausfüllt und keine kollektive Beantwortung erfolgt. Die Praxis zeigt, dass die Rücklauf- bzw. Rückgabequote bei dieser Form der schriftlichen Befragung bei nahezu hundert Prozent liegt (vgl. *Atteslander* 2003, S. 158 f. und S. 178 ff.).

In der Praxis werden oft **Standardfragebogen** entwickelt, die im Gegensatz zu funktionsbezogenen Bogen mehrmals zum Einsatz kommen. Solche Standardfragebogen sind besonders geeignet bei Erhebungen zu allgemeinen Organisationsfragen und immer wiederkehrenden Organisationsvorhaben wie z. B. Um- oder Neubauten, Bezug anderer Büroräume, Einführung von Hard- und/oder Software. Für solche Standardfragebogen sprechen der dann relativ geringe Aufwand zur Vorbereitung der schriftlichen Befragung und die bereits existierenden Erfahrungen mit der Auswertung. Dem steht entgegen, dass die Fragen nicht auf die spezifischen Ziele und Bedürfnisse eines bestimmten Organisationsvorhabens ausgerichtet sind.

Schriftliche Befragungen erweisen sich als besonders leistungsfähig, weil damit eine wesentlich größere Zahl von Personen in deutlich kürzerer Zeit als beim Interview befragt werden kann. Der Aufwand für die Erstellung des Fragebogens ist jedoch im Vergleich zum wenig standardisierten Interview deutlich höher.

Vorgehen
Der **Verlauf einer schriftlichen Befragung** lässt sich in folgende Schritte unterteilen:

(1) Vorbereitungen
Im Rahmen der Vorbereitungen wird zunächst durch die Bestimmung der Systemgrenzen der Untersuchungs- und damit auch der Erhebungsbereich festgelegt. Aus dem Ziel der Untersuchung ergeben sich das Befragungsziel und die Befragungsinhalte sowie der Kreis der Befragten. Bei einer schriftlichen Befragung sollte darauf geachtet werden, dass der

Kreis der Befragten relativ homogen ist. Dadurch lässt es sich vermeiden, den Fragebogen durch spezielle Fragen und besondere Erläuterungen, die nur für einige Befragte gelten, zu sehr differenzieren zu müssen. Die inhaltliche Vorbereitung des Fragebogens erfordert eine vorherige Auseinandersetzung mit dem Untersuchungsbereich. Dies kann beispielsweise durch wenig standardisierte Interviews mit ausgewählten Personen des Untersuchungsbereiches (s. 4.1.1), durch (unstrukturierte) Beobachtungen (s. 4.1.3) oder durch ein Dokumentenstudium (s. 4.1.6) geschehen. Damit lässt sich der Themenbereich des Fragebogens genauer eingrenzen und die Erstellung des Fragebogens wird erleichtert.

Der **Fragebogen besteht aus drei Teilen** (s. dazu z. B. *Friedrichs* 1985, S. 237 ff.; *Schmidt* 2000, S. 182 f.):

- **Begleitschreiben**
  Das Schreiben soll den Befragten zur Mitarbeit motivieren. Es informiert in knapper Form über die Gründe, Ziele und die Vorgehensweise der Untersuchung. Bereits in diesem Schreiben ist die Vertraulichkeit (Anonymität) der Befragung zuzusichern. Wird der Fragebogen den Befragten zugeschickt, ist ein Rückgabetermin anzugeben.

- **Fragebogen**
  Eindeutige Formulierungen und standardisierte Antwortmöglichkeiten im Fragebogen erleichtern die Beantwortung und die spätere Auswertung. Ein Fragebogen sollte nicht zu viele Fragen beinhalten, da mit der Anzahl der Fragen die Bereitschaft zum Ausfüllen abnimmt. Der Inhalt des Fragebogens darf nicht dazu führen, dass der Befragte die Beantwortung abbricht. Der Fragebogen ist äußerlich so zu gestalten, dass eine übersichtliche Anordnung der Fragen und der Antwortmöglichkeiten gegeben ist. Die Fragen sind optisch zu trennen, so dass nicht zu viele Fragen auf einer Seite angeordnet sind. Um eine lückenlose Beantwortung und eine reibungslose Auswertung zu ermöglichen, sind die Fragen zu nummerieren. Bei offenen Fragen muss der Befragte ausreichend Platz für die Beantwortung zur Verfügung haben. Wird mit Skalen gearbeitet, sind die Antwortmöglichkeiten optisch deutlich voneinander zu trennen, damit eine eindeutige Beantwortung möglich ist. Soll der Fragebogen rechnergestützt ausgewertet werden, ist eine Codierspalte vorzusehen. Erfolgt die Befragung durch Zusendung des Fragebogens, ist ein Rückumschlag beizulegen, der bereits mit der betrieblichen Rücklaufadresse versehen ist, damit die ausgefüllten Fragebogen auf dem schnellsten (innerbetrieblichen) Postweg zurückgegeben werden können.

- **Anleitung zum Ausfüllen des Fragebogens**
  Eine verständliche Anleitung zum Ausfüllen ist am besten an den entsprechenden Stellen im Fragebogen einzuarbeiten. Der Befragte soll vom Fragebogen selbst geführt werden, d. h. es sind beispielsweise eindeutige Hinweise zu geben, an welcher Stelle mit der Beantwortung fortzufahren ist, wenn bestimmte Fragen für den Befragten nicht zutreffen. Bei den einzelnen Fragen und den Antwortvorgaben ist dem Befragten jeweils deutlich zu sagen, was er zu tun hat (z. B. Zutreffendes ankreuzen, Nichtzutreffendes streichen).

Auch beim Fragebogen ist auf eine bestimmte **Fragetechnik** zu achten. Selbstverständlich sollten auch diese Fragen, wie bei der Technik der mündlichen Befragung, die Sprache der Befragten sprechen, kurz, frei von Redundanzen und nicht suggestiv sein. **Offene Fragen** ermöglichen eine ungebundene Beantwortung. Sie sind dann zu verwenden, wenn differenzierte Informationen und insbesondere Anregungen zu einzelnen Aspekten erwartet werden. Offene Fragen sind jedoch wegen der individuellen Vielfalt der Antworten schwieriger und zeitaufwendiger auszuwerten. **Geschlossene Fragen** geben Antwortmöglichkeiten vor und erleichtern die Auswertung erheblich. Dabei können folgende **Antwortmöglichkeiten** vorgegeben werden:

- **Ja/Nein-Beantwortung**
  Fragen mit einer solchen Antwortmöglichkeit eigenen sich für die Erhebung eindeutiger organisatorischer Sachverhalte. Auf differenzierte Antwortmöglichkeiten wird verzichtet. Zusatzinformationen und Erläuterungen sind nicht gewollt.

- **Verbale Antwortvorgaben**
  Dem Befragten sind inhaltlich und sprachlich vorformulierte für ihn bindende Antwortalternativen vorgegeben.

- **Numerische Antwortvorgaben**
  Dem Befragten sind mengenmäßig vorgegebene für ihn bindende Antwortkategorien vorgegeben.

- **Kombinierte Antwortvorgaben**
  Bei einem sehr umfangreichen Katalog von Fragen kann es sinnvoll sein, den Fragebogen optisch zu verkürzen und durch die kompakte Form die Bereitschaft der Befragten zum Ausfüllen zu erhöhen. Dies lässt sich dadurch erreichen, dass durch verbale und numerisch kombinierte Antwortvorgaben mehrere Fragen zusammengefasst werden können.

Vor der eigentlichen Befragung findet ein **Pretest** statt. Das Ziel dieser Probebefragung ist die Überprüfung, ob die Fragen verständlich, die verwendeten Ausdrücke eindeutig und die Antwortmöglichkeiten klar und eindeutig abgegrenzt sind. Der Pretest gibt darüber hinaus Auskunft, wie viel Zeit zum Ausfüllen des Fragebogens benötigt wird. Nach diesem Test muss der Fragebogen korrigiert werden. Vom Ausmaß der erforderlichen Korrekturen hängt es ab, ob ein zweiter Pretest erforderlich ist (vgl. *Friedrichs* 1985, S. 245).

Nachdem das Begleitschreiben, der Fragebogen und die Anleitungen zum Ausfüllen des Fragebogens erstellt sind, der Pretest erfolgt ist und die eventuell erforderlichen Zustimmungen zur Durchführung einer schriftlichen Befragung bei Betriebs- oder Personalrat und Vorgesetzten eingeholt sind, sollten die zu befragenden Mitarbeiter vorab über Sinn, Ziel und Durchführung der Untersuchung und der Befragung informiert werden. Geschieht diese **Information der Mitarbeiter** unter der für alle erkennbaren Mitwirkung der Geschäftsleitung, werden einerseits die Personen, die diese Untersuchung durchführen, gegenüber den zu befragenden Mitarbeitern autorisiert und andererseits erkennen die Mitarbeiter den Stellenwert der Untersuchung und die Bedeutung der Fragebogenaktion.

(2) Durchführung
Erfolgt die Durchführung der schriftlichen Befragung in der Form, dass die Befragten den Fragebogen in Gegenwart von Organisatoren ausfüllen, dann sind mit der Gruppe der zu Befragenden Termine und Orte zu vereinbaren. Werden den zu Befragenden die Fragebogen zugestellt, dann sollten für eventuell auftretende Rückfragen während der Durchführung

der Befragung Ansprechpartner benannt werden. In dem Zeitraum bis zur beginnenden Auswertung erfolgt der Rücklauf (zeitlich) uneinheitlich. Wegen der Anonymität der Befragung lässt sich der Rücklauf nur anzahlmäßig kontrollieren. Je nach der Rücklaufquote sollte nach dem offiziellen Rückgabetermin nochmals um das Ausfüllen und die Rückgabe der noch ausstehenden Fragebogen gebeten werden.

(3) Auswertung
Die Auswertung (Analyse) besteht darin, die Antworten zu den Fragen in Form von Durchschnitts- oder Anteilswerten zu bündeln, und erfolgt in der Regel rechnerunterstützt. Bestimmte Ergebnisse können damit auch graphisch aufbereitet werden. Die in der Auswertung gewonnenen Daten werden in der Würdigung (s. dazu 3.2.1.2) interpretiert bzw. bewertet.

Beurteilung
Die wesentlichen **Vorteile** der schriftlichen Befragung bestehen darin, dass durch das Ausfüllen der Fragebogen die Dokumentation von den Befragten selbst vorgenommen wird. Es sind daher auch keine gesonderten Erhebungspersonen erforderlich. Der Interviewer als eine beeinflussende Quelle fällt weg. Da die Befragten genügend Zeit haben, können sie sich beim Ausfüllen Gedanken machen und eventuell erforderliche Informationen zusammentragen. Die abgegebenen Auskünfte sind damit ausgewogener als in Interviews. Da die eigentliche Durchführung der schriftlichen Befragung schneller erfolgt als bei der mündlichen Befragung, liegen die Auskünfte und Informationen im Vergleich zur mündlichen Befragung schneller zu einem bestimmten Stichtag vor, so dass auch eher eine zeitpunktbezogene Erhebung möglich ist. Mündliche Befragungen können sich dagegen über einen längeren Zeitraum hinziehen, so dass die aufgenommenen Daten nicht immer einen Überblick bieten über den Zustand des Untersuchungsbereichs zu einem bestimmten Zeitpunkt. Die schriftliche Befragung hat ferner den Vorteil, dass einmal gemachte Angaben später nicht mehr dementiert werden können. Darüber hinaus lassen sich vielbeschäftigte und häufig abwesende Mitarbeiter leichter erreichen als bei der mündlichen Befragung. Falls in der Erhebung Anonymität verlangt wird, kann dies durch eine schriftliche Befragung gewährleistet werden. Durch den wegen der maschinellen Auswertung geringen Zeitaufwand stehen auch die Ergebnisse schneller zur Verfügung (s. dazu z. B. *Acker* 1973, S. 18 f.; *Friedrichs* 1985, S. 237; *Blum* 1991, S. 45; *Schmidt* 2000, S. 184 f.).

Einer der **Nachteile** der schriftlichen Befragung besteht in der geringen Motivation der Befragten, wenn Vorabinformationen fehlen oder unzureichend sind. Da nicht wie bei der mündlichen Befragung ein Interviewer direkten und persönlichen Kontakt zum Befragten hat, ist es für den Befragten leichter, die Beantwortung bestimmter Fragen auszulassen oder sich der Teilnahme ganz zu entziehen. Werden den Befragten die Fragebogen zugestellt, besteht die Gefahr, dass das Ausfüllen der Fragebogen delegiert wird oder gemeinschaftlich bzw. zentralisiert erfolgt. Mögliche Absprachen bei der Beantwortung verfälschen oder manipulieren und entsprechen damit nicht der Ist-Situation. Unvollständige, unrichtige und offensichtlich missverstandene Beantwortungen würden Rückfragen erforderlich machen. Im Gegensatz zum Interview sind diese bei einer anonymen Befragung jedoch nicht (mehr) möglich (s. dazu z. B. *Acker* 1973, S. 19 f.; *Friedrichs* 1985, S. 237; *Wittlage* 1993, S. 64).

4.1.3 Beobachtung

Beschreibung
Die Beobachtung ist eine Erhebungstechnik, bei der die zielgerichtete Erfassung der Ist-Situation durch sinnlich wahrnehmbare Tatbestände und Prozesse erfolgt, d. h. in der Regel optisch und eventuell akustisch ohne verbale Auskünfte durch den oder die Beobachteten. Fließen wahrgenommene Informationen vom beobachteten Sachverhalt bzw. Prozess und den daran Beteiligten zum Beobachter, liegt eine **Fremdbeobachtung** vor. Diese Beobachtung lässt keine Aussagen zu über Ursachen und Zielsetzungen des Beobachtungsgegenstandes. Der Beobachter erhält keine Auskünfte über Sinnzusammenhänge, sondern lediglich über das tatsächliche ('offensichtliche') Verhalten.

Abhängig von der Vorgehensweise und von der Stellung des Beobachters zum Beobachtungsgegenstand oder beobachteten Verhalten lassen sich mehrere **Beobachtungsformen** unterschieden (vgl. *Mayntz/Holm/Hübner* 1978, S. 90 ff.; *Friedrichs* 1985, S. 272 f.; *Atteslander* 2003 S. 104 ff.):

- **Strukturierte und unstrukturierte Beobachtung**
  Die **strukturierte Beobachtung** zeichnet sich dadurch aus, dass der Beobachter seine Beobachtungen nach vorher festgelegten Kategorien an vorgegebenen Personen oder Sachverhalten zu festgelegten Zeitintervallen vornimmt und in vorgegebenen Formen dokumentiert. Beim Einsatz mehrerer Beobachter sichern diese Kriterien ein einheitliches Vorgehen bei der Erfassung. Ein Beispiel für strukturierte Beobachtungen ist das Multimomentverfahren (siehe unter Vorgehen).
  Die **unstrukturierte Beobachtung** konzentriert sich auf vorgegebene grobe Hauptkategorien. Die Beobachtungseinheiten und die zeitliche und räumliche Reihenfolge sowie die Dokumentation der beobachteten Vorgänge sind weitgehend in das Ermessen des Beobachters gestellt. Er kann damit auch unvorhergesehene Ereignisse in die Beobachtung einbeziehen. Die Zeitdauer der Beobachtung hängt von der Vielfalt der Beobachtungskategorien (z. B. Aufgaben, Arbeitsabläufe) ab. Bei der **Begehung** trägt der Beobachter im Rahmen eines Rundgangs die aus seiner Sicht für das organisatorische Vorhaben bedeutenden Informationen zusammen. Bei der **Dauerbeobachtung** hält sich der Beobachter kontinuierlich über mehrere Tage an räumlich begrenzten Arbeitsplätzen auf, um Zustände und Bewegungen (z. B. Aufgaben, eingesetzte Hilfsmittel, Störungen und Umwelteinflüsse) festzuhalten. Um aus den zu beobachtenden Sachverhalten keine Fehlschlüsse zu ziehen, setzt dies beim Beobachter Kenntnisse der zu beobachtenden Aufgaben und Arbeitsabläufe voraus.

- **Offene und verdeckte Beobachtung**
  Bei der **offenen Beobachtung** gibt sich der Beobachter als solcher zu erkennen. Gegenüber den zu beobachtenden Personen tritt er als Untersuchender auf, d. h. die Mitarbeiter des Untersuchungsbereiches kennen den Zweck seiner Anwesenheit. Das bedeutet nicht, dass die Mitarbeiter die Ziele der Beobachtung kennen müssen. Es ist jeweils zu prüfen, inwieweit die Mitarbeiter darüber zu informieren sind, denn eine solche Information der zu beobachtenden Personen darf nicht dazu führen, dass sie die Beobachtungssituation verfälschen (können).
  Bei der **verdeckten Beobachtung** gibt sich der Beobachter nicht zu erkennen. Der Sinn einer verdeckten Beobachtung besteht darin, die zu beobachtende Situation nicht durch

den Untersuchenden zu verfälschen. Im Rahmen von Organisationsuntersuchungen dürfte den Mitarbeiter aber das Verhalten des Beobachters nicht verborgen bleiben, so dass es nahezu unmöglich ist, die Beobachtung vollkommen unbemerkt durchzuführen. Vermuten die Mitarbeiter aber in ihrem Bereich einen Beobachter, werden sich schon aus dieser Unsicherheit heraus Verhaltensweisen ergeben, die nicht mehr der Ist-Situation entsprechen. Aus diesem Grund ist es vorteilhafter die Beobachteten im Sinne einer vertrauensvollen Zusammenarbeit vorher über die Beobachtung in Kenntnis zu setzen. Für die praktische Organisationsarbeit ist die verdeckte Beobachtung weniger geeignet.

- **Aktiv teilnehmende und passiv teilnehmende Beobachtung**
  Eine **aktiv teilnehmende Beobachtung** liegt vor, wenn der Beobachter im Untersuchungsbereich für die Dauer der Beobachtung eine Rolle ausfüllt, die in der sozialen Konstellation der Beobachtungssituation bereits vorhanden ist. Das bedeutet, dass der Beobachter in der Regel aktiv im Untersuchungsbereich mitarbeitet und die Aufgaben oder Tätigkeiten eines Mitarbeiters übernimmt.
  Die **passiv teilnehmende Beobachtung** zeichnet sich dadurch aus, dass sich die Teilnahme des Beobachters ausschließlich auf das Beobachten selbst beschränkt.

Vorgehen
Der **Verlauf einer Beobachtung** lässt sich in mehrere Phasen unterteilen (vgl. *Atteslander* 1984, S. 162 ff.):

- **Vorphase der Beobachtung**
  Vor Beginn der Untersuchung müssen Informationen gesammelt werden über den zu beobachtenden Bereich. Der oder die Beobachter verschaffen sich ein Vorverständnis von den konkreten Eigenschaften und Eigenheiten des Untersuchungsbereiches. Dies geschieht bei Organisationsuntersuchungen häufig durch ein Dokumentenstudium (s. dazu 4.1.6). Auf der Basis der so gewonnenen Informationen geht es auch darum zu klären, welche Identität der Beobachter im Untersuchungsbereich einnehmen kann und soll. Im Vordergrund steht dabei die Problemstellung der Untersuchung. Danach ist zu entscheiden, ob der Beobachter die Informationen besser als verdeckter Beobachter erhält oder ob ihm die für alle Beobachteten erkennbare Identität als Untersuchender einen besseren Zugang zu den Informationen ermöglicht.

- **Erschließung des Untersuchungsbereiches**
  Der Beobachter muss bei den Personen, die ihm den Zugang zum Untersuchungsbereich ermöglichen, ein Interesse an seiner Teilnahme wecken. Bei Projekten und Organisationsuntersuchungen ist sowohl der Auftraggeber als auch der Antragsteller (s. dazu 3.1.4) an der Lösung des Problems interessiert und beide stellen den Zugang zum Untersuchungsbereich sicher. Gelingt es dem Beobachter deutlich zu machen, dass diese Art der Informationsgewinnung von der Problemstellung her sinnvoll ist, dann wird er im Rahmen der Beobachtung im Untersuchungsbereich nicht nur geduldet, sondern im Interesse der Problemlösung auch akzeptiert.

- **Eintritt in den Untersuchungsbereich**
  Wenn der Beobachter keine verdeckte Beobachtung beabsichtigt, dann erfolgt in der ersten Zeit des Beobachtungszeitraumes die Sozialisation. Für die Beobachteten ist er

ein Neuling, d. h. er sollte sich zurücknehmen und eine zwischen ihm und den zu Beobachtenden vorhandene Distanz nicht noch durch tatsächliches oder (noch) nicht vorhandenes Wissen über den Untersuchungsbereich vergrößern. Neben der Klärung seines Standortes für die Dauer der Beobachtung, z. B. in einem bestimmten Büro an einem bestimmten Arbeitsplatz, sollte er gegenüber den Beobachteten auch verdeutlichen, deren Identität zu respektieren. Den Mitarbeitern im Untersuchungsbereich ist vom Beobachter aus deutlich zu machen, dass es nicht seine Absicht und Aufgabe ist, beispielsweise wahrgenommene Aufgaben- und Kompetenzverteilungen zu verändern oder zu unterlaufen, sondern diese lediglich zu beobachten. Der Beobachter wird gerade in dieser Phase der Untersuchung erleben, dass auch er von den zu beobachtenden Personen beobachtet wird.

- **Hauptphase der Beobachtung**
  Obwohl mit zunehmender Dauer der Beobachtung in der Beziehung zwischen Beobachter und Beobachteten ein Gewöhnungseffekt eintritt, ist und bleibt der Beobachter ein Fremdkörper in der Ist-Situation. Neben der Frage, ob er nicht schon allein durch seine Anwesenheit die Ist-Situation verfälscht, sollte gerade der eintretenden Gewöhnung und den eventuellen Auswirkungen auf die Wahrnehmung beim Beobachter dadurch entgegengetreten werden, dass er seine Wahrnehmungen nicht nur protokolliert, sondern regelmäßig mit Außenstehenden bespricht.

- **Austritt aus den Untersuchungsbereich**
  Vor dem Ausscheiden aus dem Untersuchungsbereich sollte noch einmal überprüft werden, ob tatsächlich alle der Problemstellung entsprechenden und im Untersuchungsbereich zugänglichen Informationen gesammelt wurden oder fehlende Informationen eventuell zu ergänzen sind. In dieser Phase der Beobachtung sind sowohl die beobachteten Personen als auch die Personen, die den Zugang zum Untersuchungsbereich ermöglicht haben, über den Zeitpunkt und die Dauer einer Rückmeldung der Beobachtung zu informieren. Die Offenheit der betroffenen Personen gegenüber künftigen Untersuchungen kann nicht zuletzt auch dadurch gefördert werden, dass die Mitarbeiter des Untersuchungsbereiches über das informiert werden, was sie auch letztlich zur Verfügung gestellt haben. Ohne ihre Bereitschaft und Offenheit wäre der Untersucher nicht in den Besitz dieser Informationen gekommen.

Eine besondere Form der Beobachtung ist die **Multimomentaufnahme** (multi = viel; Moment = Augenblick). Das Ziel solcher Multimomentstudien besteht darin, aus einer Stichprobe, d. h. aus einer begrenzten Anzahl durchgeführter Kurzbeobachtungen, Rückschlüsse auf die Grundgesamtheit, d. h. auf die Gesamtheit aller Ereignisse, zu ziehen. Zwei **Arten der Multimomentaufnahme** lassen sich unterscheiden:

- **Multimoment-Häufigkeitsverfahren**
  Ereignisse bzw. Vorkommnisse werden zu zufällig bestimmten Zeitpunkten notiert. Durch das Zählen dieser zeitbenötigenden Tätigkeiten erhält man Auskunft über die Menge (absolute und prozentuale Häufigkeit) von Vorgängen.

- **Multimoment-Zeitmessverfahren**
  Dieses Verfahren ermittelt Zeitwerte (Minuten, Stunden) für ausgewählte Tätigkeiten durch zufällige Beobachtungen an festgelegten Zeitmesspunkten.

Bei beiden Arten der Multimomentaufnahme werden nur zu bestimmten Zeitpunkten Häufigkeiten von Ereignissen oder Zeitwerte ermittelt. Um dennoch einen Rückschluss auf die Gesamtheit der Ereignisse vornehmen zu können, geschieht dies mit einer bestimmten statistischen Sicherheit. Eine totale Sicherheit ließe sich nur mit einer Vollerhebung erreichen. Aus einer Stichprobe resultiert daher immer eine bestimmte Unsicherheit. Wird jedoch die statistische Sicherheit angegeben, ist daran die Zuverlässigkeit der Aussagen zu erkennen. Bei Multimomentstudien wird im Regelfall von einer statistischen Sicherheit bzw. Wahrscheinlichkeit von 95% ausgegangen. Dies bedeutet, in 95% der Fälle stimmen die ermittelten Ergebnisse, in 5% der Fälle kann es sein, dass der tatsächliche Wert lediglich in der Nähe des ermittelten Wertes liegt. Ergibt sich beispielsweise aus einer Stichprobe ein prozentualer Anteil der Tätigkeit 'Telefonieren' von 30% an der gesamten Arbeitszeit, so sagt die Multimomentstudie, dass der tatsächliche Anteil des Telefonierens mit einer Sicherheit von 95% und einer vom Beobachter gewählten Genauigkeit von z. B. 2% zwischen 28% und 32% liegt.

Eine Multimomentstudie lässt sich in die folgenden **Arbeitsschritte** unterteilen (vgl. *Haller-Wedel* 1962, S. 82 ff.; *REFA* 1992, S. 236 ff.):

(1) Festlegung der Ziele
In diesem ersten Schritt ist das Ziel der Multimomentstudie zu formulieren. Dabei werden auch die zugrunde liegenden Arbeitsplätze und die zu beobachtenden Sachmittel und Personen festgelegt. Ziele können z. B. sein, Zeitanteile für bestimmte Aufgabenarten an der Gesamtarbeitszeit oder den Grad der Auslastung von Mitarbeitern und Sachmitteln zu ermitteln.

(2) Festlegung der Ablaufarten bzw. Beobachtungsmerkmale
Es ist festzulegen, welche Merkmale für die Untersuchung von Bedeutung sind und in der Studie erhoben werden sollen. Diese Sachverhalte müssen für einen Beobachter eindeutig erkennbar sein und sich abgrenzen lassen, z. B. Schreiben, Telefonieren, Ablegen. Um den Umfang der Beobachtung nicht überproportional zu erhöhen, sollte nur eine begrenzte Anzahl von Beobachtungsmerkmalen aufgenommen werden.

(3) Festlegung des Rundgangsplans
In diesem Schritt erfolgt die Festlegung und skizzenmäßige Darstellung der Rundgangswege. In diesem Plan werden auch die Beobachtungsstandpunkte räumlich gekennzeichnet. Dies sind die Stellen, von denen aus die Beobachtung zum Zeitpunkt des Vorbeigehens erfolgt.

(4) Bestimmung des Beobachtungsumfangs
Die erforderliche Anzahl der Beobachtungen (n') hängt von einer gewünschten (vorgegebenen) Genauigkeit (f ') und dem Anteilswert (p) der einzelnen Beobachtungsmerkmale ab und kann mit Hilfe der Multimomenthauptformel berechnet werden.

$$n' = \frac{1{,}96^2 \cdot p \cdot (100 - p)}{(f')^2} \qquad n = \frac{1{,}96^2 \cdot p \cdot (100 - p)}{f^2}$$

n' = vermutlich erforderliche Anzahl der Beobachtungen
f ' = erwünschte bzw. vorgegebene Genauigkeit

n = Gesamtzahl der tatsächlich aufgenommenen Beobachtungen
f = berechnetes Streumaß, d. h. die absolute Fehlertoleranz von p in Prozent von n

p = Anteilswert der einzelnen Beobachtungen (Ergebnisanteil von n in Prozent)
Da der Wert p zu Beginn einer Multimomentstudie nicht bekannt ist, muss er geschätzt werden.

1,96 = Statistischer Sicherheitsfaktor, der bei einer Aussagewahrscheinlichkeit von 95% angewendet wird.

Die voraussichtlich erforderliche Zahl von Beobachtungen (n') kann bei einem vermutlichen Anteil einer Ablaufart (p) und einem erforderlichen Vertrauensbereich (f ') auch durch Ablesen aus einem **Nomogramm** (Abb. 4-3) ermittelt werden

Vorgehensweise:
1. *Auf der linken Skala den vermuteten (geschätzten) Anteil p = 30% der Ablaufart bzw. Tätigkeit festlegen.*
2. *Auf der mittleren Skala den erforderlichen Vertrauensbereich, d. h. die vorgegebene Genauigkeit, f ' = 2,5% festlegen.*
3. *Die beiden Punkte p und f ' durch eine Gerade verbinden und auf die rechte Skala verlängern.*
4. *Der entstehende Schnittpunkt (hier n' = ca. 1.300) gibt die Anzahl der erforderlichen Beobachtungen an.*

Die Anzahl der erforderlichen Rundgänge (R) ergibt sich aus der Anzahl der erforderlichen Beobachtungen (n') dividiert durch die Anzahl der pro Rundgang zu beobachtenden gleichartigen Stellen oder Arbeitsplätze (A). Je mehr gleichartige Arbeitsplätze sich bei einem Rundgang beobachten lassen, desto weniger Rundgänge sind erforderlich. Dies setzt jedoch voraus, dass sich an allen Arbeitsplätzen die gleichen Sachverhalte beobachten lassen. Alle Aussagen der Multimomentstudie gelten dann auch nur als Durchschnittswert für alle Arbeitsplätze. Wird für jeden einzelnen Arbeitsplatz eine bestimmte Aussagegenauigkeit angestrebt und unterscheiden sich die Arbeitsplätze voneinander, dann müssen an jedem Arbeitsplatz n Beobachtungen vorgenommen werden.

(5) Bestimmung der Zeitpunkte der Rundgänge
Nur wenn alle Merkmale die gleiche Chance haben, beobachtet zu werden, ist die statistische Sicherheit und Genauigkeit von Stichprobenergebnissen gewährleistet. Erfüllt wird diese Voraussetzung nur dann, wenn die Beobachtungen zufällig gewählt werden. Die Rundgänge pro Arbeitstag (R_T) ergeben sich aus der Anzahl der insgesamt erforderlichen Rundgänge (R) dividiert durch die für die Untersuchung vorgesehenen Arbeitstage (T). Mit Hilfe von Stunden-Minuten-Zufallszahlentafeln (vgl. *REFA* 1992, S. 249) oder per EDV-Zufallsgenerator sind dann die entsprechenden Uhrzeiten für den Beginn der Rundgänge zu ermitteln.

(6) Erstellung des Beobachtungsformulars
Um die Beobachtungen erfassen zu können, ist ein entsprechendes Formular erforderlich. In diesem Beobachtungsbogen müssen Felder für die Startzeiten der Rundgänge, Arbeitsplätze, Beobachtungsmerkmale, Bemerkungen und Auswertungen vorgesehen sein.

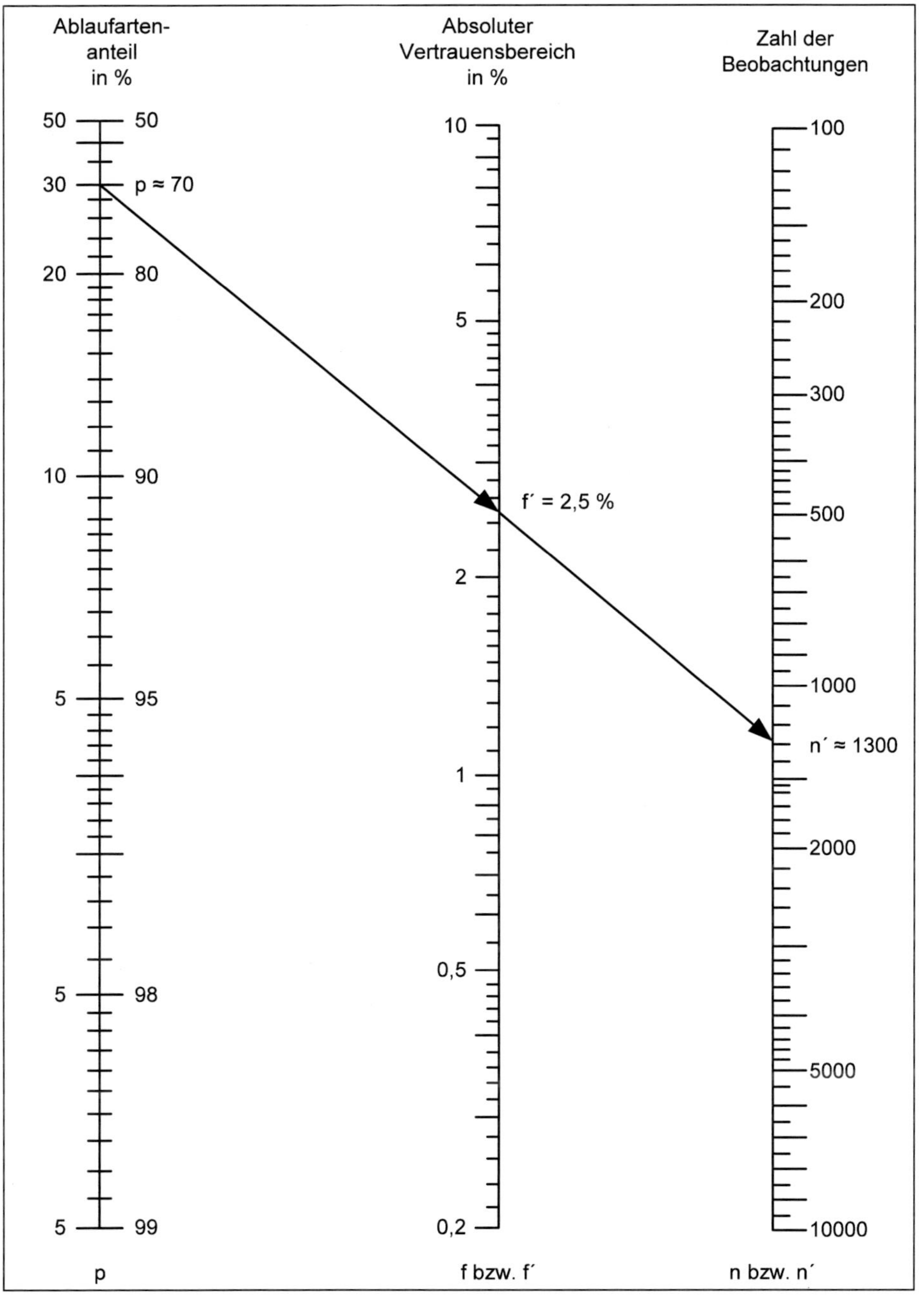

Abb. 4-3: Nomogramm für die Auswertung von Multimomentaufnahmen bei einer Aussagewahrscheinlichkeit von s = 95% (entnommen aus *REFA* 1992, S. 242)

(7) Durchführung der Erhebung
Die Multimomentstudie ist von ihrem Charakter her eine offene Beobachtung, d. h. die Beobachter sind von den Beobachteten als Untersucher zu erkennen. Die Betroffenen sind daher über die Zielsetzung der Untersuchung und die Art und Weise der Erhebung zu informieren. Sind Veränderungen von Arbeitsplätzen, -verfahren und -abläufen geplant, hat der Betriebsrat/Personalrat ein Recht auf Information und Beratung. Da Multimomentstudien in der Regel mit der Absicht derartiger organisatorischer Veränderungen erfolgen, ist die Arbeitnehmervertretung rechtzeitig einzuschalten und über die beabsichtigte Vorgehensweise zu unterrichten.

Zeitlich gesehen erfolgt die Durchführung der Rundgänge gemäß den Rundgangszeitpunkten, räumlich gesehen gemäß dem Rundgangsplan. Der Beobachter notiert auf dem Erhebungsbogen die im Augenblick seines Vorbeigehens am zu beobachtenden Arbeitsplatz von ihm beim ersten Hinsehen festgestellte Tätigkeit.

Vor Beginn der Erhebung sollten sich die Beobachter mit dieser Erhebungstechnik vertraut machen. Vor dem eigentlichen Start kann in Proberundgängen geprüft werden, ob die Beobachter die Merkmale richtig notieren. Bei diesen Proberundgängen besteht auch die Möglichkeit die Eignung des Beobachtungsformulars nochmals zu überprüfen.

(8) Auswertung der Multimomentaufnahme
In der Auswertung wird zunächst die Anzahl der Beobachtungen für jedes Merkmal ausgezählt und deren prozentualer Anteil an der Gesamtzahl der Beobachtungen ermittelt. Die erzielte Genauigkeit lässt sich aus dem Nomogramm (Abb. 4-3) ermitteln, indem die Gesamtzahl der Beobachtungen (rechte Skala) und der prozentuale Anteil des Merkmals (linke Skala) durch eine Gerade miteinander verbunden werden. Die erzielte Genauigkeit lässt sich dann aus dem Schnittpunkt der mittleren Skala ablesen.

Beurteilung
Die Beobachtung hat die **Vorteile**, dass die wahrgenommenen Vorgänge genau zum Zeitpunkt ihres Auftretens aufgenommen werden. Die Daten gelangen direkt, d. h. ohne Einschaltung eines Informanten, und damit unverfälscht zum Beobachter. Darüber hinaus vermitteln sich dem Beobachter die zu beobachtenden Tatbestände und Vorgänge unabhängig davon, ob die Beobachteten fähig und bereit sind, sie erkennbar zu machen. Die Beobachtung kann jederzeit unterbrochen und zu einem späteren Zeitpunkt wieder aufgenommen werden. Besonders für die Multimomentstudie gilt, dass der Arbeitsablauf nicht gestört wird, da nur jeweils Kurzbeobachtungen stattfinden und der Beobachtete keine Auskünfte erteilen muss. Bewusste oder unbewusste Verfälschungen lassen sich dadurch reduzieren. Da jede gewünschte Genauigkeit möglich ist, kann die Multimomentstudie sowohl für eine Grob- als auch für eine Detailuntersuchung eingesetzt werden (s. dazu z. B. *Wittlage* 1993, S. 70; *Schmidt* 2000, S. 187 u. 196).

Die **Nachteile** der Beobachtung liegen darin, dass die Vorgänge nur während ihres Geschehens beobachtet werden können. Da sich der Zeitpunkt des Auftretens nicht immer vorherbestimmen lässt, muss die Beobachtung oft über einen längeren Zeitraum vorgenommen werden, damit der Beobachter nicht auf Zufälligkeiten angewiesen ist. Die Erhebung von Daten durch die Technik der Beobachtung benötigt immer genau die Zeitdauer des zu beobachtenden Vorgangs. Darüber hinaus lässt sich nicht ausschließen, dass durch die Anwesenheit des Beobachters die Situation und die zu beobachtenden Personen beeinflusst werden. Die Anwesenheit des Beobachters kann bei den Beobachteten auch Abwehrhaltungen auslösen. Identifiziert sich der Beobachter mit den Beobachteten, besteht die Gefahr von Verfälschungen. Sind Beobachtungen nicht wahrscheinlichkeitstheoretisch abgesichert, können atypische Beobachtungszeitpunkte oder -zeiträume zu falschen Rückschlüssen führen. Speziell für die Multimomentstudie gilt, dass ein hoher Aufwand zur Auswertung der Beobachtungsprotokolle besteht. Darüber hinaus können die Ergebnisse Unsicherheiten aufweisen (s. dazu z. B. *Friedrichs* 1985, S. 287 f. u. 308 f.; *Wittlage* 1993, S. 70; *Schmidt* 2000, S. 187).

4.1.4 Selbstaufschreibung

Beschreibung
Die Selbstaufschreibung ist eine Technik zur Erhebung von Aufgaben bzw. Tätigkeiten, Zeiten und Mengen durch die Mitarbeiter des Untersuchungsbereiches. Bei dieser "personenbezogenen Selbstbeobachtung" (*Büchi/Chrobok* 1997, S. 172) werden die zu erhebenden Tatbestände vom Arbeitsplatzinhaber zeitgleich mit dem zu erfassenden Tatbestand festgehalten.

Es lassen sich zwei **Arten der Selbstaufschreibung** unterscheiden:

- **Unstrukturierte Selbstaufschreibung**
  Jeder Mitarbeiter notiert die im Laufe eines Tages anfallenden Aufgaben und die dafür benötigte Zeit in einem Erhebungsformular. Da jeder seine eigenen Begriffe verwendet, ist eine Kontrolle nur eingeschränkt möglich und die Auswertung sehr zeitaufwendig.

- **Strukturierte Selbstaufschreibung**
  Der strukturierten Selbstaufschreibung liegt ein vorab definierter Aufgabenkatalog zugrunde. Alle in diesem Katalog enthaltenen Aufgaben sind mit Schlüsselnummern versehen. Der Mitarbeiter trägt dann nur noch die Schlüsselnummern der von ihm ausgeführten Tätigkeiten und die dafür benötigten Zeiten ein.

Da der strukturierten Selbstaufschreibung der Vorzug zu geben ist, wird im Folgenden nur noch auf diese Art eingegangen.

Vorgehen
Für die Durchführung der Selbstaufschreibung müssen folgende **Voraussetzungen** gegeben sein:

- **Durchführbarkeit der Selbstaufschreibung**
  Da die Erhebung durch den Arbeitsplatzinhaber selbst erfolgt, muss er überhaupt in der Lage sein, parallel zur Ausführung der Tätigkeit auch noch die Aufschreibung vornehmen zu können. Eine Selbstaufschreibung ist dann nicht mehr durchführbar, wenn ein zu häufiger Wechsel zwischen vielen verschiedenartigen Tätigkeiten stattfindet.

- **Sicherstellung eines ausreichenden Genauigkeitsgrades**
  Der Genauigkeitsgrad orientiert sich an der Zielsetzung des organisatorischen Vorhabens. Die Berechnung der statistischen Sicherheit erfolgt nach den gleichen Grundsätzen wie beim Multimomentverfahren. Die Selbstaufschreibung ist nur geeignet, Arbeitsplätze mit nicht zu häufigem Tätigkeitswechsel ausreichend genau zu erfassen.

- **Unbeeinflussbarkeit der Zeitverteilung durch die Aufschreibung**
  Die Selbstaufschreibung ist nur dann einzusetzen, wenn die Aufschreibung den Mitarbeiter nicht zu viel Zeit kostet. Lässt sich auch bei optimaler Organisation der Selbstaufschreibung nicht vermeiden, dass die eigentliche Aufschreibung zu lange dauert und den Arbeitsfluss stört, dann führt gerade die Durchführung der Selbstaufschreibung zu einer zeitlichen Verfälschung der zu erhebenden Aufgaben. Um dies auszuschließen, darf der Zeitaufwand für die Aufschreibung im Verhältnis zum Zeitbedarf der auszuführenden Tätigkeit nicht ins Gewicht fallen.

Bei der Organisation und Durchführung der Selbstaufschreibung sollten folgende Punkte besonders beachtet werden:

- **Zweckentsprechender Selbstaufschreibungsbogen**
  Damit die aufzuzeichnenden Aufgaben und Tätigkeiten und die entsprechende Arbeitszeit schnell und übersichtlich eingetragen werden können, ist ein dem Untersuchungsbereich und Untersuchungsziel entsprechender Zeitaufnahmebogen einzusetzen. Dabei lassen sich zwei grundsätzliche Varianten unterscheiden (s. dazu z. B. *Wittlage* 1993, S. 72 ff.; *Schmidt* 2000, S. 201 ff.):

  - **Tagesberichte**
    Bei dieser Form der Selbstaufschreibung hält der Mitarbeiter seine während des Tages anfallenden Tätigkeiten und die dafür benötigte Zeit chronologisch fest. Da die Ergebnisse der Selbstaufschreibung nur dann aussagefähig sind, wenn sie über einen längeren Zeitraum erfolgen, müssen nach bestimmten Zeitabschnitten, beispielsweise nach einer Woche, durch Zusammenfassung der einzelnen Tagesberichte verdichtete Tagesberichte erstellt werden.

  - **Aufgaben- und Tätigkeitsberichte**
    Im Gegensatz zu den Tagesberichten erfolgt hier keine laufende, d. h. über einen längeren Zeitraum durchzuführende Aufzeichnung der Tätigkeiten, der dafür benötigten Zeiten und bearbeiteten Mengen. Die Mitarbeiter des Untersuchungsbereiches tragen lediglich auf der Basis eines Monats mit durchschnittlicher Beanspruchung für die im Bogen angegebenen Aufgaben und Tätigkeiten die dafür aufgewendeten Zeiten und bearbeiteten Mengen ein.

- **Vorkommniskatalog**
  Aus Platz- und Zeitgründen und wegen der Vergleichbarkeit können die jeweiligen Tätigkeiten vom Mitarbeiter im Erfassungsbogen nicht ausgeschrieben werden. Dem Mitarbeiter wird daher - im Regelfall auf der Rückseite des Erfassungsbogens - ein ausführlicher und aussagefähiger Tätigkeitenkatalog mit zugeordneten Schlüsselnummern mitgegeben. Nur so wird sichergestellt, dass einheitliche Begriffsinhalte zugrunde gelegt werden und entsprechende Eintragungen erfolgen, denn in den Bogen ist dann nur noch die der jeweiligen Tätigkeit entsprechende Schlüsselnummer und die dafür benötigte Zeit einzutragen. In einem solchen Katalog sind alle Tätigkeiten aufzunehmen, d. h. auch solche, die nicht einer Aufgabenerfüllung zugeordnet werden können, wie z. B. Besprechungen, Privatgespräche, Pausen. Die Verwendung eines solchen Vorkommniskatalogs setzt jedoch voraus, vor Beginn der Selbstaufschreibung alle an den zu untersuchenden Arbeitsplätzen in Frage kommende Tätigkeiten zusammenzustellen.

Für die Durchführung der Selbstaufschreibung ist es überdies von Bedeutung, dass das Ziel der Zeitermittlung mit dieser Erhebungstechnik nur dann erreicht wird, wenn die **Notierung der Tätigkeit zeitgleich mit der Ausführung der Tätigkeit** geschieht. Aufschreibungen, die im Nachhinein aus dem Gedächtnis erfolgen, beinhalten eine hohe Ungenauigkeit und sind von ihrem Aussagewert eher mit einer Schätzung (s. dazu 4.1.7) gleichzusetzen. Die Mitarbeiter des Untersuchungsbereiches sollten bei der Vorbereitung auf die Erhebung darauf hingewiesen werden, dass ein Tätigkeitenwechsel automatisch zu einer Notierung führen muss.

Damit die Aufzeichnung zur Routine wird und die Mitarbeiter Erfahrungen sammeln können im Umgang mit dem Erfassungsbogen, sollte ein **Pretest** vorgenommen werden. Im Rahmen einer Probeaufzeichnung üben die Mitarbeiter das regelmäßige Eintragen in die Vordrucke und lernen so den Umgang mit dieser Technik.

Beurteilung
Da die Richtigkeit der Selbstaufschreibung vom Arbeitsplatzinhaber abhängig ist und der Einsatz dieser Technik für den Mitarbeiter eine Belastung darstellt, wird diese Erhebungstechnik nur dann zum Einsatz kommen, wenn eine andere Technik, z. B. eine Multimomentstudie (s. dazu 4.1.3), nicht sinnvoll ist oder überhaupt nicht durchgeführt werden kann.

Mit der Erhebungstechnik der Selbstaufschreibung kann nur dann gearbeitet werden, wenn der Mitarbeiter keine Tätigkeiten mit einem häufigen Wechsel des Arbeitsplatzes ausübt. Mit der Technik muss immer dann gearbeitet werden, wenn beispielsweise ein Außenstehender Beobachter nur schwer feststellen kann, welche Tätigkeit der Arbeitsplatzinhaber gerade ausführt.

Wenn eine andere Art der Zeitermittlung nicht möglich ist, hängt bei dieser Art der Erhebung das Gelingen von der Fähigkeit des Mitarbeiters insbesondere aber von seiner Bereitschaft ab, das Organisationsvorhaben durch aktive Mitwirkung bei der Datenerhebung zu unterstützen.

Da die von der Untersuchung betroffenen Mitarbeiter selbst die Aufzeichnung der von ihnen ausgeführten Tätigkeiten und die dafür benötigten Zeiten vornehmen, besteht die Gefahr der Manipulation. Es kann nicht ausgeschlossen werden, dass sich die Mitarbeiter besser darstellen, als es der Realität entspricht, das bedeutet, Tätigkeiten und insbesondere Zeiten einzutragen, die nicht den Tatsachen entsprechen. Durch solche Verzerrungen stellt sich die Frage der **Verlässlichkeit von Selbstaufschreibungen.**

Tatsächlich ist die Gefahr der Verfälschungen nicht so erheblich, weil die von den Mitarbeitern des Untersuchungsbereiches vorgenommenen Aufschreibungen dem jeweiligen Vorgesetzten vorgelegt werden. Wissen die Mitarbeiter, dass diese Kontrolle vorgenommen wird, dann lassen sich extreme Verfälschungen verhindern. Eine weitere Kontrolle findet durch den Erheber statt. Geben Stelleninhaber über den gesamten Berichtszeitraum, z. B. für einen Tag, nur produktive Arbeiten und nicht auch unproduktive Zeiten (z. B. Pausen, Privatgespräche, Wartezeiten) an, dann erfolgt gemeinsam mit dem Vorgesetzten eine Überprüfung. Auch diese Maßnahme trägt dazu bei, dass bei Selbstaufschreibungen die Neigung zu bewussten Verfälschungen abnimmt (vgl. *Schmidt* 2000, S. 204 f.).

Nicht zuletzt muss den Mitarbeitern des Untersuchungsbereiches deutlich gemacht werden, dass sich insbesondere bei Mengenangaben (z. B. bearbeitete Anträge) eine Beschönigung, d. h. eine Manipulation nach oben, später auch zu Lasten der Mitarbeiter auswirken kann. Wird beispielsweise künftig von diesen (erhöhten) Angaben ausgegangen, dann haben die Mitarbeiter selbst dazu beigetragen, ihre Soll-Vorgaben zu erhöhen.

4.1.5 Laufzettelverfahren

Beschreibung
Die Erhebungstechniken Multimomentverfahren und Selbstaufschreibung ermitteln Daten für die untersuchten Arbeitsplätze, ohne die sich ergebenden Abhängigkeiten zwischen den einzelnen Arbeitsplätzen bei der Bearbeitung betrieblicher Vorgänge aufzuzeigen. Das Kennzeichen der bisherigen Techniken ist eine einstufige Untersuchung von einzelnen Arbeitsplätzen. Die Abb. 4-4 zeigt den Unterschied zwischen arbeitsplatzbezogenen Erhebungen und der arbeitsflussbezogenen Erhebung mittels des Laufzettelverfahrens.

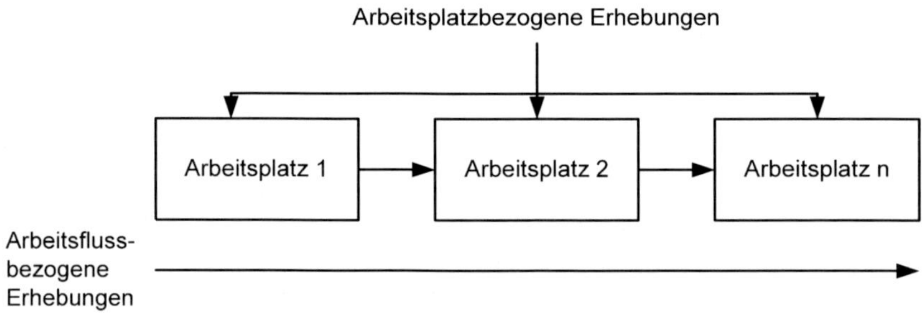

Abb. 4-4: Schematische Darstellung des Unterschieds zwischen arbeitsplatzbezogener und arbeitsflussbezogener Erhebung

Das Laufzettelverfahren ist eine **arbeitsablaufbezogene Untersuchungstechnik** und von seinem Charakter her eine "objektorientierte Selbstaufschreibung" (*Büchi/Chrobok* 1997, S. 174).

Bei dieser Erhebung wird an einen Informationsträger oder an einen Vorgang (z. B. Beleg, Akte, Antrag, Bestellung) ein Laufzettel angebracht, der ähnlich wie die Begleitpapiere eines Auftrags in der Fertigung alle Stationen des Vorgangs durchläuft. Jeder Mitarbeiter, der diesen Vorgang erhält, muss auf dem Laufzettel eintragen, wann er diesen Vorgang erhalten hat, was er damit oder daran wie lange getan hat und wann er den Vorgang weitergegeben hat. Mit Hilfe der Laufzetteltechnik lassen sich folgende **Informationen** erheben (vgl. *Schmidt* 2000, S. 206 f.):

- Gesamtdurchlaufzeit eines Arbeitsprozesses
- Bearbeitungszeiten
- Liegezeiten

- Transportzeiten
- Beteiligte an einem Arbeitsprozess
- Bearbeitungszeiten an den einzelnen Arbeitsplätzen
- Verzweigungen in einem Arbeitsprozess (alternative Wege)
- Häufigkeiten der alternativen Wege
- Rücksprünge in einem Arbeitsprozess

Das Kennzeichen einer Erhebung durch das Laufzettelverfahren ist eine mehrstufige Untersuchung betrieblicher Vorgänge, die an mehreren Arbeitsplätzen bearbeitet werden. Der Schwerpunkt der Analyse liegt darin, den Weg eines Vorgangs zu den daran beteiligten Arbeitsplätzen, die Beziehungen zwischen diesen Arbeitsplätzen und den Beitrag der beteiligten Arbeitsplätze an dem untersuchten Vorgang aufzuzeigen.

Vorgehen
Bei der Planung, Vorbereitung und Durchführung einer Laufzettel-Erhebung sind folgende Punkte zu berücksichtigen:

- **Auswahl des zu untersuchenden Arbeitsvorgangs**
  In einem ersten Schritt ist festzulegen, welcher Vorgang untersucht werden soll. Dies können beispielsweise sein:

  - eingehende Bestellungen bei einem Versandhandel
  - Antragsbearbeitung (z. B. Kreditanträge, Anträge auf Lohnsteuerjahresausgleich)
  - Belegbearbeitung (z. B. Überweisungen)
  - Aktenbearbeitung
  - Arbeitsfluss in der Fertigung

- **Tätigkeitenkatalog**
  Damit gewährleistet ist, dass die Art der Bearbeitung standardisiert aufgeschrieben werden kann, ist es erforderlich, einen Katalog aller für den zu untersuchenden Vorgang in Frage kommenden Tätigkeiten vorzugeben. In diesem Katalog sind alle aufgeführten Tätigkeiten mit Schlüsselnummern versehen, so dass die Mitarbeiter lediglich die Nummern der entsprechenden Tätigkeiten auf dem Laufzettel eintragen müssen.

- **Erhebungsbogen (Laufzettel)**
  Damit aussagefähige Daten ermittelt werden können, muss der Laufzettel mindestens die folgenden Felder beinhalten:

  - **Vorgegebene Eintragungen**
    * Laufzettelnummer (ausgegebene Laufzettel werden vom Erheber zur Kontrolle des Rücklaufs nummeriert)
    * zu untersuchender Geschäftsprozess
    * letzter zu erhebender Arbeitsschritt (Der Mitarbeiter, der diese Tätigkeit ausführt, muss den Laufzettel nach seiner Eintragung an den Erheber zurückgeben)

- **Vom jeweiligen Mitarbeiter vorzunehmende Eintragungen**
  * Bezeichnung oder Nummer der Organisationseinheit
  * Stellen- oder Mitarbeiternummer
  * Beginn der Tätigkeit(en) (Datum, Uhrzeit)
  * Ende der Tätigkeit(en) (Datum, Uhrzeit)
  * Bearbeitungsschritt/Tätigkeit (Schlüsselnummer)

- **Dauer der Erhebung**
  Über die Dauer einer Laufzettel-Erhebung lassen sich keine generellen Angaben machen. Sie richtet sich nach den folgenden Größen:

  - **Dauer des zu untersuchenden (Teil-)Geschäftsprozesses**
    Um überhaupt auswertbare Laufzettel zu erhalten, muss die Erhebung mindestens so lange dauern wie der gesamte zu untersuchende Geschäftsprozess.

  - **Umfang/Anzahl des zu untersuchenden Vorgangs**
    Die zu erzielende Genauigkeit gibt die absolute Anzahl der erforderlichen Laufzettel vor. Die Erhebung muss demzufolge so lange dauern, bis die entsprechende Anzahl von Laufzetteln vorliegt.

- **Datenerhebung**
  Die Form der Datenerhebung kann je nach den untersuchten Bereichen und der Aufgabenstellung unterschiedlich sein. Im Regelfall sind Zeit- und Ablaufinformationen für betriebliche Vorgänge zu erheben.

Laufzettel-Erhebungen sind überall dort durchführbar, wo betriebliche Vorgänge sowohl hinsichtlich ihres Ablaufs als auch ihrer Bearbeitung an verschiedenen Arbeitsplätzen zu untersuchen sind. Um die vielfältigen **Anwendungsmöglichkeiten** aufzuzeigen, werden beispielhaft in Frage kommende Untersuchungsbereiche aufgeführt:

- **Bearbeitungsanalyse**
  Dabei werden - wie bereits aufgezeigt - die folgenden Daten ermittelt:

  - Durchschnittswerte pro Vorgang
    (z. B. gesamte Durchlaufzeit, echte Bearbeitungszeit, Liegezeiten)
  - Daten je Mitarbeiter
    (z. B. Bearbeitungszeiten, prozentuale Verteilung und Dauer der Tätigkeit)
  - Daten pro Vorgang (Bearbeitungszeit des Vorgangs)
  - ablaufbezogene Daten (typische Abläufe bei der Bearbeitung und deren Dauer)

- **Kommunikationsanalyse**
  Die Laufzettel-Erhebung kann auch dazu dienen, die folgenden Vorgänge zu untersuchen:

  - prozentuale Verteilung und Dauer der Kommunikation mit anderen Mitarbeitern
    (z. B. Kommunikationsarten, Grund der Kommunikation, Tageszeiten, Häufigkeiten)
  - prozentuale Verteilung der empfangenen Informationen
    (z. B. Eingangspost gegliedert nach Vorgangsarten und Grund der Kommunikation)
  - Verteilung, Dauer und Typen von Folgekommunikationen
    (z. B. Besprechung als Folge der Eingangspost, Brief als Folge eines Telefonats)

- **Transportanalyse**
  Im Vordergrund dieser Erhebung stehen beispielsweise die folgenden Informationen:

  - Fahr- und Wartezeiten von Kraftfahrzeugen
    (Fahrer, Fahrrouten, Tage und Tageszeiten, transportierte Güter, Empfänger)
  - Beförderungs- und Liegezeiten in einem betrieblichen Transportsystem
    (Transporteinheiten, Tage und Tageszeiten, Absender, Empfänger)

- **Kundenstromanalyse**
  Die Kundenstromanalyse betrachtet den Kunden als Erhebungsgegenstand und hält dabei folgende Vorgänge fest:

  - Anlaufstationen (Art und Reihenfolge der Anlaufstationen, Tage und Tageszeiten)
  - Getätigte Geschäfte (Art, Dauer)
  - Unterschiedliches Verhalten von Kundengruppen
    (Häufigkeit der Besuche, Verweildauer, getätigte Geschäfte)

Beurteilung
Die **Vorteile** des Laufzettelverfahrens liegen darin, dass ablaufbezogene Daten und dabei insbesondere die gesamte Durchlaufzeit eines Vorgangs sowie Liege- und Transportzeiten ermittelt werden können. Der Versuch, diese Informationen durch Erhebungen bei den einzelnen Arbeitsplätzen zu erhalten und anschließend die einzelnen Bearbeitungszeiten zu addieren, würde zu einer höchst ungenauen gesamten Durchlaufzeit führen. Transport- und insbesondere Liegezeiten wären dadurch nicht ermittelbar, denn kaum ein Mitarbeiter würde bei einer arbeitsplatzbezogenen Erhebung selbst darauf hinweisen, dass bei ihm Liegezeiten entstehen. Überdies lässt sich erst bei dieser ablaufbezogenen Erhebung feststellen, welche Mitarbeiter tatsächlich an einem Geschäftsprozess beteiligt sind. Bei einer arbeitsplatzbezogenen Erhebung würden wahrscheinlich nur die Arbeitsplätze in die Erhebung einbezogen werden, die gemäß dem Soll-Arbeitsablauf an dem Vorgang beteiligt sein müssten.

Da es sich genau genommen um eine besondere Form der Selbstaufschreibung handelt, entsprechen die **Nachteile** denen der Selbstaufschreibung. Auch hier ist es wichtig, die Mitarbeiter vorher über das Ziel der Untersuchung und den Sinn der Erhebung zu informieren, um bewusste Manipulationen so gering wie möglich zu halten.

4.1.6 Dokumentenstudium

Beschreibung
Das Dokumentenstudium ist sowohl eine Erhebungs- als auch eine Analysetechnik. Bei dieser Form der Inhaltsanalyse werden Bedeutungsträger (z. B. Dokumente bzw. Unterlagen), die einen konkreten Bezug zum Untersuchungsbereich haben, betrachtet. Das Ziel dieser Technik besteht darin, mit Hilfe der Dokumente Rückschlüsse auf den Untersuchungsbereich zu ziehen (vgl. *Stier* 1996, S. 163 ff.).

"Beim Dokumentenstudium werden *Erhebungen am Schreibtisch* vorgenommen" (*Schmidt* 2000, S. 200). Die Ermittlung von Informationen erfolgt bei dieser Erhebungstechnik nicht im Untersuchungsbereich, sondern der Erheber analysiert Dokumente, die Aussagen über den Untersuchungsbereich zulassen, an seinem eigenen Arbeitsplatz ('Schreibtisch').

Der Erheber und die Personen des Untersuchungsbereiches treten bei der Dokumentenanalyse nicht in Kontakt. Durch diese Erhebungstechnik beeinflusst der Erheber nicht das Verhalten der betroffenen Personen, und die Betroffenen reagieren nicht auf diese Erhebung. Die Dokumentenanalyse kann daher auch als ein "non-reaktives Verfahren" bezeichnet werden (*Friedrichs* 1985, S. 309).

Objekte dieser Analyse sind vorhandene **Dokumente, die betriebliche Sachverhalte des Untersuchungsbereiches widerspiegeln**, wie etwa Organigramme, Stellenbeschreibungen, Stellenpläne, Arbeitsanweisungen, Projektdokumentationen, Gutachten, Akten, Protokolle, Berichte, Statistiken, Aktennotizen und Briefe.

Vorgehen
Die **Auswertung der Dokumente** kann auf zwei Arten erfolgen:

- **Unstrukturierte Auswertung**
  Der Erheber setzt sich generell mit den Unterlagen auseinander. Er versucht, die aus seiner Sicht bedeutenden Sachverhalte zu erkennen und festzuhalten.

- **Strukturierte Auswertung**
  Der Erheber legt vor der Analyse bestimmte Kriterien fest, anhand derer die Dokumente ausgewertet werden sollen. Dabei können sowohl Kriterien herangezogen werden, um den Inhalt der Dokumente zu analysieren als auch Kriterien zur Einordnung der Dokumente, wie z. B. Ersteller, Empfänger, Zeitpunkt und Anlass der Erstellung.

Die häufigste **Einsatzmöglichkeit** einer Dokumentenanalyse ist zu Beginn einer Untersuchung. Ein Dokumentenstudium wird dann vorgenommen, um einen Einblick in den Untersuchungsbereich zu bekommen und sich in die Problemstellung einzuarbeiten. Die Dokumentenanalyse kann aber auch dazu dienen, die mit Hilfe der mündlichen oder schriftlichen Befragung gewonnenen Informationen zu ergänzen oder zu kontrollieren. In der Regel wird das Dokumentenstudium nicht allein, sondern in Kombination mit anderen Erhebungstechniken eingesetzt.

Beurteilung
Die **Vorteile** des Dokumentenstudiums liegen darin, dass sich dem Erheber zunächst eine breite Basis an Informationen bietet, nach deren Analyse die Möglichkeit besteht, in einer sich beispielsweise anschließenden Befragung gezielter erheben zu können. Die zu analysierenden Dokumente können durch den Anlass der Untersuchung nicht verfälscht oder manipuliert werden. Durch eine Dokumentenanalyse werden die Mitarbeiter und die Arbeitsabläufe des Untersuchungsbereiches nicht berührt. Es erfolgen keine Unterbrechungen und Störungen. Da das Dokumentenstudium häufig zu Beginn einer Untersuchung vorgenommen wird und nicht vor Ort im Untersuchungsbereich erfolgt, tritt dort zu diesem frühen Zeitpunkt der Untersuchung, an dem auch grundsätzlich über die Fortführung des Projektes entschieden wird, (noch) keine Unruhe ein (vgl. *Wittlage* 1993, S. 102; *Schmidt* 2000, S. 201).

Die **Nachteile** des Dokumentenstudiums ergeben sich daraus, dass die Unterlagen vielfach nur eine Grobdarstellung der betrieblichen Gegebenheiten beinhalten und damit Interpretationsspielräume gegeben sind. In vielen Fällen werden die Dokumentationen den Veränderungen nicht durch einen systematischen Änderungsdienst angepasst. Daher kann nicht generell von der Vollständigkeit und Aktualität ausgegangen werden. Da der Erheber mit Hilfe dieser Technik einen Einblick in die Ist-Situation erhalten möchte, besteht ein gravierender Nachteil darin, dass viele Dokumente nur die Soll-Situation und nicht die Ist-Situation beschreiben (vgl. *Wittlage* 1993, S. 102; *Schmidt* 2000, S. 201).

4.1.7 Schätzungen

Beschreibung
Bei dieser einfachen Form der Erhebung werden Informationen durch einen Vergleich mit ähnlichen Sachverhalten oder durch einen Vergleich mit Daten aus früheren (vergleichbaren) Perioden gewonnen. Da bei vielen Sachverhalten zyklische Schwankungen auftreten, können nur typische Vergleichszeiträume herangezogen werden.

Vorgehen
Zu schätzende Sachverhalte können sein:

- Zeiten (z. B. für Aufgabenarten, für Arbeitsabläufe)

- Mengen

Die **Vorgehensweise einer Schätzung des Zeitbedarfs von Tätigkeiten** besteht aus den folgenden Schritten:

- **Abgrenzung des Untersuchungsbereichs**
  Es ist festzulegen, ob stellen- oder aufgabenbezogen geschätzt werden soll und welche Stellen einbezogen werden.

- **Erstellung des Tätigkeitenkatalogs**
  Im Rahmen von Interviews oder durch die Analyse von Stellenbeschreibungen ist ein Katalog der zu schätzenden Tätigkeiten zu ermitteln.

- **Zeitplan für die Schätzung und Auswertung erstellen**
  Dazu gehört die Festlegung des Schätzungszeitraumes.

- **Mitteilung an die Schätzer**
  Information der Schätzer (Mitarbeiter, Dritte) über Zweck, Zeitbedarf und Ablauf der Schätzung

- **Durchführung der Schätzung**
  Die Vorgehensweise ist mit dem Schätzer zu besprechen. Dazu gehört die Festlegung der Zeiteinheit (z. B. Minuten pro Arbeitstag, Stunden pro Monat) und der zu verteilenden Gesamtzeit.

- **Auswertung der Ergebnisse**

Liegen bereits Erfahrungen über den zu schätzenden Sachverhalt vor, dann kann die Genauigkeit der Ergebnisse durch Vergleiche mit einem repräsentativen Bezugszeitraum erhöht werden. Die Komplexität eines zu schätzenden Sachverhalts lässt sich durch Zerlegung in kleinere klar voneinander abgrenzbare Sachverhalte reduzieren, für die dann getrennte Schätzungen vorgenommen werden. Existieren keine schriftlichen Unterlagen, die analysiert werden können, dann müssen Schätzwerte von Experten oder Betroffenen erfragt werden. Dabei kann die Schätzung des Normalfalls durch eine vorausgehende Schätzung der Mindest- und Höchstwerte erfolgen. Schätzungen sind häufig die Grundlage für die Gestaltung zukünftiger Regelungen. Die geschätzten Werte müssen daher extrapoliert, d. h. in die Zukunft verlängert werden. Bedingungen, die sich auf die Schätzwerte auswirken und die sich verändert haben oder verändern werden, müssen zu Korrekturen der Schätzwerte führen (vgl. *Schmidt* 2000, S. 208).

Beurteilung
Die **Vorteile** der Erhebungstechnik der Schätzung liegen darin, dass sie einfach durchzuführen ist und wenig Aufwand verursacht.

Die **Nachteile** der Schätzung liegen in der Fehleranfälligkeit, denn die Genauigkeit der Aussagen hängt ab von der Strukturierbarkeit des zu schätzenden Vorgangs und der Erfahrung des Schätzers. Wegen der großen Ungenauigkeit sind Schätzungen eher für Grobuntersuchungen, insbesondere in Vorstudien, geeignet.

4.2 Techniken zur Analyse des erhobenen Materials

Im Rahmen eines organisatorischen Vorhabens besteht das Ziel der Analyse darin, die zunächst ungeordneten Informationen über die Ist-Situation so zu ordnen, dass sie als Ausgangspunkt zur Erarbeitung von Lösungsentwürfen verwendet werden können (s. 3.2.1.2). Die Kriterien, nach denen diese Ordnung erfolgt, sind Merkmale, die für das betreffende Organisationsvorhaben von Bedeutung sind.

Die **Analysekriterien und Gestaltungsmerkmale** können sein:

- **Elemente des Systems Organisation**
  (Aufgaben, Aufgabenträger, Sachmittel, Informationen)

- **Dimensionen der Elemente**
  (Menge, Raum, Zeit)

- **Beziehungen zwischen den Elementen**
  (aufbau- und ablauforganisatorische Verknüpfungen)

Wegen der zentralen Bedeutung des Kernelements Aufgabe und der für die Aufgabenerfüllung hohen Bedeutung von Informationen werden im Folgenden nur die Aufgabenanalyse und die Informationsanalyse betrachtet. Ausgewählte Techniken zur Analyse (und zur Darstellung) der Aufbau- und Ablauforganisation sind Gegenstand der Punkte 4.6.1 und 4.6.2.

4.2.1 Aufgabenanalyse

Beschreibung
Das Ziel organisatorischer Gebilde ist die Aufgabenerfüllung. Die dabei anfallenden Aufgaben sind sowohl beim Neuaufbau eines Unternehmens als auch bei der Reorganisation bestehender Unternehmen oder einzelner Organisationseinheiten von Bedeutung. Aufgaben ergeben sich aber auch bei einmaligen Organisationsvorhaben, wie z. B. Projekten.

Die **Ermittlung der in einer Organisation anfallenden Aufgaben** ist erforderlich, weil die Organisation ihre Leistungsaufgabe im Markt (vgl. *Kosiol* 1962, S. 41 f.) nur erbringen kann, wenn alle zu diesem Aufgabenkomplex gehörenden Teil- oder Unteraufgaben auf Aufgabenträger übertragen werden. Auch die erfolgreiche Abwicklung von Projekten setzt voraus, dass alle dabei anfallenden Aufgaben bekannt sind, denn erst dann kann festgelegt werden, welche Aufgabenträger daran zu beteiligen sind.

Aufgaben müssen sowohl für aufbauorganisatorische als auch ablauforganisatorische Vorhaben erhoben und analysiert, d. h. geordnet und gegliedert werden. Der aufbauorganisatorische Aspekt der Aufgabenanalyse schlägt sich in der Bildung von Organisationseinheiten (z. B. Stellen, Abteilungen) nieder. Die ablauforganisatorische Komponente führt zur Regelung zeitlicher, logischer und räumlicher Abfolgen von Aufgaben.

Sowohl beim Neuaufbau und der Reorganisation als auch bei Projekten können Aufgaben jedoch nur dann übertragen werden, wenn zuvor alle anfallenden Aufgaben bekannt sind.

Die Aufgabenanalyse ist eine Technik, um Aufgaben zu erfassen und nach organisatorisch relevanten Kriterien zu ordnen. Genau genommen handelt es sich bei der Aufgabenanalyse nicht nur um eine Analyse- sondern auch um eine Erhebungstechnik. Das **Ziel** der Technik **der Aufgabenanalyse** besteht darin, Teil- und Unteraufgaben vollständig zu erfassen, systematisch und detailliert zu gliedern und übersichtlich darzustellen.

Vorgehen
Um eine einzelne Aufgabe vollständig zu beschreiben und auf Aufgabenträger übertragen zu können, müssen die Aufgabenmerkmale und Aufgabenerfüllungsmerkmale bestimmt werden. Neben der Festlegung der **Aufgabenmerkmale**

- Verrichtung (Was ist zu tun?)

- Objekt (Woran ist etwas zu tun?)

müssen auch die **Aufgabenerfüllungsmerkmale**

- Aufgabenträger (Wer?)

- Sachmittel (Womit?)

- Zeit (Wann?, Wie lange?)

- Ort oder Raum (Wo?, Woher?, Wohin?)

- Menge (Wie oft?, Wie viel?)

bestimmt werden. Erst wenn diese Merkmale festgelegt sind, kann eine Aufgabe auch ausgeführt werden bzw. ist die Aufgabe erfüllbar.

Die systematische (Zer)Gliederung einer (betrieblichen) Gesamtaufgabe besteht darin, ausgehend von einer Oberaufgabe alle dazugehörenden Teil- oder Unteraufgaben abzuleiten. Dabei erfolgt das Zerlegen nach den Gliederungsgesichtspunkten Verrichtung, Objekt, Rang, Phase und Zweck (vgl. *Kosiol* 1969b, Sp. 199 ff.; Frese 1980a, Sp. 207 ff.).

Die **Vorgehensweise der Aufgabenanalyse** besteht aus den folgenden Schritten:

(1) Bestimmung des Untersuchungszieles
Das Untersuchungsziel beeinflusst die Gesichtspunkte und die Tiefe der späteren Gliederung. So ist die Aufgabenanalyse davon abhängig, ob beispielsweise die von einer bestimmten Organisationseinheit wahrzunehmenden (Teil-)Aufgaben festzustellen sind, oder ob ein bestimmter Arbeitsablauf untersucht werden soll, unabhängig von der Anzahl der an diesem Arbeitsablauf beteiligten Mitarbeiter.

(2) Festlegung des Untersuchungsbereichs
Der Untersuchungsbereich ist der Bereich, auf den sich die Aufgabenanalyse bezieht. Dies kann sein
- die gesamte Unternehmung
- einzelne Organisationseinheiten (z. B. Stellen, Abteilungen)
- einmalige organisatorische Vorhaben (Projekte)

(3) Bestimmung der Informanten
Eine Aufgabenanalyse kann über ein Dokumentenstudium (s. 4.1.6) erfolgen. In der Regel geschieht dies aber mit Hilfe von Interviews (s. 4.1.1). Als Interviewpartner müssen Personen ausgewählt werden, die den jeweiligen Untersuchungsbereich aufgrund praktischer Erfahrungen sehr genau kennen.

(4) Analyse und Gliederung der Aufgabe
Um die Ziele der vollständigen Erfassung sowie der systematischen und detaillierten Gliederung der Aufgabe(n) zu erfüllen, ergeben sich ausgehend von der zu analysierenden Oberaufgabe durch die folgenden Fragen **vier logisch mögliche Formen der Aufgabenanalyse** (vgl. *Krüger* 1981, S. 189 f.; *Schmidt* 2000, S. 222 ff.):

Gibt es verschiedene selbstständige Teilobjekte, die zu bearbeiten sind?
Obwohl Verrichtungen und Objekt nicht voneinander getrennt werden können, wird bei dieser Frage das Merkmal "Objekt" in den Vordergrund gestellt. Aus der Beantwortung dieser Frage ergibt sich die **Oder-Objektanalyse** (Abb. 4-5).

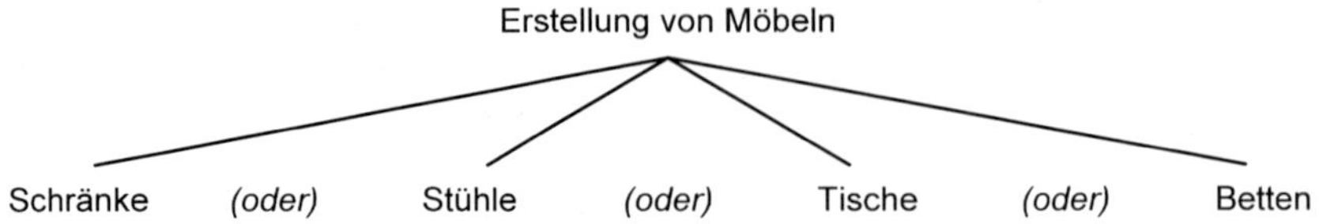

Abb. 4-5: Oder-Objektanalyse

Bei dieser Form der Aufgabenanalyse wird ein Oberbegriff bzw. ein Oberobjekt (hier Möbel) in für sich selbständige Objekte aufgeteilt. Kann diese Frage nicht mit Ja beantwortet werden, weil es sich beispielsweise um ein Ein-Produktunternehmen handelt oder von der zu betrachtenden Organisationseinheit nur ein Produkt bearbeitet wird, dann ist im nächsten Analyseschritt das einzelne Objekt zu gliedern.

Gliedert sich das einzelne Objekt in mehrere Teilobjekte, die unterschiedlich bearbeitet werden?
Aus dieser Frage ergibt sich eine andere Logik der Gliederung, denn ein Ausgangsobjekt wird in kleinere Teilobjekte zerlegt. Die Beantwortung der Frage führt zur **Und-Objektanalyse** (Abb. 4-6).

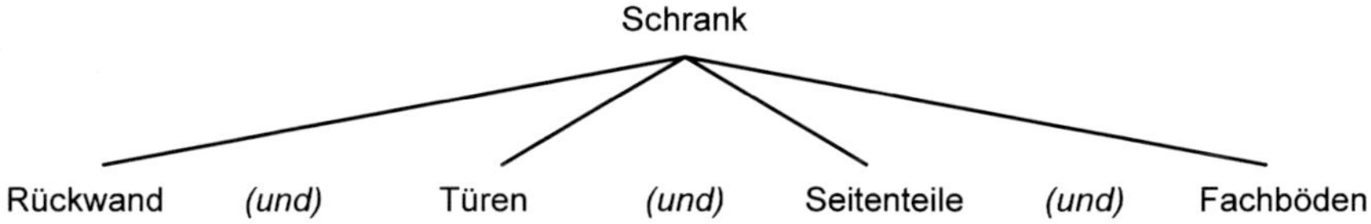

Abb. 4-6: Und-Objektanalyse

Die Frage, welche Teile eines Objektes bearbeitet werden, macht deutlich, dass diese Form der Analyse beliebig oft hintereinander angewendet werden kann. So lässt sich beispielsweise das Objekt (Schrank-)Tür in die weiteren Teilobjekte Türflügel und Türschloss und Scharniere untergliedern. Die maximal möglich Tiefe liegt bei Objekten, die sich nicht mehr weiter unterteilen lassen. Kann die Frage nach den einzelnen Teilen eines Objektes nicht mit Ja beantwortet werden, oder wird die Und-Objektanalyse auf einer bestimmten Stufe der Untergliederung abgeschlossen, dann folgt der nächste logische Schritt der Aufgabenanalyse.

Auf welche Art und Weise kann das vorliegende Objekt bearbeitet werden?
An dieser Stelle einer Aufgabenanalyse muss immer zuerst die Frage gestellt werden, ob es verschiedene Verfahren gibt, nach denen das Objekt bzw. die vorliegende Aufgabe bearbeitet werden kann. Diese Frage stellt alternative Verfahren offen. Daraus ergibt sich die **Oder-Verrichtungsanalyse** (Abb. 4-7).

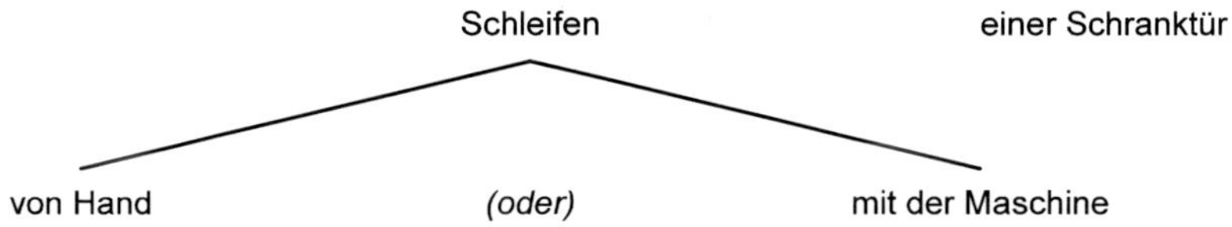

Abb. 4-7: Oder-Verrichtungsanalyse (exklusives Oder)

Sind zwei oder mehrere Fälle denkbar, kann es sein, dass eine Möglichkeit die andere nicht ausschließt. Dann ergibt sich eine weitere Art der Oder-Verrichtungsanalyse.

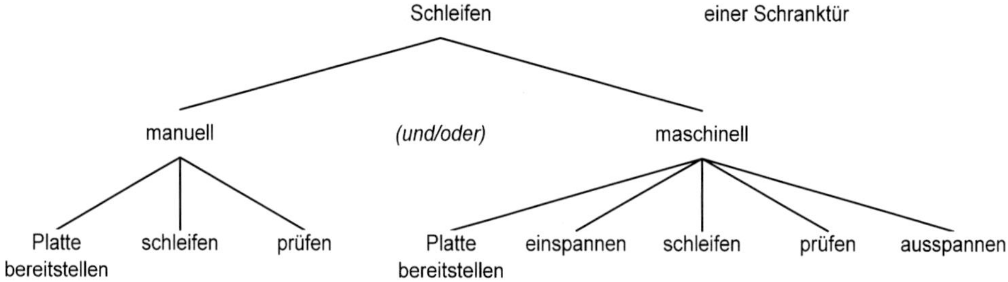

Abb. 4-8: Oder-Verrichtungsanalyse (logisches Oder)

Kann die Frage nach den unterschiedlichen Verfahren nicht mit Ja beantwortet werden, ergibt sich daraus der vierte logische Schritt der Aufgabenanalyse.

Was muss alles getan werden, um das Objekt zu bearbeiten?
Aus dieser Frage wird erkennbar, dass sich das Objekt durch Verrichtungen verändert. Die Beantwortung der Frage gibt Aufschluss über die unterschiedlichen Verrichtungen zur Bearbeitung eines Objektes. Daraus ergibt sich die **Und-Verrichtungsanalyse** (Abb. 4-9).

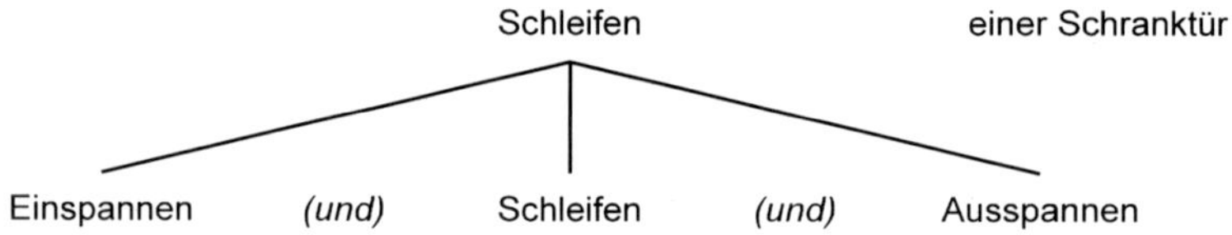

Abb. 4-9: Und-Verrichtungsanalyse

Bei der Und-Verrichtungsanalyse gibt es noch die Spezialfälle der Rang-, Phasen- und Zweckgliederung (s. dazu z. B *Mangler* 2006, S. 36 ff.). Da im Rahmen der Aufgabenerfüllung nicht nur reine Ausführungsaufgaben anfallen, ergeben sich durch die Anwendung der Rang-, Phasen- und Zweckgliederung auch noch die im Rahmen einer Aufgabe anfallenden Entscheidungs-, Planungs-, Kontroll- und Verwaltungsaufgaben.

Die vier vorgestellten Schritte der Aufgabenanalyse zeigen eine logische Reihenfolge. Das bedeutet aber nicht, dass zwangsläufig so vorgegangen werden muss. Die Abb. 4-10 zeigt eine **abweichende Reihenfolge einer mehrstufigen Aufgabenanalyse**.

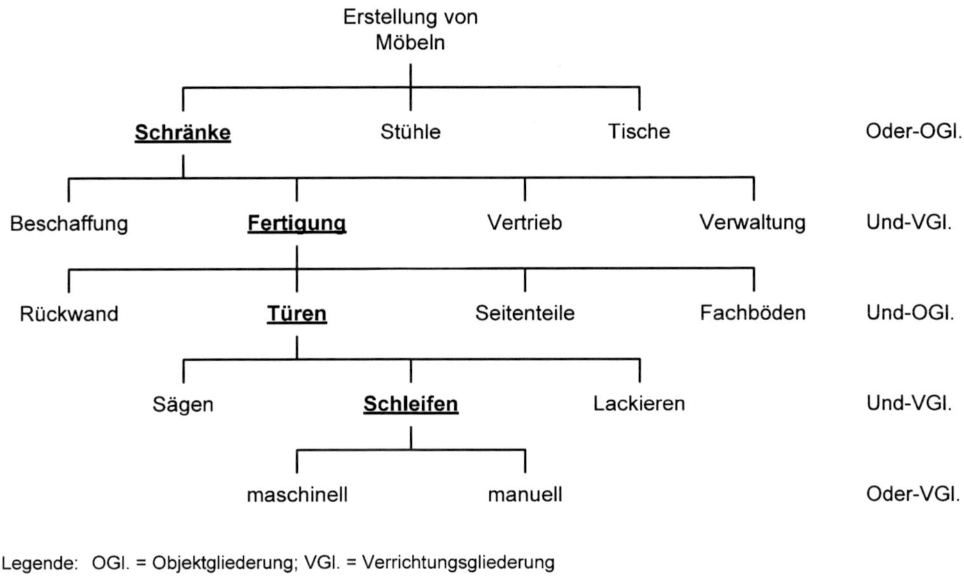

Abb. 4-10: Beispiel einer mehrstufigen Aufgabenanalyse

Dieses Gliederungsbeispiel macht deutlich, dass die Aufgabenanalyse nicht immer nach der logischen Reihenfolge der Gliederungskriterien erfolgen muss. Trotz dieser Reihenfolge nach Oder-Objekt, Und-Objekt, Oder-Verrichtung und Und-Verrichtung erscheint es dem Unternehmen in diesem Beispiel nicht sinnvoll, so vorzugehen. Grundsätzlich sollte jedoch auf jeder Stufe der Zerlegung einer Aufgabe zunächst überprüft werden, ob die Reihenfolge der vier Gliederungskriterien zweckmäßig ist, damit der jeweiligen Aufgabenanalyse dann die vier Fragen in der hier vorgestellten Reihenfolge zugrunde gelegt werden können (vgl. *Krüger* o. J. [a], S. 33).

(5) Interviews

Der Inhalt der einzelnen Gliederungsschritte wird in Interviews mit den Informanten erfragt. Die Dokumentation in der Erhebung erfolgt in einem Rasterblatt. Dieses Formblatt unterstützt die Systematik der logischen Aufgabenanalyse, und das Ziel der vollständigen, detaillierten und systematischen Erfassung wird damit erfüllt. Das Rasterblatt ist aber nicht geeignet die Aufgabenstruktur transparent zu dokumentieren. Die Informationen in einem Rasterblatt können durch eine einfache Umformung in eine übersichtliche Form überführt werden. Da Aufgabenanalysen heute mit speziell dafür konzipierter Software vorgenommen werden, erübrigt sich das Rasterblatt.

(6) Darstellung der Aufgabenanalyse

Allein das Wissen, dass nach bestimmten Merkmalen gegliedert werden kann, und die Anwendung der logischen Gliederungsschritte reichen für die praktische Organisationsarbeit nicht aus. Vielmehr ist eine Technik erforderlich, mit deren Hilfe die Verrichtungs- und Objektkomponenten der Aufgaben auch systematisch dargestellt werden können. Die Abb. 4-11 zeigt eine schematische Darstellungsform, bei der die entsprechenden Teil- und Unteraufgaben bezeichnet sind und gleichzeitig die Struktur zu erkennen ist.

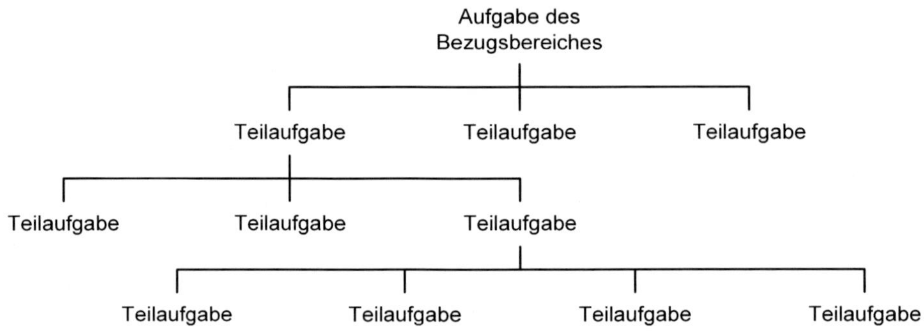

Abb. 4-11: Ordnung von Aufgaben nach dem Begriffssystem

Bei einer sehr tief und breit gegliederten Aufgabenanalyse kann die Darstellung mit den tatsächlichen Bezeichnungen sehr unübersichtlich werden. Die gegliederten Aufgaben werden daher mit einer stufenweise aufgebauten **Nummernsystematik** versehen (Abb. 4-12).

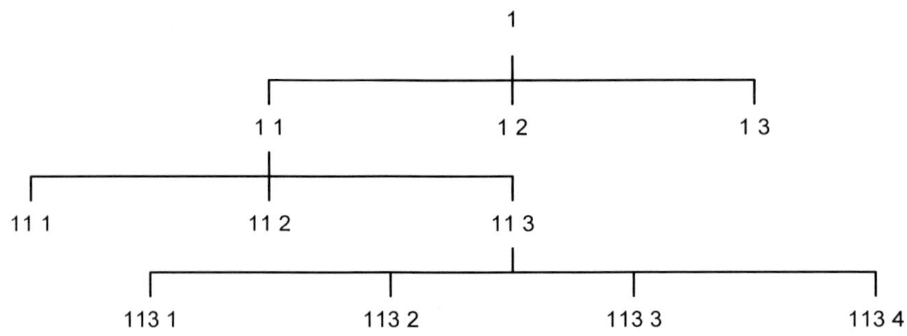

Abb. 4-12: Ordnung von Aufgaben nach Ordnungsnummern

Durch diese Darstellungsform lässt sich auch die Begriffsvielfalt vermeiden. Zur Klassifizierung von Aufgaben muss dann nicht mehr von Ober-, Unter-, Teil- und Elementaraufgaben gesprochen werden, sondern von Aufgaben erster, zweiter, dritter bis n-ter Ordnung. Die Aufgabe des Bereiches, der organisatorisch untersucht werden soll (Bezugsbereich), ist dann die Aufgabe erster Ordnung. Die Untergliederung dieser Aufgabe führt dann zu Aufgaben zweiter Ordnung. Deren Untergliederung zu Aufgaben dritter Ordnung usw. Erhält die Aufgabe des Untersuchungsbereiches eine einziffrige Zahl, dann lässt sich an der Anzahl der Ziffern der Ordnungsnummer die Tiefe der Zerlegung einer Aufgabe erkennen. Eine zweistellige Zahl kennzeichnet dann eine Aufgabe zweiter Ordnung, eine vierstellige Zahl eine Aufgabe vierter Ordnung.

Die Abb. 4-13 zeigt, dass die Darstellung einer Aufgabenanalyse auch nach der **dekadischen Klassifikation** aufgebaut sein kann.

1
- 1.1
  - 1.1.1
  - 1.1.2
  - 1.1.3
    - 1.1.3.1
    - 1.1.3.2
    - 1.1.3.3
    - 1.1.3.4
- 1.2
- 1.3

usw.

Abb. 4-13: Darstellung der Ordnung von Aufgaben nach der dekadischen Klassifikation

Diese Form der Darstellung ist insbesondere bei einer sehr tief und breit gegliederten Aufgabenanalyse sehr Platz sparend und dennoch übersichtlich.

Beurteilung

Obwohl die Aufgabenanalyse auf Interviews mit Experten für die zu gliedernde(n) Aufgabe(n) basiert, würde ausschließlich mit den traditionellen Erhebungstechniken, wie Interview, Dokumentenstudium oder Selbstaufschreibung das Ziel der vollständigen Erfassung aller Aufgaben und insbesondere die transparente und übersichtliche Darstellung nicht erreicht werden. Im Falle einer freien Beantwortung, wie z. B. beim Interview, besteht die Gefahr zwischen den Gliederungstechniken zu springen, ohne überprüfen zu können, ob auch nichts vergessen wurde. Die Aufgabenanalyse zwingt dazu, an jedem Gliederungspunkt zu prüfen, ob noch andere Aufgaben der einen gerade betrachteten Gliederungsebene vorliegen oder nicht.

Die Gefahren, ausschließlich Selbstaufschreibungen und Dokumentenanalysen als Technik für eine Aufgabenanalyse einzusetzen, liegen darin, dass die Abhängigkeiten bzw. die sachlichen Beziehungen nicht erhoben werden können und die erforderliche Systematik schwer zu ermitteln ist. Die Schwierigkeiten beim Interview ergeben sich einerseits aus unvollständigen Detailbeschreibungen und andererseits können komplexe Aufgabenbereiche vergessen oder vereinfacht werden oder es erfolgt lediglich eine Schilderung der Ausnahmefälle. Die Vollständigkeit lässt sich allein mittels Interview, Selbstaufschreibung oder Dokumentenstudium nur mit einem unvertretbar hohen Aufwand erreichen. Diese drei Erhebungstechniken haben daher im Rahmen einer Aufgabenanalyse lediglich Hilfsmittelcharakter.

Die Aufgabenanalysetechnik sorgt für eine **vollständige, systematisch geordnete und gegliederte sowie übersichtliche Darstellung** der Ergebnisse. Die Gefahr, bei dieser Vorgehensweise Teilaufgaben zu vergessen, ist weit geringer, als wenn Mitarbeiter gebeten werden zu sagen, welche Aufgaben sie zu erfüllen haben. Die Aufgaben stehen nicht unverbunden gegenüber, und die Analysetechnik ermöglicht es, in einem stufenweisen Prozess eine beliebige Detaillierung der Aufgaben aus den jeweils übergeordneten Aufgaben abzuleiten. Dieser Prozess kann auf jeder Ebene abgebrochen und später wieder fortgesetzt werden. Der Detaillierungsgrad der zu analysierenden Aufgaben kann entsprechend dem Ziel der Untersuchung gewählt werden.

Die **Tiefe der Untergliederung** lässt sich nicht generell bestimmen. Sie hängt unter anderem von der jeweiligen Fragestellung bzw. der voraussichtlichen Lösung ab. So muss beispielsweise in einem kleinen Handwerksbetrieb die Teilaufgabe "Rechnungswesen" wegen der begrenzten Anzahl von Mitarbeitern von einer Person ausgeführt werden, eventuell vom Eigentümer selbst, und braucht deswegen nicht mehr weiter untergliedert werden. Ein Großunternehmen mit einer eigenen Abteilung "Rechnungswesen" und mehreren Mitarbeitern müsste diese Teilaufgabe weiter untergliedern. Die Frage nach der zweckmäßigen Tiefe der Untergliederung beantwortet sich durch den Blick auf die künftige organisatorische Lösung. Grundsätzlich sollte die Untergliederung der Teilaufgaben jedoch nicht zu früh abgeschlossen werden, denn der Spielraum für die Gestaltung in der späteren Synthese vergrößert sich mit der Tiefe der Untergliederung.

4.2.2 Informationsanalyse

Beschreibung
Aufgabenträger benötigen für die Erfüllung ihrer Aufgaben Informationen. In der Regel sind die Aufgabenträger mit der Ausführung ihrer Aufgabe(n) ausgelastet, so dass ihnen die Beschaffung der Informationen nicht allein überlassen bleiben kann. Bei der Vielfalt der für die Aufgabenerfüllung erforderlichen Informationen könnte ein Aufgabenträger im Extremfall allein mit der Beschaffung dieser Informationen so beansprucht sein, dass die eigentliche Aufgabenerfüllung beeinträchtigt wird. Organisationen versuchen daher die aufgabenbezogene Verfügbarkeit von Informationen durch Informationssysteme zu lösen. Voraussetzung für die Sammlung, Aufbereitung und Bereitstellung von Informationen ist die Feststellung des exakten Informationsbedarfs. Die Informationsanalyse ist eine Technik zur Ermittlung des Informationsbedarfs.

Vorgehen
Der Bedarf an Informationen lässt sich auf zwei Ursachen zurückführen (vgl. *Berthel* 1992, Sp. 877 ff.):

- **Deckung individueller Informationsbedürfnisse (subjektiver Bedarf)**
  Da dieser Bedarf auf das individuelle Problemlösungsverhalten und die personenspezifischen Bedürfnisse, wie z. B. Sicherheit, Anerkennung aber auch Neugier zurückgeführt werden kann, lässt sich dieser personenorientierte Bedarf nicht verallgemeinern und demzufolge auch kaum organisatorisch regeln.

- **Bewältigung von Aufgaben / Lösung von Problemen (objektiver Bedarf)**
  Dieser aufgabenorientierte Bedarf lässt sich ermitteln für

  - einzelne nicht vorhersehbare und daher schlecht strukturierte Probleme,

  - wiederkehrende, gut strukturierbare/standardisierbare Aufgaben.

  Die Feststellung dieses Informationsbedarfs setzt voraus, dass zuvor die zu erledigenden Aufgaben systematisch ermittelt worden sind. Der Informationsbedarf kann mit Hilfe von Interviews erhoben werden. Die Gefahr, dass bei dieser Ermittlung ein zu hoher Informationsbedarf geltend gemacht wird, lässt sich beispielsweise durch eine logische

Überprüfung anhand der zu erledigenden Aufgaben, durch eine Befragung von Experten und durch gemeinsame Diskussionen zwischen Aufgabenträgern und Informationsanbietern reduzieren.

Zur vollständigen Bestimmung des Informationsbedarfs ist nicht nur festzulegen, welche Informationen benötigt werden. Eine systematische Informationsanalyse beinhaltet auch, den Grad der Detaillierung und Konkretisierung sowie den zeitlichen Bezug festzulegen.

Die **Techniken der Informationsanalyse** beziehen sich auf die unterschiedlichen Formen der Ermittlung des Bedarfs (vgl. *Büchi/Chrobok* 1997, S. 188 f.; *Schmidt* 2000, S. 241 ff.):

- **Ermittlung des Informationsbedarfs auf der Basis der Erfüllung einer bestimmten Aufgabe**
  In einem ersten Schritt wird mit Hilfe der Aufgabenanalyse eine Hierarchie der Aufgaben erstellt. Für die unterschiedlichen Hierarchieebenen werden dann die

  - benötigten, d. h. einzugebenden Informationen (Input)

  - zu verarbeitenden Informationen (Prozess)

  - abzugebenden Informationen (Output)

  erhoben und dargestellt. Dieser Vorgehensweise liegt das **Eingabe-Verarbeitung-Ausgabe-Prinzip** von Datenverarbeitungssystemen zugrunde. Da Stelleninhaber jedoch nicht nach diesem festen Schema arbeiten, z. B. benötigen sie in unvorhergesehenen Situationen noch Dispositionsspielräume, reicht dieses Prinzip zur Ermittlung des Informationsbedarfs von Stellen nicht aus.

- **Ermittlung des Informationsbedarfs auf der Basis einer Stelle oder Gruppe von Stellen**
  Im Mittelpunkt dieser Vorgehensweise stehen die Stelle und die vom Stelleninhaber zu bewältigenden (Teil-)Aufgaben. Voraussetzung einer solchen Informationsanalyse ist ebenfalls eine systematische Aufgabenanalyse. Sowohl die Informationseingabe als auch die Informationsausgabe lassen sich in einen regelbaren und nicht regelbaren Teil unterscheiden.

  Die **regelbare Informationseingabe** besteht aus den folgenden Bedarfskomponenten:

  - **Genereller Bedarf**
    Informationen für den generellen Bedarf müssen nicht für die Erledigung jeder einzelnen Aufgabe bereitgestellt werden, sondern diese Informationen sind grundlegende Voraussetzung für die Erfüllung von Aufgaben. Dazu gehören

    * **betriebliche und außerbetriebliche Rahmeninformationen**
      (z. B. Informationen über Produkte, Preise, Lieferzeiten und Wettbewerbssituation, Marktpreise, gesetzliche Vorschriften),

* **Informationen über Ziele**
  (z. B. zu erreichende Ziele, tatsächliche Zielerreichung, Abweichungen)

* **Organisationsinformationen**
  (z. B. eigene Aufgaben, Zuständigkeiten, Kompetenzen und Befugnisse, Verfahrensvorschriften, Regeln der Zusammenarbeit)

- **Konkreter Bedarf gemäß der entsprechenden Aufgabenerfüllung**
  Dazu gehören
  * Informationen über die Aufgabe selbst
  * Informationen, die zur Erfüllung der Aufgabe benötigt werden

- **Geregelter Ausnahmebedarf**
  Dazu gehören
  * Entscheidungsinformationen, die bei klar definierten Fällen benötigt werden und sich aus den Kompetenzen ableiten.
  * (sonstige) Zusatzinformationen, die nur in bestimmten Fällen benötigt werden.

Der regelbaren Informationseingabe steht eine regelbare Informationsausgabe gegenüber.

Die organisatorisch **nicht regelbare Informationseingabe** basiert auf unvorhergesehenen Ereignissen. Dazu gehören dispositive Eingriffe (z. B. Koordinationsmaßnahmen bei Störfällen) und situativ erforderliche Führungsinformationen (z. B. Lob, Anerkennung, Kritik). Der nicht regelbaren Informationseingabe steht ebenfalls eine nicht regelbare Informationsausgabe gegenüber.

Die Ergebnisse der Informationsanalyse werden in Matrixform dargestellt. Dabei werden in der Regel Beziehungen aufgezeigt zwischen
- benötigten oder abgegebenen Informationen und Aufgabenträgern (Stellen)
- Informationen und Informationsträgern (z. B. Bestellungen, Rechnungen)
- Informationen und deren Charakterisierung nach Eingabe, Verarbeitung und Ausgabe
- Informationen und Empfängern

Beurteilung
Analysen zur Ermittlung des Informationsbedarfs schaffen die Grundlage dafür, einen aufgabenadäquaten Informationsstand sicherzustellen. Erst eine Informationsanalyse ermöglicht eine optimale Versorgung mit Informationen. Dabei ist nicht in jedem Fall gewährleistet, ob alle individuellen Informationsbedürfnisse ermittelt werden können. Der für die Bewältigung von wiederkehrenden, gut strukturierten und standardisierten Aufgaben und zur Lösung von einmaligen Problemen (z. B. Projekte) erforderliche Informationsbedarf lässt sich damit jedoch ermitteln. Die Darstellung in Form von Matrizen systematisiert Beziehungen zwischen konkreten Informationen und anderen Bezugsgrößen und macht diese Beziehungen transparent. Dies fördert die Vollständigkeit und ermöglicht Plausibilitätsprüfungen.

4.3 Techniken der Problemanalyse

Im Rahmen eines organisatorischen Vorhabens erfolgt die (Be)wertung der Ist-Situation innerhalb der Würdigung (s. 3.2.1.2). Das Ziel dieses Schrittes besteht in einer kritischen Auseinandersetzung mit dem Ist-Zustand, um die Stärken und Schwächen der momentanen Lösung sowie die zukünftigen Chancen und Bedrohungen zu ermitteln. Aus dieser Ist-Kritik ergeben sich Ansatzpunkte für Lösungsmöglichkeiten.

Innerhalb einer solchen Problemanalyse wird der vorgefundene Tatbestand in seine Grundbestandteile zerlegt, um die darin enthaltene Problematik zu durchdringen und herauszuschälen (vgl. *Pärli* 1980, Sp. 1913).

Ein Problem lässt sich beschreiben als die Differenz zwischen einem unerwünschten (Anfangs-)Zustand und einem erwünschten Endzustand sowie einer Barriere, die verhindert, dass das Problemobjekt unmittelbar in den Endzustand transferiert werden kann. Solche ungewollten Abweichungen zwischen Ist-Zustand und erwünschtem Soll-Zustand sind entweder offensichtlich oder werden als diffuses Störgefühl empfunden. Darüber hinaus können derartige Abweichungen bereits bestehen oder erst in Zukunft auftreten. Was als Problem angesehen wird, hängt von der subjektiven Einschätzung und der Interessenslage ab. Dabei können zwischen den davon betroffenen Mitarbeitern, den an der Lösung (mit)arbeitenden Organisatoren und z. B. der Geschäftsleitung als dem Auftraggeber von Projekten durchaus unterschiedliche Auffassungen bestehen. Häufig existieren lediglich globale Vorstellungen darüber, in welcher Richtung der als unbefriedigend empfundene Ist-Zustand verändert werden soll (vgl. *Pfohl* 1980, Sp. 1917).

Wenngleich der Ausgangspunkt vieler organisatorischer Vorhaben in der Beseitigung von Schwachstellen und Problemen liegt, sind neben den negativen Soll-Ist-Abweichungen ausdrücklich auch die Stärken und Chancen des Ist bewusst zu machen. Neue Lösungen müssen die gegenwärtigen Probleme beseitigen und künftige Probleme und Bedrohungen verhindern, dürfen aber auf keinen Fall die Stärken der vorhandenen Lösung gefährden. Die Problemanalyse kann unsystematisch und systematisch erfolgen.

4.3.1 Unsystematische Problemanalyse

Beschreibung
Die unsystematische Problemanalyse ist eine Technik zur Auffindung organisatorischer Schwachstellen, Mängel und Bedrohungen bzw. Risiken aufgrund von Erfahrungen, Störgefühlen und Intuition sowie durch kritisches Hinterfragen vorgefundener Gegebenheiten.

Vorgehen
Innerhalb der unsystematischen Problemanalyse lassen sich zwei **grundsätzliche Varianten** unterscheiden.

- **Erfahrungen und Störgefühle**
  Organisationsexperten mit langjähriger Erfahrung sind häufig in der Lage, aufgrund ihrer Sach- und Fachkenntnis, ihrer Intuition und empfundener Störgefühle Schwachstellen, Mängel und Risiken aber auch Stärken und Chancen bestehender Lösungen zu erkennen. Bei dieser Vorgehensweise orientiert sich der Organisator an früheren vergleichbaren Situationen. Die aus aktuellem Anlass vorgefundenen Gegebenheiten werden frühe-

ren vergleichbaren Situationen gegenübergestellt. Weist die gegenwärtige Ist-Situation ähnliche oder gleiche Auffälligkeiten wie vergleichbare frühere Situationen auf, dann wird ein Analogieschluss vorgenommen. Damals aufgedeckte Schwachstellen und Mängel aber auch Stärken liegen dann mit hoher Wahrscheinlichkeit auch jetzt vor.

- **Prüffragenkatalog**
  Ein Prüffragenkatalog enthält eine Reihe von Fragen, die an den vorgefundenen organisatorischen Sachverhalt zu stellen sind, um damit Schwachstellen und organisatorische Probleme zu identifizieren. Solche Fragenkataloge basieren auf typischen Schwachstellen der Aufbau-, Ablauf- und Führungsorganisation, z. B. Verteilung von Aufgaben, Aufgabenerfüllung, Bildung von Organisationseinheiten, Zentralisation/Dezentralisation, inhaltliche und zeitliche Abfolge von Prozessen, Mitarbeiterverhalten, informelle Organisation (vgl. *Acker* 1973, S. 74 ff. u. S. 100 ff.; *Krüger* o. J. [b], S. 48 ff.). Diese Prüflisten sollen eine gedankliche Auseinandersetzung mit dem Ist-Zustand in Gang setzen. Mit solchen problembezogenen Fragesammlungen werden verschiedene Aspekte angesprochen, die für den jeweiligen Problembereich eine Rolle spielen können. Im Rahmen der Beantwortung dieser Prüffragen erfolgt ein Vergleich von Ist-Zuständen mit entsprechenden Soll-Vorstellungen und eine Beurteilung der aufgedeckten Abweichungen. Die Antworten auf die Fragen dieser Checklisten decken Ursache-Wirkungszusammenhänge auf und geben Hinweise auf denkbare Lösungsansätze.

Beurteilung
Die Bezeichnung unsystematische Problemanalyse darf nicht zu der Schlussfolgerung führen, dass das damit verbundene Vorgehen negativ und daher abzulehnen ist, weil mit dem Begriff "unsystematisch" im alltäglichen Sprachgebrauch eher negative Assoziationen verbunden sind.

Erfolgt die Identifikation von Schwächen und Stärken aufgrund von Erfahrung und Intuition und mit Hilfe von Prüffragen, liegt einer der **Vorteile** dieser unsystematischen Analyse darin, dass sich mit hoher Wahrscheinlichkeit tatsächlich zu beseitigende Schwachstellen und zu erhaltende Stärken aufdecken lassen. Ein weiterer Vorteil ergibt sich aus der zeitlichen Perspektive, da mit dieser Technik sehr schnell Schwächen und Stärken der momentanen Lösung gefunden werden.

Die **Nachteile** der unsystematischen Problemanalyse ergeben sich gerade aus der fehlenden Systematik. Aufgedeckte Schwächen und Stärken können nicht den Anspruch der Vollständigkeit erheben. Obwohl die Orientierung an Erfahrungen und die Verwendung von Prüflisten nicht ohne organisatorischen Sachverstand erfolgen kann, denn ihr Einsatz setzt Wissen und Kenntnisse voraus über den jeweiligen Sachverhalt, bestehende Beziehungen und in Frage kommende Lösungen, besteht keine Gewähr einer umfassenden Gewinnung von Schwachstellen. Da es keinen allgemeingültigen Fragenkatalog gibt, muss für jede Problemstellung eine neue Prüfliste entwickelt werden. Da sich die Prüffragen immer nur auf spezielle Sachverhalte konzentrieren, müssen diese Kataloge jeweils bezogen auf das zu untersuchende Problem neu aufgestellt werden. Trotz des Versuchs standardisierte Prüflisten zu entwickeln (vgl. z. B. *Acker* 1973, S. 74 ff. u. S. 100 ff.), müssen die Fragen selbst und der Grad der Detaillierung für jedes Problem neu bestimmt werden. Obwohl solche Prüffragenkataloge stets situativ bezogen erstellt werden und Erfahrungen und Intuition keine Garanten für eine vollständige Analyse sind, werden dennoch unsystematische Problemanalysen vorgenommen.

4.3.2 Systematische Problemanalyse

Beschreibung
Ein Nachteil der unsystematischen Problemanalyse besteht darin, dass Schwächen und Stärken eher zufällig, nicht vollständig sowie personenabhängig und damit nicht transparent ermittelt werden. Insbesondere bei komplexen Aufgabenstellungen ist daher eine aus mehreren Stufen und Schritten bestehende Vorgehensweise vorzuziehen. Zur Ermittlung von Problemen und deren Ursachen orientiert sich die Form der systematischen Problemanalyse an den Prinzipien des Systemdenkens vom Groben zum Detail und von außen nach innen (s. 3.1.5).

Vorgehen
Da die Probleme und insbesondere ihre Ursachen nicht immer eindeutig erkennbar sind, ist ein schrittweises Einkreisen des Problems, seiner Struktur und seiner Ursachen erforderlich. Die systematische Problemanalyse ist durch die folgende **Vorgehensweise** gekennzeichnet (vgl. *Krüger* o. J. [b], S. 8 ff.; *Kepner/Tregoe* 1991, S. 33 ff.; *Schmidt* 2000, S. 272 ff.; s. dazu auch *Wildemann* 1989, Sp. 820 ff.):

(1) Problemerkennung

- **Problemsuche**
  Gegenstand der Problemsuche sind sowohl die gegenwärtigen als auch zukünftigen unerwünschten Soll-Ist-Abweichungen. Das Erkennen möglicher Schwachstellen und künftiger Bedrohungen aber auch möglicher Chancen wird durch eine Mängelsystematik unterstützt. Diese Systematik, bei der es um zeitliche, mengenmäßige, qualitative und wirtschaftliche Mängel geht, unterstützt die Mängelsuche. Wegen der Fülle denkbarer Mängel, die in der Praxis vorkommen können, bietet die Mängelsystematik keine Garantie dafür, dass mit Sicherheit alle Mängel erkannt werden.

- **Problemdarstellung**
  Das Problem ist exakt zu beschreiben hinsichtlich Art und Weise, Ort, Zeitpunkt, Zeitraum und Ausmaß der Abweichung. An den betroffenen Bereich (das IST) sind die vier Grundfragen was (Bezeichnung), wo (Ort), wann (Zeit) und wie viel (Ausmaß) zu stellen und zu beantworten. Diese vier Fragen sind aber auch an die Bereiche zu stellen, die nicht betroffen sind, die aber aufgrund von Gleichheit oder Ähnlichkeit ebenfalls hätten betroffen sein können. Durch diese Gegenüberstellung von IST und IST-NICHT lassen sich mögliche Besonderheiten besser abgrenzen. Besonderheiten, die zugleich Veränderungen darstellen und für beide Bereiche zutreffen, können (so) für die Entwicklung möglicher Ursachen ausgeschieden werden (vgl. *Kepner/Tregoe* 1991, S. 43 ff.).

- **Problembewertung**
  Bevor mit der Ursachenforschung begonnen wird, ist die Problembewertung durchzuführen. Ziel dieses Schrittes ist es, nach der Beschreibung des Problems zu entscheiden, ob sich der Aufwand lohnt, das Problem weiter zu untersuchen. Mit Hilfe dieser Bewertung werden die Probleme von grundlegender Bedeutung von den nebensächlichen Problemen unterschieden. Die Einschätzung bzw. Bewertung erfolgt anhand der folgenden Kriterien:

- **Dringlichkeit des Problems**
  (Ist das Problem hinsichtlich der Zeit vorrangig zu behandeln bzw. muss das Problem bis zu einem bestimmten Termin gelöst werden?)

- **Entwicklung des Problems**
  (Verschärft/entschärft sich das Problem, wenn nichts unternommen wird?)

- **Wichtigkeit des Problems**
  (Ist das Problem hinsichtlich seiner Bedeutung vorrangig zu behandeln bzw. wie bedeutend sind die Auswirkungen?)

- **Verfügbare Ressourcen**
  (Welche Kapazitäten stehen für die Bearbeitung des Problems bereit?)

- **Abhängigkeit**
  (Ist die Lösung dieses Problems Voraussetzung für die Lösung anderer Probleme bzw. kann oder sollte das Problem gemeinsam mit anderen Problemen gelöst werden?)

(2) Problemuntersuchung
Nach der Beschreibung der Symptome (Ermittlung von Besonderheiten und deren Veränderung) muss die Ursachenforschung vorgenommen werden. Wirkungsvolle Maßnahmen lassen sich erst dann entwickeln, wenn die Ursachen bekannt sind. Da zwischen dem IST und dem IST-NICHT Unterschiede bestehen müssen, da sonst auch der gegenübergestellte Bereich von Problemen betroffen wäre, dies ja aber gerade nicht gegeben ist (IST-NICHT), richtet sich der Blick besonders auf die Unterschiede. Die Ursache für ein neu aufgetretenes Problem ist eine wie auch immer ausgeprägte Veränderung. Diese Veränderung ist zu identifizieren. Da grundsätzlich jede eingetretene Veränderung als mögliche Ursache in Frage kommen kann, müssen alle Veränderungen geprüft werden (vgl. *Kepner/Tregoe* 1991, S. 43 ff.). Die Suche nach den für das Problem verantwortlichen Veränderungen und deren Ursachen veranschaulicht die Abb. 4-14.

Die **Problemuntersuchung** orientiert sich am Systemdenken. Gemäß den Prinzipien **von außen nach innen und vom Groben zum Detail** sind folgende Analyseschritte einzuhalten (s. dazu z. B. *Krüger* 1983, S. 78 ff.):

- **Analyse der Rahmenbedingungen**
  In der Regel sind Problemfelder nicht vollkommen isoliert, d. h. auf jedes System wirken Faktoren von außen ein. Das Ziel dieses Arbeitsschrittes besteht darin, derartige äußere **Einflüsse auf das System** nach ihrer Art und dem Umfang zu betrachten. Mit dieser Einflussgrößenanalyse sollen die möglicherweise eingetretenen Veränderungen erfasst und ihre Auswirkungen für das Problem festgestellt werden.

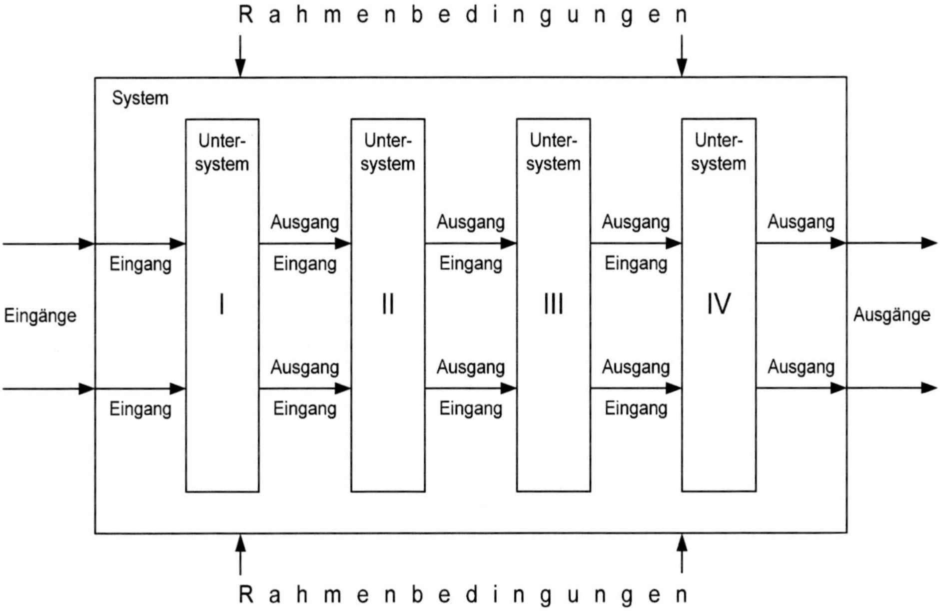

Abb. 4-14: Schematische Darstellung der systematischen Problemanalyse

- **Analyse der Ein- und Ausgänge**
  Mängel in der Funktionsweise des Systems zeigen sich an den Ergebnissen, die von dem untersuchten System abgegeben werden. Da die Ergebnisse im Ausgang des Systems Mängel oder Fehler aufweisen, liegt die Ursache dafür entweder im System selbst oder die Eingänge in das System sind bereits mit Fehlern behaftet. Bevor das System selbst betrachtet wird, sind zuerst die Eingänge zu überprüfen. Weisen bereits die Eingänge Mängel auf und lassen sich damit die Abweichungen im Ausgang hinreichend erklären, ist es nicht erforderlich, das System selbst zu untersuchen. Folgerichtig scheinen die Ursachen dann im Vorfeld des untersuchten Systems zu liegen und müssen dort ermittelt werden.

- **Systemanalyse**
  Lassen sich die Mängel im Ergebnis nicht oder nicht hinreichend durch die Eingangs-/Ausgangsanalyse erklären, muss das bisher als "Black Box" aufgefasste System bzw. dessen innere Struktur näher untersucht werden. Bei dieser Strukturanalyse sind ebenfalls die Prinzipien des Systemdenkens (vom Groben zum Detail, von außen nach innen) zu berücksichtigen, denn das System wird zunächst in Untersysteme zerlegt. Da jedes Untersystem für sich gesehen als Quelle der Ursache in Frage kommen kann, erfolgt die Analyse rückwärts gerichtet, bis das fehlerhafte Untersystem identifiziert ist. Da die Ausgänge des Systems mit Mängeln behaftet sind, wird zunächst für das am Schluss des Ablaufs liegende Untersystem überprüft, ob dessen Eingänge Fehler aufweisen. Wenn sie die Abweichung im Ergebnis nicht oder nicht hinreichend erklären, werden die Eingänge des vorgelagerten Systems überprüft. Diese Vorgehensweise wird solange fortgesetzt, bis das Untersystem ermittelt ist, dessen Eingänge fehlerfrei und dessen Ausgän-

ge Abweichungen aufweisen. Innerhalb dieses Untersystems müssen die Ursachen liegen. Durch dieses schrittweise Vorgehen wird die Suche der Ursachen nicht zu früh beendet. Lässt sich eine Abweichung im Ausgang nur teilweise durch den Eingang erklären, wird in den davorliegenden Untersystemen so lange weiter gesucht, bis die Abweichung vollständig geklärt ist. Auf diese Art und Weise können ganze Ursachenketten ermittelt werden, die insgesamt für die Abweichung im Ergebnis des Systems verantwortlich sind. Daraufhin werden für die identifizierten Untersysteme die Elemente (Aufgaben, Aufgabenträger, Sachmittel, Informationen), deren Dimensionen (Zeit, Raum, Menge) und Beziehungen (Aufbaubeziehungen, Ablaufbeziehungen) untersucht, ob und in welchem Ausmaß sie für die Abweichungen verantwortlich sind.

(3) Problemdokumentation
Die identifizierten Probleme bilden den Ausgangspunkt für zu erarbeitende Lösungen. Die Vielfalt der ermittelten Probleme ist oft sehr hoch. Damit die gefundenen Probleme nicht in Vergessenheit geraten und immer als Richtschnur für die Lösungssuche dienen, sind die Probleme zu dokumentieren. Eine übersichtliche Darstellung trennt nach ermittelten gegenwärtigen oder zukünftigen Problemen und die für sie verantwortlichen oder prognostizierten Ursachen(ketten). Darüber hinaus sind auch festgestellte Chancen und die zu ihrer Realisierung notwendigen Voraussetzungen als Ergebnis der Problemanalyse zu dokumentieren.

Beurteilung
Die **Vorteile** der systematischen Problemanalyse liegen darin, dass sich mit dieser Vorgehensweise alle Schwächen und Bedrohungen sowie Stärken und Chancen erkennen lassen. Dabei werden nicht nur Symptome aufgenommen, sondern es erfolgt eine planmäßige Suche nach den Ursachen und Ursachenketten. Die Probleme werden klar beschrieben. Mit der systematischen Problemanalyse werden die subjektiven Einschätzungen in Grenzen gehalten.

Die **Nachteile** der systematischen Problemanalyse ergeben sich aus dem aufwendigen Vorgehen. Die Einhaltung der erforderlichen Analyseschritte macht das Verfahren sehr zeitintensiv. In vielen Fällen reicht daher ein vereinfachtes Verfahren aus, um Mängel und deren Ursachen zu erkennen. Dabei erfolgt eine Gegenüberstellung von (möglichen) Mängeln und möglichen Ursachenkategorien in Form einer Matrix. Jeweils im Schnittpunkt eines Mangels und einer denkbaren Ursache, werden gezielte Fragen gestellt. Diese Variante der systematischen Problemanalyse ist weniger zeitintensiv. Werden systematisch alle Ursachenkategorien geprüft (neben den Rahmenbedingungen und den Eingängen, z. B. die Elemente Aufgabe, Aufgabenträger, Sachmittel und Informationen, auch die aufbau- und ablauforganisatorischen Beziehungen), lassen sich auch damit Ursachenketten erkennen.

4.4 Techniken der Alternativensuche

Nach der Gewinnung von Mengen-, Zeit- und Wertinformationen zur Charakterisierung der Ist-Situation des Untersuchungsbereiches und deren Ordnung und Aufbereitung sowie der Zerlegung vorgefundener Gegebenheiten, um ungelöste Sachverhalte zu identifizieren, erfolgt die Erarbeitung von Lösungsalternativen. Die enge Beziehung zwischen der Erarbeitung von Soll-Varianten und den vorgelagerten Schritten der Erhebung, Bewertung der Ist-Situation und Würdigung ist erforderlich, um praktische Lösungsalternativen zu erarbeiten. In Frage kommen dabei solche Lösungen, die Schwachstellen und Probleme beheben, Bedrohungen und Risiken entgegenwirken, Stärken vervollkommnen und Chancen nutzen. Da die Ermittlung derartiger Lösungsalternativen hohe Anforderungen an die Kreativität stellt, unterstützen und erleichtern Techniken diesen Teil der Organisationsarbeit.

4.4.1 Konventionelle Technik

Beschreibung
Bei der konventionellen oder traditionellen Technik werden **Lösungsvorschläge** herangezogen, **die sich bei vergleichbaren Problemstellungen als geeignet erwiesen haben**. Die Ähnlichkeit zwischen gegenwärtig vorgefundenen Schwächen und Stärken und früheren Situationen lässt in der Vergangenheit realisierte Problemlösungen auch jetzt als geeignet erscheinen.

Vorgehen
Ausgangspunkt für die in Frage kommenden Lösungsalternativen ist das vorhandene Wissenspotential. Die Quellen für die so zusammengetragenen Lösungsvorschläge sind (vgl. *Wittlage* 1993, S. 218; *Schmidt* 2000, S. 294)

- Erfahrungen und logische Einsicht von Organisationsexperten
- Publikationen von Unternehmen, zu deren Aufgabe die Lösung von organisatorischen Problemen gehört
- persönliche Informationen (z. B. Erfahrungsaustausch mit anderen Unternehmen, Arbeitskreise, Tagungen)

Bei sich anbietenden Lösungsalternativen ist jeweils zu prüfen, ob diese übertragen werden können. Dies setzt voraus, dass sowohl die Problemstellung als auch die Ursachen vergleichbar sind und sich gefundene Lösungen in der konkreten betreffenden Situation auch tatsächlich realisieren lassen. Der konventionellen Technik liegt die Annahme zugrunde, dass für einen erheblichen Teil von Problemen gleiche oder ähnliche Lösungen bereits vorliegen.

Beurteilung
Die **Vorteile** traditioneller Alternativensuche liegen in dem verhältnismäßig geringen Risiko. Da nur bereits realisierte Lösungen herangezogen werden, besteht nicht die Gefahr, dass grundlegend neue unausgereifte, unerprobte und noch nicht praxisbewährte Lösungen vorgeschlagen werden. Bei dieser Form ist gewährleistet, dass relativ schnell Ergebnisse vorliegen.

Einer der wesentlichen **Nachteile** dieser Vorgehensweise besteht in der Gefahr, dass Lösungen unkritisch übernommen werden, ohne ausreichend zu überprüfen, ob die Ausgangssituation und die Gegebenheiten dies überhaupt zulassen. Häufig wird dabei nicht die zur Lösung des Problems beste, sondern nur die erstbeste Alternative übernommen. Ein weiterer Nachteil liegt darin, dass die traditionelle Vorgehensweise lediglich eine irgendwie geartete Beseitigung des gefundenen Problems in den Vordergrund stellt, denn grundlegend neue, eventuell bahnbrechende und vielleicht unkonventionelle Lösungen werden so allenfalls zufällig gefunden. Da jedoch erst grundlegend neue Lösungen eine tatsächliche Weiterentwicklung und einen echten Fortschritt ausmachen, ist die Chance solche Lösungen zu finden mit Kreativitätstechniken weit höher.

4.4.2 Kreativitätstechniken

Kreativitätstechniken bzw. Techniken zur Ideenfindung verfolgen das Ziel, die **Erfahrungen und das Wissen mehrerer Personen miteinander zu kombinieren**, um grundlegend neue Lösungsalternativen zu gewinnen. Kreativitätstechniken versuchen bewusst, Denkblockaden zu umgehen. Da schablonenhaftes Vorgehen den Blick für die Suche nach Neuem versperrt, nutzen diese Techniken die menschliche Fähigkeit, Ideen hervorzubringen, die in wesentlichen Merkmalen neu sind. Kreativitätstechniken treten der Neigung des Menschen entgegen, in der Vergangenheit bewährte Lösungen in vergleichbaren oder ähnlichen Situationen ungeprüft zu übernehmen (s. 4.4.1). Vorstellungshaftes Denken sowie die Bildung neuer Muster und Verknüpfungen aus Erfahrungswissen oder die Übertragung bekannter Zusammenhänge auf neue Situationen beabsichtigt, eingefahrene Gleise bzw. vorherrschende Denkmuster zu verlassen (s. dazu z. B. *Bendixen* 1989, Sp. 923 ff.; *Schlicksupp* 1989, Sp. 930 ff.; *Uebele* 1992, Sp. 1165 ff.). Aus der Vielfalt der möglichen Kreativitätstechniken werden solche Techniken dargestellt, die auch bei der Suche nach organisatorischen Lösungen häufig eingesetzt werden.

4.4.2.1 Brainstorming

Beschreibung
Das Brainstorming (Gehirnsturm, Ideenwirbel), von *Osborn* zur Technik entwickelt, "...using the brain to storm a problem" (1963, S. 151), ist eine intuitiv-kreative Methode, bei der neue Lösungsvorschläge in Form einer Gruppensitzung gefunden werden. Kreative Ideen entstehen dadurch, dass Gedanken der Teilnehmer ungebremst entwickelt und ausgesprochen werden, die wiederum andere Teilnehmer anregen, diese Gedanken aufzunehmen und (in der Gruppe) weiter zu verfolgen.

Vorgehen
Um den Gedankenfluss zu fördern und Ideen anzuregen sowie eventuell vorhandene Hemmschwellen bei den Teilnehmern zu reduzieren, sind einige **Regeln** einzuhalten (vgl. *Osborn* 1963, S. 156; s. dazu auch z. B. *Grochla* 1982/95, S. 393; *Schlicksupp* 1985, S. 62 ff.; *Uebele* 1992, Sp. 1169; *Pepels* 1996, S. 875):

- Die Teilnehmer sollen ihrer Phantasie freien Lauf lassen. Alle Anregungen sind erwünscht. Gefördert wird eine unbegrenzte Spontaneität. Ideen sollten originell und neuartig sein. Demzufolge wird freies Assoziieren und das "Spinnen" bewusst erwartet und gefordert.

- Quantität geht vor Qualität, d. h. es kommt in erster Linie darauf an, möglichst viele Ideen zu gewinnen. Der Ideenmenge wird zunächst eine höhere Priorität eingeräumt als der Ideengüte.

- Die Ideen anderer Sitzungsteilnehmer sollen ganz bewusst aufgegriffen, miteinander kombiniert und weiterentwickelt werden. Es gibt keine Urheberrechte auf geäußerte Ideen.

- Während der Brainstorming-Sitzung ist Kritik und (Be)Wertung nicht zulässig.

Neben diesen Regeln sind noch **Durchführungsempfehlungen** oder organisatorische Voraussetzungen einzuhalten (vgl. z. B. *Grochla* 1982/95, S. 393; *Schlicksupp* 1985, S. 64 f.; *Uebele* 1992, Sp. 1169; *Pepels* 1996, S. 875). So sollte die **Teilnehmerzahl** auf mindestens fünf und höchstens zwölf Personen begrenzt sein. Bei der **Zusammensetzung der Gruppe** ist darauf zu achten, dass sie im Hinblick auf die Kenntnisse und Erfahrungen möglichst heterogen ist. Dies begünstigt unterschiedliche Sichtweisen und die daraus entstehenden Lösungsvorschläge. Hinsichtlich der in der Gruppe vertretenen hierarchischen Stufen empfiehlt sich eine möglichst homogene Besetzung der Gruppe. Die Anwesenheit von Vorgesetzten kann Diskussionsbeiträge beeinträchtigen. Ein **Moderator** leitet die Sitzung. Zu seinen wichtigsten Aufgaben gehört, die Einhaltung von Regeln zu überwachen. Er soll die Teilnehmer aktivieren und die Äußerungen von Ideen und Lösungsvorschlägen fördern. Inhaltlich gesehen hat er sich zurückzuhalten. Während der zwischen 20 und 40minütigen **Dauer der Sitzung** sind die von den Teilnehmern geäußerten Vorschläge zu visualisieren und systematisieren. Dabei werden Vorschläge zu Gruppen zusammengefasst und gemeinsam in der Gruppe bewertet. Die **Aufzeichnung** der genannten Vorschläge kann während der Sitzung durch einen Protokollanten erfolgen. Häufig wird diese Dokumentation aber auch vom Moderator selbst übernommen.

Im Laufe der Zeit haben sich Abwandlungen bzw. **Varianten des Brainstormings** entwickelt (s. dazu z. B. *Hillengaß* 1987, S. 53 f.; *Klötzl* 1989, S. 395; *Knieß* 1995, S. 59 ff.; *Pepels* 1996, S. 876):

- **Anonymes Brainstorming**
  Erste Lösungsvorschläge werden von den Teilnehmern schon vor der eigentlichen Problemlösungssitzung individuell entwickelt und dann in der Sitzung gemeinsam weiter erörtert.

- **Destruktives-konstruktives Brainstorming**
  Im ersten Teil der Sitzung werden nur Schwachstellen und Mängel eines Problems zusammengetragen (destruktiver Aspekt). Darauf aufbauend werden im zweiten Teil der Sitzung Lösungsvorschläge entwickelt (konstruktiver Aspekt).

- **Didaktisches Brainstorming**
  Die eigentliche Problemstellung kennt nur der Moderator. Die Teilnehmer werden in einzelnen Sitzungen an das Problem herangeführt. Mit dieser Variante soll einer voreiligen Festlegung auf Lösungen vorgebeugt werden.

- **Imaginäres Brainstorming**
  Um die Teilnehmer von festgefahrenen Vorstellungen zu befreien, werden einige Bedingungen des zu lösenden Problems radikal verändert.

- **Ping-Pong-Brainstorming**
  An den Sitzungen nehmen lediglich zwei Personen teil, die sich durch das wechselweise schnelle Nennen von Ideen gegenseitig stimulieren sollen.

- **Reverse Brainstorming**
  Statt positiver Lösungen und Ideen werden Restriktionen, Fehler und Gefahren einer bestimmten Lösung oder Idee ermittelt.

- **BUZZ-Session**
  Einzelgruppen der Gesamtgruppe müssen in einer vorgegebenen Zeit in Konkurrenz zueinander Lösungen finden.

- **Creative Collaboration Technique**
  Die Gruppenteilnehmer trennen sich nach einem kurzen Brainstorming, um für sich allein weiter zu denken und Ideen zu notieren. Diese Technik begünstigt sowohl den gruppendynamischen Aspekt als auch die Stimulierung des individuellen Bewusstseins.

Beurteilung
Die **Vorteile** des Brainstormings liegen darin, dass die Gruppenarbeit die Kreativität "aufschaukelt". Angeregt durch die Ideen der anderen ergeben sich neue Ideen, aus denen dann weitere Ideen entstehen. Die Gruppe ist dadurch bei der Lösungssuche in der Lage und eher bereit, eingefahrene Gleise zu verlassen und gemeinsam etwas Neues anzudenken und zu entwickeln. Die Chance, dabei unkonventionelle und vielleicht bahnbrechende Lösungen zu erhalten, ist sehr hoch.

Einer der wesentlichen **Nachteile** ergibt sich daraus, dass diese Methode dem Grundsatz "Masse vor Klasse" folgt. In der Praxis lässt sich beobachten, dass gerade deswegen die erhoffte Auflösung der Denkblockaden häufig nur sehr schwer erfolgt. Es gibt keine Garantie dafür, dass eingefahrene Denkschemata verlassen werden. Die Erwartung, dass geäußerte Ideen und Vorschläge zu neuen Alternativen anregen, kann sich auch ins Gegenteil verkehren. Es lässt sich nicht ausschließen, dass gerade dadurch eine Beeinflussung der anderen Teilnehmer in eine vorgegebene Denkrichtung erfolgt.

Um diesen ungewollten Effekt der Steuerung zu verhindern, wird das Brainstorming häufig in einer schriftlichen Form durchgeführt. Bei einem **Brainwriting** schreiben die Teilnehmer ihre Ideen auf. Da jeder Teilnehmer auf sich allein gestellt ist, wird damit sowohl die kreativsteuernde Funktion (Anregung durch die Vorschläge anderer Gruppenteilnehmer) als auch die vorgebend-einschränkende Funktion ausgeschlossen. Eher zurückhaltende Teilnehmer werden durch aktive Teilnehmer nicht in den Hintergrund gedrängt. Darüber hinaus wird durch das Brainwriting die Dokumentation der vorgeschlagenen Ideen vom Moderator auf die Teilnehmer verlagert.

Die einfachste Form des Brainwriting ist die **"Kärtchen-Abfrage".** Der einzige Unterschied zum Brainstorming besteht darin, dass die Teilnehmer ihre Ideen auf Kärtchen schreiben. Im Anschluss an das Sammeln der Ideen werden die Kärtchen durch den Moderator und die Gruppe gesichtet. Dabei werden Doppelnennungen aussortiert, bevor dann die Lösungsvorschläge zu Gruppen (Cluster) zusammengefasst werden.

Das Brainwriting kennt jedoch noch weitere Ausprägungen.

4.4.2.2 Methode 635

Beschreibung
Die Methode 635 ist eine Variante des Brainwriting (*Rohrbach* 1969, S. 73 ff.). Diese Kreativitätstechnik ist durch eine höhere Formalisierung gekennzeichnet, denn eine kleine Gruppe von Teilnehmern trägt innerhalb einer vorgegebenen Zeit eine begrenzte Anzahl von Ideen schriftlich zusammen.

Vorgehen
Zu einem vorgegebenen Problem schreiben die **6 Teilnehmer** der Gruppe jeweils **3 Ideen** auf ein Formblatt und geben dieses Formblatt jeweils nach **5 Minuten** an die fünf anderen Gruppenmitglieder weiter (Abb. 4-15).

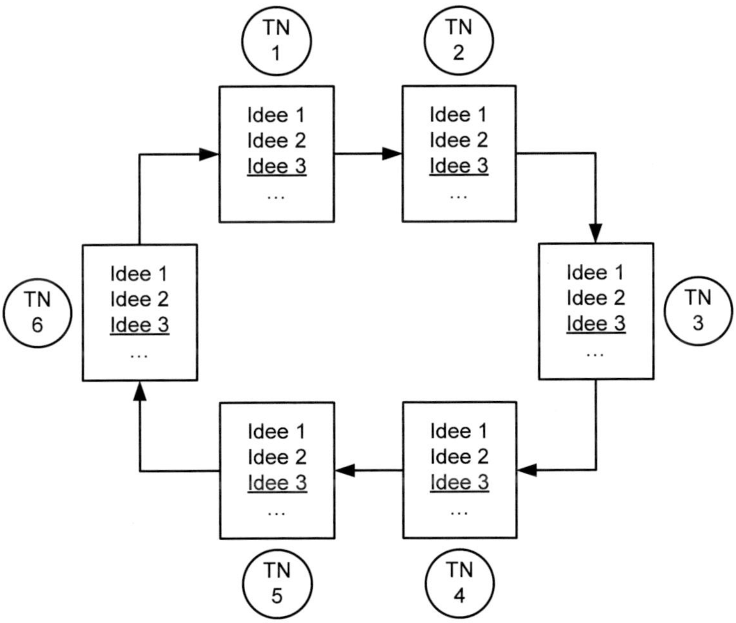

Abb. 4-15: Ablaufschema der Methode 635

Jeder Teilnehmer (TN) trägt zunächst in sein noch unbeschriebenes Formblatt drei Vorschläge ein. Nach fünf Minuten reicht jeder Teilnehmer dieses Blatt im Uhrzeigersinn an seinem Nachbarn weiter. Auf dem jetzt erhaltenen Formblatt sind bereits die drei Ideen des Vorgängers festgehalten. Darauf aufbauend müssen nun drei weitere Ideen hinzugefügt werden, die sich durchaus an den schon vorhandenen Ideen orientieren können, aber grundsätzlich neu sein müssen. Dieser Austausch der Blätter erfolgt solange bis jeder Teilnehmer auf seinem ursprünglichen Blatt und den fünf anderen Blättern insgesamt 18 Ideen niedergeschrieben hat. Durch dieses Vorgehen werden bei sechs Teilnehmern innerhalb von 30 Minuten auf sechs Formblättern insgesamt 108 Lösungsvorschläge zusammengetragen.

Beurteilung
Die Methode 635 wird vielfach im Anschluss an ein Brainstorming eingesetzt, denn einer der **Vorteile** besteht darin, dass sich auf diese Art und Weise in sehr kurzer Zeit interessante aber eher spontane Ideen des Brainstormings präzisieren lassen. Die Methode 635 setzt nicht voraus, dass die Teilnehmer räumlich zusammenkommen müssen. Dadurch können Gruppenkonflikte ausgeschlossen werden, und die Technik lässt sich auch bei vielbeschäftigten Mitarbeitern einsetzen. In der Regel werden bei dieser Variante der Methode 635 dann auch längere Zeiten zur Ideenfindung vereinbart. Da die Ideen bereits durch die Teilnehmer schriftlich fixiert (dokumentiert) werden, ergibt sich eine Zeitersparnis. Bei dieser Technik lassen sich auch die Urheber von Ideen identifizieren.

Da jedem Teilnehmer, wenn die Gruppe räumlich zusammenkommt, immer nur fünf Minuten zur Entwicklung von drei Ideen zur Verfügung stehen, liegt einer der **Nachteile** darin, dass sich diese Methode eher für gut strukturierte und wenig komplexe Probleme eignet. Von Nachteil ist auch, dass die Teilnehmer beim Niederschreiben ihrer Ideen kein direktes Feedback durch die anderen Teilnehmer erhalten. Es kann nicht ausgeschlossen werden, dass sich der etwas starre Ablaufmechanismus (z. B. die zeitliche Beschränkung, die vorgeschriebene Anzahl der Durchläufe) zu Lasten der Kreativität auswirkt.

4.4.2.3 Kollektives Notizbuch

Beschreibung
Bei der CNB-Technik (CNB = Collective Notebook, gemeinsames Notizbuch) tragen die daran beteiligten Personen alle Einfälle zur Lösung eines beschriebenen Problems in ein "Notizbuch" ein.

Vorgehen
Jedem Teilnehmer wird eine Unterlage ausgehändigt, in der eine genaue Problembeschreibung enthalten ist. Die Teilnehmer werden aufgefordert, innerhalb eines vorgegebenen zeitlichen Rahmens von ungefähr einem Monat alle Ideen zu dem beschriebenen Problem schriftlich festzuhalten. Darüber hinaus besteht die Aufforderung, das Problem neu zu definieren, um damit neue Sichtweisen und Perspektiven für die Lösung zu gewinnen. Die Teilnehmer sind ferner angehalten, Quellen anzugeben (z. B. Fachliteratur), in denen Lösungsansätze aufgezeigt sind. Nach Ablauf des vorher festgelegten Zeitraums werden die Materialien durch den Moderator eingesammelt. Die wesentliche Aufgabe des Moderators besteht darin, die individuellen Notizen der Teilnehmer auszuwerten, verdichtete Ergebnisse zu erarbeiten und die wichtigsten Lösungsansätze herauszuarbeiten. In einer sich dann anschließenden gemeinsamen Sitzung der Teilnehmer erfolgt eine weiterführende und vertiefende Erörterung der herausgearbeiteten Lösungsansätze.

Beurteilung
Einer der wesentlichen **Vorteile** der Technik des kollektiven Notizbuchs liegt darin, dass die Teilnehmer ausreichend Zeit haben, Ideen und Lösungsvorschläge zu erarbeiten. Diese Technik zielt nicht auf die spontane Äußerung von Ideen ab, wie z. B. das Brainstorming, sondern ermöglicht die Erarbeitung ausgewogener Lösungsvorschläge. Ein weiterer Vorteil dieser Technik besteht darin, dass die an der Problemlösung beteiligten Experten in der Phase der Ideensammlung nicht zu bestimmten Terminen zusammenkommen müssen.

Die **Nachteile** dieser Technik ergeben sich durch die individuelle Ideensammlung jedes Teilnehmers. Eine kreative Beeinflussung durch die jeweils anderen Teilnehmer, wie z. B. beim Brainstorming, entfällt bei der CNB-Methode. Ist die Zusammensetzung der Gruppe sehr homogen, ist die Wahrscheinlichkeit sehr hoch, dass gleiche oder sehr ähnliche Lösungsalternativen vorgeschlagen werden.

4.4.2.4 Morphologische Analyse

Beschreibung
Morphologie bedeutet soviel wie Lehre von der Gestalt- und Formenbildung oder Formenlehre. Bei dieser Technik geht es um die möglichst vollständige Erfassung eines komplexen Feldes von Alternativen, um daraufhin alle für ein (vor)gegebenes Problem in Frage kommende Lösungen zu identifizieren. Die Technik der morphologischen Analyse macht am besten deutlich, dass Kreativität darin besteht, bereits vorhandenes Wissen jeweils anders miteinander zu kombinieren. Dies wird durch ein Denken in geordneten Formen erreicht (vgl. *Zwicky* 1971).

Vorgehen
Der morphologischen Analyse liegt der "Morphologische Kasten" zugrunde (Abb. 4-16). In dieser Matrix werden in der Vorspalte voneinander unabhängige Einflussgrößen des zu lösenden Problems eingetragen. Für jeden dieser Aktionsparameter werden in den waagerechten Zeilen die denkbaren Ausprägungen aufgelistet (vgl. *Zwicky* 1971, S. 88 ff.).

Jede Kombination der Ausprägungen stellt eine synthetische und daher theoretisch mögliche Lösungsalternative dar. Die Anzahl der Einflussgrößen und der Ausprägungen sollte jedoch nicht zu groß gewählt werden, denn bereits bei fünf Aktionsparametern und fünf Ausprägungen für jede Einflussgröße entsteht eine 5 x 5-Matrix mit 3125 ($=5^5$) theoretisch möglichen Lösungsmöglichkeiten. Diese maximal möglichen Lösungs-vorschläge setzen sich zusammen aus

- unsinnigen bzw. unrealistischen Parameterkombinationen

- realistischen Alternativen, die bereits bekannt sind oder auch ohne die Technik der morphologischen Analyse gefunden worden wären

- realistischen und zugleich völlig neuen, so noch nicht angedachten Lösungen.

	Ausprägung				
Parameter	1	2	3	4	5
1 Zielgruppe	11 Auszu- bildende	12 Arbeiter	13 **Angestellte**	14 leitende Angestellte	15 Vorstand
2 Anwerbung	21 **Inserate**	22 Arbeitsamt	23 Personal- beratungs- gesellschaft	24 betriebs- interne Ausschreibung	25 Verbindung mit Ausbildungs- stätten
3 Bewerbungs- unterlagen	31 **Zeugnisse**	32 Lebenslauf	33 Personal- bogen	34	35
4 Auswahl	41 Aufgrund der unterlagen	42 **schriftlicher Test**	43 Assessment Center	44 Vorstellungs- gespräch	45
5 Durchführung	51 Personal- abteilung	52 Fachabteilung	53 **Personal- u. Fachabteilung**	54 Vorstand	55 Vorstand u. Personal- abteilung
6 Einarbeitung	61 Schulung durch Vorgesetzten/ Ausbilder	62 **Trainee- programm**	63 Pate	64 Einführungs- veranstaltung	65 Training on the job

Abb. 4-16: Morphologischer Kasten am Beispiel der Einstellung eines Mitarbeiters (in Anlehnung an *Schneck* 1995, S. 46)

Die realistischen Kombinationen können entweder durch Linien in der Matrix oder durch Zahlenfolgen deutlich gemacht werden. Die in Frage kommenden Lösungen müssen dann in einem weiteren Schritt einer Bewertung unterzogen werden (s. 4.5). Der morphologische Kasten macht deutlich, dass neue und vielleicht auch originelle Lösungen allein durch die Kombination von bereits vorhandenem Wissen gefunden werden können.

Bei diesem systematisch-logischen Verfahren steht das rationale Element im Vordergrund. Im Gegensatz zu den eher intuitiven Techniken, wie z. B. dem Brainstorming, werden alle zu einem Problem denkbaren Lösungen in einem Totallösungssystem systematisch geordnet aufgezeigt (vgl. *Uebele* 1992, Sp. 1171).

Beurteilung

Einer der **Vorteile** der morphologischen Analyse besteht darin, dass alle wesentlichen Aspekte eines Problems Berücksichtigung finden. Lösungen werden durch die Kombination von analytischem und kreativem Denken gefunden. Ein weiterer Vorteil ergibt sich daraus, dass der Einsatz diese Technik nicht zwangsläufig einer Gruppe bedarf. Auch eine Einzelperson kann diese Technik anwenden. Die gesamte Dokumentation der Lösungssuche und der in Frage kommenden Lösungen ist hinfällig bzw. geschieht im morphologischen Kasten selbst. Sowohl die der Lösungssuche zugrunde liegenden Aspekte als auch die theoretisch möglichen Kombinationen sowie die zur Realisierung in Frage kommenden Lösungen sind bereits in der Matrix dokumentiert.

Einer der **Nachteile** liegt in der Frage nach der Anzahl der Aktionsparameter und deren Ausprägungen. Nimmt die Anzahl der Einflussgrößen und der Ausprägungen zu, wird zwar der Lösungsraum größer aber auch unübersichtlicher. Die Anzahl der Lösungsalternativen ist daher eine kritische Größe. Die morphologische Analyse ist insgesamt sehr arbeits- und zeitaufwendig und eher für gut strukturierbare Probleme geeignet. Bei sehr vielen Merkmalen und Ausprägungen kann sich die Suche nach realisierbaren Lösungen durch die vielen in Frage kommenden und auszuprobierenden Kombinationen sehr zeitaufwendig gestalten. Wegen diesem Auswertungsaufwand ist diese Technik eher bei überschaubaren Fragestellungen einzusetzen.

4.5 Techniken zur Bewertung und Auswahl von Lösungen

Die Frage, welche Gestaltungsalternativen zur Lösung eines Problems in Frage kommen und welche dieser Alternativen die beste Lösung ist, lässt sich nur beantworten, wenn die Alternativen den zu erreichenden Zielen gegenübergestellt werden. Wie geeignet eine Alternative ist, hängt davon ab, in welchem Ausmaß sie das oder die Ziele erfüllt. Bevor Techniken zur Bewertung und Auswahl von Lösungen vorgestellt werden, wird daher zuerst der Prozess der Zielfindung betrachtet.

4.5.1 Technik der Zielfindung

Beschreibung
Unter einem Ziel versteht man eine beabsichtigte und überprüfbare Veränderung eines Zustands. Ziele beschreiben eine erwünschte Wirkung bzw. einen angestrebten Zustand. Ziele sind eine Festlegung zu erreichender Ergebnisse, die durch bestimmte Maßnahmen oder Lösungen zustande kommen sollen.

Die Technik der Zielfindung oder Zielformulierung beschreibt einen Prozess, bei dem Ziele erkannt, geordnet, präzisiert und gewichtet werden. Dieser Prozess findet innerhalb von mehreren Phasen, Stufen und Arbeitsschritten eines Projektes statt. So erfolgt beim Start eines Organisationsprojektes aber auch in allen Stufen und Arbeitsschritten der Konzeption die Findung und Formulierung von Zielen. Erteilt der Auftraggeber eines Projektes einen Auftrag, werden Ziele vereinbart. Die Würdigung orientiert sich an Zielen und im Rahmen der Bewertung wirken Ziele als Kriterien der Bewertung.

Vorgehen
Insgesamt setzt sich die **Entwicklung von Zielen** aus den folgenden acht Prozessstufen zusammen (vgl. *Wild* 1982, S. 57 ff.; *Schmidt* 2000, S. 307 ff.):

(1) Zielsuche

Die Schwierigkeit ergibt sich aus der Frage nach den "richtigen" Zielen. Werden "falsche" Ziele zugrunde gelegt, dann löst auch die Planung die falschen Probleme, und es werden die falschen Lösungsalternativen herangezogen. Da von organisatorischen Problemen in der Regel unterschiedliche Personengruppen betroffen sind, geht es darum, mögliche oder denkbare Ziele zu suchen. Das bedeutet, betroffene Personen oder Personengruppen bringen zunächst ihre Zielvorstellungen in Organisationsvorhaben ein. Da diese Ziele wegen der unterschiedlichen Zielträger (z. B. Mitarbeiter, die mit der Lösung arbeiten müssen, Leiter der betroffenen Bereiche, Geschäftsleitung, Kunden) nicht deckungsgleich sind und sich sogar widersprechen können, lassen sie sich in der Regel nicht gleichzeitig erreichen. In dieser Stufe geht es jedoch zunächst darum, die Ziele aller Interessensgruppen in Erfahrung zu bringen. Dabei kommt es in erster Linie auf die Quantität der Ziele an, d. h. im Vordergrund steht die Sammlung aller denkbaren Ziele der betroffenen Zielträger.

(2) Operationalisierung der Ziele

Damit Ziele den Charakter von Steuerungsgrößen erhalten und hinsichtlich ihrer Erfüllung kontrollierbar sind, müssen sie präzisiert werden. Operationalisierung bedeutet eine möglichst eindeutige Formulierung der Ziele. Dies dient auch dazu, Missverständnisse zwischen dem Auftraggeber für organisatorische Vorhaben und den mit der Erarbeitung von Lösungen Beauftragten zu vermeiden. Voraussetzung für die Eignung der Ziele zur Steuerung ist, dass sie durch ergänzende Hinweise bzw. Kriterien, d. h. Maßstäbe für die Zielerreichung, eindeutig gemacht werden. Diese Verdeutlichung von Zielen durch Kriterien ist die eigentliche Operationalisierung. Ziele sind in den folgenden **Bestimmungselementen** präzise zu formulieren:

- **Zielinhalt (-richtung)**
  (z. B. Anschaffungskosten, Verkürzung der Bearbeitungszeiten, Erhöhung der ...)

- **Zielausmaß (-betrag)**
  beschreibt die Eigenschaften, den der im Ziel beschriebene Soll-Zustand einnehmen soll (z. B. möglichst wenig Geldeinheiten, nicht mehr als x Maßeinheiten)

- **Zieltermin (-zeitraum)**
  (z. B. x pro Monat, ab dem 1. Quartal, zwischen Datum x und y, bis Ende des ...)

- **Restriktionen der Zielerreichung (Nebenbedingungen)**
  (z. B. Budget, maximale Geschwindigkeit einer Maschine)

- **Zuständigkeiten für die Zielerreichung**
  (z. B. verantwortliche Person oder Organisationseinheit)

- **Verfügbare Ressourcen für die Zielerreichung**
  (z. B. finanzielle Mittel, Personal, Sachmittel)

(3) Aufbau der Zielstruktur

Die zusammengetragenen Ziele sind zu ordnen, d. h. in eine Struktur zu bringen. Diese Strukturierung kann z. B. unterscheiden

- **Systemziele**
  Diese Ziele beschreiben die erwarteten Wirkungen/Leistungen der Lösung bzw. des zu gestaltenden organisatorischen Systems:

  - Wirtschaftlichkeitsziele
    (z. B. Kosten/Aufwand/Ausgaben, Erträge/Erlöse/Einsparungen)

  - Leistungsziele
    betreffen die Systemeigenschaften und die technischen Ziele
    (z. B. Leistungsumfang, Flexibilität, Ausbaufähigkeit, Störanfälligkeit einer Lösung)

  - Anwenderziele
    betreffen die Ziele der Benutzer
    (z. B. attraktive Aufgaben, Arbeitserleichterungen, Benutzerfreundlichkeit)

- **Muss-Ziele**
  Diese Ziele sind obligatorisch und müssen unbedingt erfüllt werden. Es sind Restriktionen, Nebenbedingungen, Einflussgrößen, die die Wirkung von k.o.-Kriterien haben. Erfüllt eine Lösungsvariante auch nur ein Muss-Ziel bzw. diese Mindestanforderung nicht, dann scheidet diese Variante als zu realisierende Lösung aus.

- **Kann-Ziele**
  Dies sind Wunschziele. Bei diesen Zielen wird entweder eine möglichst gute Erreichung angestrebt (z. B. Bearbeitungszeiten) oder es ist ein wünschenswertes Ziel, welches entweder erfüllt oder nicht erfüllt ist (Ja-/Nein-Ziel).

- **Vorgehensziele**
  betreffen die Abwicklung eines Projektes. Diese Ziele haben mit der eigentlichen Lösung nichts zu tun. Es handelt sich um Ziele, die nur während der Dauer von Projekten bestehen und nach Ende des Projektes erledigt sind
  (z. B. Projektkosten, Projekttermine, Arbeitsergebnis einer Projektphase).

(4) Analyse der Zielbeziehungen
Zwischen den gesammelten und strukturierten Zielen können unterschiedliche Beziehungen bestehen, deren Wirkung(en) bei der Bewertung von Lösungsalternativen zu berücksichtigen sind:

- **Zielidentität**
  Trotz der Verwendung verschiedener Begriffe verbergen sich dahinter identische Inhalte. Da es sich dabei um Mehrfachnennungen eines Ziels handelt, sind solche Redundanzen zu beseitigen, da sonst das eine Ziel bei der Bewertung ein zu starkes Gewicht erhält.

- **Zielkomplementarität**
  Zwei Ziele haben positive bzw. unterstützende Wirkung, d. h. sie weisen in die gleiche Richtung und verstärken sich gegenseitig. Da beide Ziele eine zu starke Bedeutung erhalten können, ist bei der Gewichtung die Abhängigkeit zu beachten.

- **Zielwiderspruch**
  Zwei Ziele schließen sich gegenseitig aus. Eines der beiden Ziele muss eliminiert werden.

- **Zielkonkurrenz**
  Ziele stehen miteinander in Widerstreit, d. h. ein Ziel hat eine negative bzw. einschränkende Wirkung auf ein anderes Ziel. Durch die Gewichtung muss festgelegt werden, welches von beiden Zielen wichtiger ist, ohne das andere ganz aufzugeben.

- **Zielindifferenz (-neutralität)**
  Die Ziele sind unabhängig voneinander, d. h. ein Ziel hat keinerlei Auswirkung(en) auf andere Ziele.

(5) Gewichtung der Ziele
Nicht alle Ziele haben die gleiche Bedeutung. Daher sind die Ziele zu gewichten. In einem ersten Schritt ist zwischen Muss- und Kann-Zielen zu unterscheiden. Die unterschiedliche Bedeutung der Kann-Ziele lässt sich mit Hilfe von zwei **Verfahren zur Zielgewichtung** ermitteln.

- **Punktvergabe**
  Ein begrenzter Punktevorrat (in der Regel 100 oder 10 Punkte) ist auf die Ziele zu verteilen. Aus den vergebenen Punkten ergibt sich eine Rangfolge der Ziele. Die **Vorteile** der Punktvergabe liegen in der einfachen Handhabung und hohen Transparenz des Verfahrens. Die **Nachteile** ergeben sich bei einer größeren Anzahl von Zielen. So kann die Einschätzung der Abhängigkeiten zwischen den Zielen bei einer hohen Anzahl von Zielen zur Überforderung des menschlichen Urteilsvermögens führen. Da das Verfahren leicht verständlich und daher schnell zu durchschauen ist, können Manipulationen nicht ausgeschlossen werden.

- **Paarvergleich**
  Jedes Ziel wird mit jedem anderen Ziel verglichen. Mit Hilfe einer Präferenzmatrix werden im jeweiligen Paarvergleich die Ziele ermittelt, die bevorzugt werden. Aus der Anzahl der jeweiligen Nennungen ergibt sich eine Rangfolge der Ziele (Abb. 4-17).

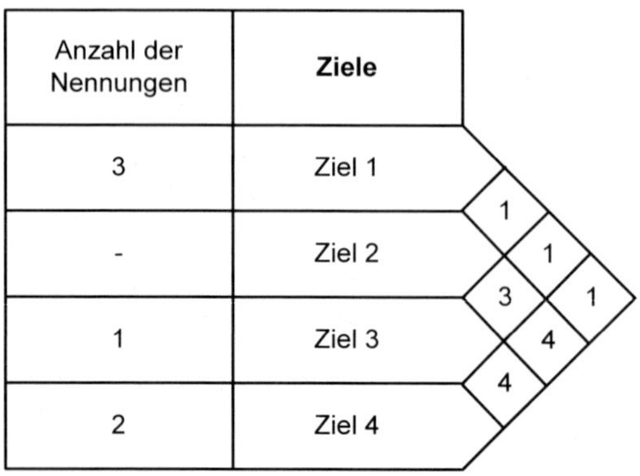

Abb. 4-17: Präferenzmatrix

Vergleicht man Ziel 1 mit Ziel 2, hat in diesem Beispiel Ziel 1 eine höhere Bedeutung. In der Matrix wird daher an dem Schnittpunkt der Diagonalen von Ziel 1 und 2 eine 1 eingetragen. Der Vergleich von Ziel 2 und 3 ergibt eine höhere Priorität für Ziel 3. Nachdem alle Ziele miteinander verglichen worden sind, ist das Ziel 1 bei diesem Paarvergleich dreimal bevorzugt worden (= 3 Nennungen) und hat damit die höchste Priorität. Auf den Plätzen 2, 3 und 4 folgen das Ziel 4 (2 Nennungen), Ziel 3 (1 Nennung) und Ziel 2.

Die **Vorteile** dieses Vorgehens bestehen darin, dass im Gegensatz zur Punktevergabe eine intensivere Auseinandersetzung mit der Zielgewichtung erfolgt. Der paarweise Vergleich erschwert eine vorzeitige Beeinflussung und Steuerung der Gewichtung. Die **Nachteile** bestehen im Vergleich zur Punktevergabe darin, dass der Paarvergleich aufwendiger ist. Da die Präferenzmatrix nicht selbsterklärend ist, muss das Verfahren gegenüber Nichtkundigen erläutert werden.

(6) Zielentscheidung und -selektion
Im Rahmen von organisatorischen Projekten ist ausschließlich der Auftraggeber (z. B. Geschäftsleitung) entscheidungsberechtigt. Dies gilt auch für die in Frage kommenden Ziele und deren Gewichtung. Der oder die Auftragnehmer (z. B. Projektleiter, Projektteam) erstellen lediglich einen Vorschlag der Gewichtung. Welche Ziele in dem betreffenden Projekt mit welcher Gewichtung berücksichtigt werden sollen, wird entweder vom Auftraggeber vorgegeben oder ist mit dem Auftraggeber abzustimmen.

(7) Dokumentation der Ziele
Da sich insbesondere im Verlauf von großen bzw. länger dauernden Projekten die Vorstellungen und damit auch die Ziele ändern können, ist die Zielentscheidung schriftlich niederzulegen. Im Idealfall erfolgt die Zieldokumentation im Projektauftrag für die jeweilige Projektphase. Die schriftliche Fixierung gewährleistet, dass jederzeit nachvollziehbar ist, welche Ziele dem Projektleiter bzw. Projektteam vorgegeben wurden.

(8) Zielüberprüfung und -revision
Nicht immer können Ziele einmalig festgelegt werden. Bereits realisierte Ziele, Abweichungen von der Planung, Veränderungen im Umfeld und den Prämissen des Projektes können Anlässe sein, im Verlauf des Projektes Ziele weiter zu entwickeln. Auch diese Anpassung kann nur in enger Abstimmung zwischen dem Auftraggeber des Projektes und allen anderen vom Projekt Betroffenen erfolgen.

Beurteilung
Die Technik der Zielfindung systematisiert den Prozess der Zielfindung. Dabei werden alle relevanten Ziele erkannt bzw. gefunden. Es erfolgt eine Präzisierung der zu berücksichtigenden Ziele, und die Ziele werden geordnet, hinsichtlich ihrer Bedeutung unterschieden und dokumentiert. Die Technik der Zielfindung lässt zu, dass Zielanpassungen an veränderte Gegebenheiten möglich sind und die Erreichung der Ziele überprüft werden kann.

4.5.2 Bewertungstechniken

Das **Prinzip der Bewertung** besteht darin, die in Frage kommenden Gestaltungsalternativen bzw. Lösungen den Zielen gegenüber zu stellen, um die Eignung hinsichtlich der Zielerfüllung zu ermitteln und damit die zur Lösung eines Problems am besten geeignete Variante zu finden (Abb. 4-18).

Ziel \ Variante	Alternative / Lösung A	Alternative / Lösung B	Alternative / Lösung C	Alternative / Lösung n
Ziel / Kriterium 1				
Ziel / Kriterium 2				
Ziel / Kriterium 3				
Ziel / Kriterium n				

Abb. 4-18: Prinzip der Bewertung

Organisatorische Lösungen sind nur in seltenen Fällen rein quantitativ bewertbar. Am ehesten lassen sich noch die Aufwendungen quantifizieren. Sind diese finanzieller und materieller Art, können sie in Geldeinheiten ausgedrückt werden. Im Gegensatz dazu ist die Ertragsseite nur im Ausnahmefall eindeutig in Geld- oder Mengeneinheiten erfassbar. Um qualitative Nutzengrößen in quantitative Werte überführen zu können, müssen Hilfsrechnungen durchgeführt werden.

In vielen Fällen werden organisatorische Konzepte von Entscheidern verabschiedet, die nicht selbst an der Bewertung mitgewirkt haben, denn die Bewertung organisatorischer Gestaltungsalternativen ist in der Regel ein Vorschlag der mit der Lösung des Problems beauftragten Personen (z. B. Projektleiter, Projektteam). Die jedem Bewertungsvorgang immanente **Subjektivität** - Bewertungen werden grundsätzlich von Menschen vorgenommen - kann "objektiviert" werden, indem solche Bewertungen nicht nur einer sondern mehreren einzelnen Personen oder einer Gruppe übertragen werden. Dennoch können Bewertungen nie objektiv sein. Sie werden durch die Beteiligung mehrerer Personen allenfalls etwas objektiver. Im Folgenden werden daher Techniken vorgestellt, die im Rahmen der Bewertung organisatorischer Lösungen die Berücksichtigung relevanter Kriterien ermöglichen, deren Quantifizierbarkeit erlauben und den Vorgang der Bewertung so transparent wie möglich, d. h. für Dritte bzw. Außenstehende verständlich, nachvollziehbar und überprüfbar gestalten (s. dazu z. B. *Grochla* 1982/95, S. 396 ff.; *Wittlage* 1993, S. 241 ff.; *Weidner u. a.* 1998, S. 309 ff.; *Schmidt* 2000, S. 319 ff.).

4.5.2.1 Kostenvergleichsrechnung

Beschreibung
Die Kostenvergleichsrechnung (KVR) stellt die für jede in Frage kommende Lösungsvariante zurechenbaren Kosten gegenüber. Die Alternative mit den geringsten Gesamtkosten ist die dann geeignete Lösung.

Vorgehen
Für jede der zur Auswahl stehenden Alternativen werden die durchschnittlichen Gesamtkosten oder die Stückkosten ermittelt und verglichen (Abb. 4-19).

	Alternative A	Alternative B	Alternative C
Personalkosten	700	500	750
Abschreibungen	150	200	110
Zinsen	100	120	130
Gesamtkosten	950	**820**	990

Abb. 4-19: Kostenvergleichsrechnung

Bei der Gegenüberstellung der Kosten der alternativen Lösungen kann auf die Ermittlung von Stückkosten verzichtet werden, wenn die Lösungen die gleichen mengenmäßigen Leistungen erbringen. Ist dies nicht der Fall, sind die Stückkosten zu ermitteln. Dabei wird die mit einer Lösung bei optimaler Auslastung zu erbringende mengenmäßige Leistung ins Verhältnis gesetzt zu den Gesamtkosten der Alternative. Viele Kostengrößen sind jedoch nicht konstant. Neben den fixen Kosten (z. B. Gehälter, Zinsen) liegen also variable Kosten vor, d. h. Kosten, die sich in Abhängigkeit von der Ausbringungsmenge verändern (z. B. Akkordlöhne, Kosten für den Materialeinsatz).

Bei einem Kostenvergleich ist die Erwartung über die zukünftige Auslastung immer dann von Bedeutung, wenn sich die Alternativen hinsichtlich der mengenmäßig zu erbringenden Leistung und dem Verhältnis zwischen fixen und variablen Kosten unterscheiden. Die Abb. 4-20 verdeutlicht diesen Zusammenhang.

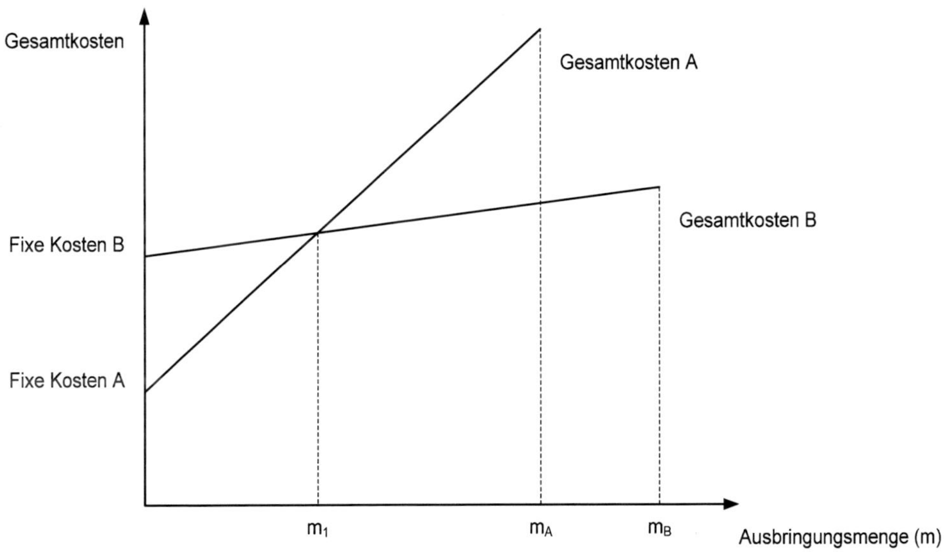

Abb. 4-20: Kostenverlauf bei zwei Alternativen

Wegen der geringeren fixen Kosten von A ist zunächst die Variante A am günstigsten. Ab einer Menge m_1 wird die anfänglich teurere Variante B günstiger als die Variante A.

Beurteilung

Die **Vorteile** der KVR liegen darin, dass Alternativen, wenn ihnen Kosten eindeutig zugerechnet werden können, in Bezug auf diese Größe unmittelbar miteinander vergleichbar sind. Die KVR ist transparent und nachvollziehbar.

Die **Nachteile** bestehen darin, dass der Vergleich nur für eine Periode erfolgt und keine Kostenentwicklungen berücksichtigt werden. Ein weiterer Mangel ergibt sich aus der Schwierigkeit, tatsächlich alle relevanten Kosten ermitteln zu können und diese auch den Alternativen eindeutig zuzuordnen. Darüber hinaus ist alleiniger Maßstab die (jährliche) Kostenersparnis, d. h. weitere Kriterien bleiben außen vor. KVR berücksichtigen nicht, dass die Alternativen über die Ausbringungsmenge hinaus mit unterschiedlichen Leistungen (z. B. Schnelligkeit, Sicherheit, Genauigkeit) verbunden sind. Solche zusätzlichen Kriterien der Alternativen lassen sich mit KVR entweder nicht oder vielfach nur sehr ungenau bewerten und beurteilen.

4.5.2.2 Gewinnvergleichsrechnung

Beschreibung

Die Gewinnvergleichsrechnung (GVR) stellt die für jede in Frage kommende Lösungsvariante entstehenden Gewinne gegenüber. Die Alternative mit dem höchsten Gewinn ist die dann zu realisierende Lösung.

Vorgehen

Zu beurteilende Lösungsvarianten können unterschiedliche Leistungen erbringen. Daher sind reine Kostenvergleiche häufig nicht aussagekräftig oder verleiten zu Fehlschlüssen. GVR können diesen Mangel beheben. Voraussetzung für die Anwendung des Gewinnvergleichs sind Leistungen, die sich exakt den einzelnen Varianten zurechnen lassen und in Geldeinheiten bewertet werden können (Abb. 4-21).

	Variante A		**Variante B**	
Leistung bzw. Ertrag		7.500		9.000
Personalkosten	1.500		3.000	
Abschreibungen	750		1.200	
Zinsen	100		160	
Material	2.250		1.200	
Summe Kosten		4.600		5.560
		2.900		**3.440**

Abb. 4-21: Gewinnvergleichsrechnung

Aufgrund des Gewinnvergleichs ist in diesem Beispiel die Variante B zu realisieren. Die Bewertung zeigt, dass bei einem reinen Kostenvergleich die Variante A realisiert worden wäre (A: 4600; B: 5560).

Beurteilung
Die **Vorteile** der GVR liegen darin, dass bei isoliert zurechenbaren Leistungen oder Erträgen außer den Kosten eine weitere Größe zur Bewertung der Lösungsalternativen zur Verfügung steht. Wie das Beispiel in Abb. 4-21 zeigt, kann nicht ausgeschlossen werden, dass sich dadurch eine andere Entscheidung ergibt.

Die **Nachteile** der GVR ergeben sich daraus, dass den Lösungsalternativen nicht immer eindeutige Leistungen bzw. Erträge zugerechnet werden können. Dies ist gerade bei organisatorischen Lösungsvarianten vielfach der Fall. Die GVR scheidet dann als Bewertungstechnik aus. Lassen sich Leistungen tatsächlich zuordnen, kann ein weiterer Nachteil darin liegen, dass diese häufig nicht in Geldeinheiten quantifiziert werden können.

4.5.2.3 Rentabilitätsvergleichsrechnung

Beschreibung
Die Rentabilitätsvergleichsrechnung (RVR) stellt die Verzinsung des notwendigen Kapitaleinsatzes für die in Frage kommenden Lösungsvarianten gegenüber. Die Alternative mit der höchsten Rentabilität ist die dann zu realisierende Lösung.

Vorgehen
Organisatorische Maßnahmen müssen eigentlich auch danach beurteilt werden, wie sie sich auf die Verzinsung des eingesetzten Kapitals auswirken (Abb. 4-22).

	Variante A	**Variante B**
Gewinn pro Jahr	1.875	2.200
Kapitaleinsatz	15.000	20.000
Rentabilität	12,5 %	11 %

Abb. 4-22: Rentabilitätsvergleichsrechnung

Das Beispiel zeigt, dass vor diesem Hintergrund die Variante A zu realisieren ist. Bei einem reinen Gewinnvergleich wäre Variante B die zu realisierende Lösungsalternative (A: 1.875; B: 2.200).

Beurteilung
Die **Vorteile** der RVR liegen darin, dass außer den isoliert zurechenbaren Erträgen bzw. dem Gewinn mit der Verzinsung des Kapitaleinsatzes eine weitere Größe zur Beurteilung der Lösungsalternativen zur Verfügung steht.

Die **Nachteile** der RVR ergeben sich aus den Nachteilen der GVR. Die RVR kann nur dann als Bewertungstechnik eingesetzt werden, wenn für die Lösungsalternativen Gewinne in Geldeinheiten quantifiziert und diesen eindeutig zugerechnet werden können.

4.5.2.4 Nutzwertanalyse

Beschreibung
Die Nutzwertanalyse (NWA) vergleicht die Varianten anhand eines Punktwertes. Dieser Punktwert ist eine Kennzahl für die Vorteilhaftigkeit, d. h. für den Nutzen. Die Variante mit dem höchsten Punktwert ist dann die zu realisierende Alternative.

Vorgehen
Die NWA ermittelt für jede in Frage kommende Variante einen **Punktwert als Beurteilungsmaßstab** (Abb. 4-23).

		Variante A		**Variante B**		**Variante C**	
Muss-Ziel(e) – –		Erfüllung der Muss-Ziel(e)		Erfüllung der Muss-Ziel(e)		Erfüllung der Muss-Ziel(e)	
Kann-Ziele	G	ZEG	G x ZEG	ZEG	G x ZEG	ZEG	G x ZEG
– Ziel 1 – Ziel 1 – Ziel 1	20 50 30	10 5 1	200 250 30	2 4 2	40 200 60	6 1 7	120 50 210
	100		**480**		300		380

Legende: G = Gewicht; ZEG = Zielerfüllungsgrad

Abb. 4-23: Nutzwertanalyse

Zur **Ermittlung der Punktwerte** sind folgende Schritte erforderlich:

(1) Ermittlung der Ziele
Siehe 4.5.1. Bei der NWA werden zunächst die Muss-Ziele ermittelt und formuliert. Für jede Alternative wird dann aufgeführt, wie gut die Variante das jeweilige Muss-Ziel erfüllt. In einem weiteren Schritt sind die Wunsch- oder Kann-Ziele zu entwickeln.

(2) Gewichtung der Ziele
Siehe 4.5.1.

(3) Punktvergabe für die Varianten (Zielerfüllungsgrad)
Die Bewertung der Kann-Ziele erfolgt z. B. mit maximal 10 Punkten für die Variante, die das Ziel am besten erfüllt, und minimal 0 Punkte für die Variante, die das Ziel überhaupt nicht erfüllt. Außer den Extremwerten 0 und 10 werden für den Grad der Zielerfüllung Zwischenwerte vergeben.

(4) Multiplikation der Gewichtungen mit dem Zielerfüllungsgrad (Teilnutzwerte)

(5) Addition dieser Teilnutzwerte zur Ermittlung des Gesamtpunktwertes für jede Alternative (Nutzwert)

Im Beispiel 4-23 ist die Variante A zu realisieren, da diese Lösungsalternative den höchsten Nutzwert erzielt.

(6) Sensitivitätsanalyse

Um überprüfen zu können, wie stabil die getroffene Entscheidung (das Bewertungsergebnis) ist, können Ziele, Gewichtungen und Punktwerte variiert werden. Das Ziel solcher bewusster und kontrollierter Manipulationen besteht nicht darin, eine bereits favorisierte Lösung entsprechend günstig zu bewerten. Vielmehr lassen sich so die Auswirkungen solcher Veränderungen auf die Reihenfolge der Varianten überprüfen. Sensitivitätsanalysen veranschaulichen, ob und wie sich die Reihenfolge ändert, wenn Teilbewertungen variiert werden, und können damit den Beweis erbringen, dass eine favorisierte Lösung auch veränderten Annahmen standhält.

Beurteilung

Die **Vorteile** der NWA liegen darin, dass die Varianten besser vergleichbar sind, da allen Alternativen die gleichen und gleichgewichteten Ziele bzw. Kriterien zugrunde gelegt werden. Die NWA ist gut nachvollziehbar. Der Bewertungsvorgang wird damit transparent. Im Gegensatz zu anderen Bewertungstechniken ermöglicht die NWA Sensitivitätsanalysen. Damit lässt sich überprüfen, welche Auswirkungen veränderte Vorstellungen nach sich ziehen. Wird der Bewertungsvorgang von mehreren Personen selbständig oder von einer Gruppe vorgenommen, fördert dies die Objektivität.

Die **Nachteile** der NWA ergeben sich aus den Punktwerten. Die Nutzwerte hinterlassen den Eindruck einer Genauigkeit oder Objektivität. Tatsächlich sind diese Punktwerte das Ergebnis subjektiver Entscheidungen und Einschätzungen (Auswahl der Bewertungskriterien, Gewichtung, Zielerfüllungsgrade). Die NWA bietet sich an für nicht in Geldeinheiten bewertbare Größen. Werden bereits in Geldeinheiten ausgedrückte Größen in Punktwerte umgeformt, verkompliziert dies den Bewertungsvorgang, denn solche finanziellen Größen lassen sich bereits eindeutig miteinander vergleichen.

4.5.2.5 Kosten-Wirksamkeits-Analyse

Beschreibung

Die Kosten-Wirksamkeits-Analyse (KWA) ermittelt für jede in Frage kommende Variante einen aus monetären und nicht-monetären Größen berechneten Punktwert. Die Variante mit dem geringsten Wert "Kosten je Punkt" ist die dann zu realisierende Variante.

Vorgehen

Der KWA (Abb. 4-24) liegen die im Rahmen einer KVR für jede Variante ermittelten **Kosten pro Periode** (z. B. für ein Jahr) und die aus einer vorgeschalteten NWA ermittelten **Nutzwerte** zugrunde.

	Variante A	Variante B	Variante C
Kosten pro Jahr	360.000	410.000	310.000
Nutzwerte (ohne Punkte für monetäre Ziele)	400	480	300
Kosten je Punkt	900	**854**	1.033

Abb. 4-24: Kosten-Wirksamkeits-Analyse

Sind in der zuvor erstellten NWA bereits Kosten bewertet worden, müssen die für monetäre Ziele vergebenen Punktwerte herausgerechnet werden. Stellt man die Kosten den verbleibenden Punktwerten gegenüber, dann ergibt sich eine Kennzahl, die die Kosten für einen Nutzenpunkt darstellt. Im Beispiel der Abb. 4-24 ist die Variante B zu realisieren, da diese Lösungsalternative den geringsten Aufwand pro Punkt verursacht.

Beurteilung
Die **Vorteile** der KWA liegen darin, dass neben den monetären Zielen auch nicht-monetäre Ziele in die Bewertung eingehen. Sind die Kosten der Varianten eindeutig ermittelbar und kommt den monetären Zielen im Vergleich zu den Nutzengrößen ein relativ hoher Stellenwert zu, dann ist die KWA eine geeignete Bewertungstechnik.

Die **Nachteile** ergeben sich aus den Nachteilen der vorgeschalteten NWA, da die dort entwickelten Nutzenwerte in die KWA eingehen.

4.5.2.6 Verbale Bewertung

Beschreibung
Bei der verbalen Bewertung werden die Vor- und Nachteile der in Frage kommenden Lösungsalternativen argumentativ aufgelistet. Die Variante mit den stärksten Vorteilen und den schwächsten Nachteilen ist die zu realisierende Variante.

Vorgehen
Für jede der zur Bewertung in Frage kommende Lösungsalternative werden die Vor- und Nachteile verbal zusammengetragen (Abb. 4-25).

	Variante A	Variante B	Variante C
Vorteile	– – – –	– –	– – –
Nachteile	– –	– – – –	– – –

Abb. 4-25: Verbale Bewertung

Beurteilung
Die **Vorteile** dieser Technik liegen darin, dass eine verbale Bewertung einfach zu erstellen ist. Da lediglich die Vor- und Nachteile aufgeführt werden, sind zur Anwendung dieser Technik keine methodischen Vorkenntnisse erforderlich. Dies gilt ebenfalls für das Lesen einer verbalen Bewertung.

Die **Nachteile** dieser Technik bestehen darin, dass an die Varianten nicht die gleichen Maßstäbe angelegt werden. Darüber hinaus erfolgt keine Gewichtung der Ziele. Der gravierendste Nachteil ergibt sich aus der unterschiedlichen Anzahl der genannten Argumente. Es kann nicht ausgeschlossen werden, dass die Anzahl der Nennungen zu dem Fehlschluss führt, dass viele Vorteile und wenige Nachteile den Eindruck einer positiven oder vorteilhaften Variante und viele Nachteile und wenige Vorteile den Eindruck einer negativen oder nachteiligen Variante hinterlassen. Die Anzahl der aufgeführten Vor- und Nachteile kann eine bewusste Manipulation des Empfängers bzw. Lesers durch den Ersteller der verbalen Bewertung begünstigen. Die verbale Bewertung verstößt gegen das Prinzip der Transparenz und Nachvollziehbarkeit.

4.5.2.7 Visuelle Bewertung

Beschreibung
Bei der visuellen Bewertung werden den in Frage kommenden Lösungsalternativen für den Erfüllungsgrad der Ziele Symbole (z. B. Punkte, Kreuze) zugeordnet. Die Variante mit den meisten Symbolen ist die zu realisierende Lösungsalternative.

Vorgehen
Die Abb. 4-26 zeigt, dass diese Technik dem Prinzip der NWA entspricht.

	Variante A	**Variante B**	**Variante C**
Ziele			
–	+ + +	+	+ +
–		+ +	+ + +
–	+ + +	+ + +	+
–		+ +	+ + + +
	6 +	8 +	**12 +**

Abb. 4-26: Visuelle Bewertung

Im Gegensatz zur NWA werden jedoch keine Gewichtungen vorgenommen. Wie bei der NWA wird der Grad der Zielerfüllung auch in der Höhe des vergebenen Wertes zum Ausdruck gebracht. Während es bei der NWA ein zahlenmäßiger Punktwert ist, wird hier die Eignung einer Variante bzw. das Ausmaß der Zielerreichung allein durch die Summe der vergebenen Symbole zum Ausdruck gebracht.

Beurteilung
Die **Vorteile** der visuellen Bewertung liegen in der einfachen Erstellung und der leichten Lesbarkeit.

Die **Nachteile** dieser Technik bestehen darin, dass die Entscheidung der Bewertung nicht oder nur schwierig nachvollziehbar ist. Darüber hinaus können mit der visuellen Bewertung keine Sensitivitätsanalysen vorgenommen werden.

4.6 Dokumentationstechniken

Die Notwendigkeit organisatorische Erscheinungen und Zusammenhänge übersichtlich darzustellen, ergibt sich in allen Phasen des organisatorischen Gestaltungsprozesses. Der Einsatz von Dokumentations- bzw. Darstellungstechniken bezweckt die **Abbildung, Beschreibung und Erklärung organisatorischer Zustände**, um so einen Einblick in Gesamtzusammenhänge zu geben. Dokumentationstechniken beziehen sich auf die **Darstellung der folgenden Sachverhalte**:

- **Ist-Zustand**
  Dabei erfolgt die Dokumentation bereits realisierter Zustände. Organisatorische Zusammenhänge werden dadurch verständlich und der Analyse und Kritik zugänglich.

- **Soll-Zustand**
  Dabei werden noch zu realisierende Zustände dokumentiert. Mit Hilfe der Dokumentationstechniken lassen sich dann Verhaltenserwartungen an Organisationsmitglieder festhalten. So kommt den Darstellungen neben der Dokumentation auch eine Steuerungsfunktion zu.

Organisatorische Sachverhalte lassen sich grundsätzlich

- verbal/textlich

- schaubildlich/graphisch

- aus Texten und Schaubildern kombiniert

darstellen.

Da sich das Abbilden, Beschreiben und Erklären sowie die Lösung organisatorischer Sachverhalte sowohl auf den Aufbau als auch auf die Abläufe in Organisationen bezieht, lassen sich die Dokumentationstechniken auch nach den Bereichen Aufbau- und Ablauf- bzw. Prozessorganisation trennen.

4.6.1 Darstellung der Aufbauorganisation

Diese Dokumentationstechniken beziehen sich auf die Darstellung der in einer Organisation zur Aufgabenerfüllung gebildeten Organisationseinheiten (vgl. *Höhn* 1969, Sp. 1543 ff.; *Schwarz* 1969, Sp. 750 ff.; *Schwarz* 1980, Sp. 2113 ff.), z. B. Ausführungsstellen, Leitungsstellen (Instanzen), Leitungshilfsstellen (Stabsstellen), und deren Beziehungen zueinander.

4.6.1.1 Stellenbeschreibung

Beschreibung
Die Stellenbeschreibung gehört zu den verbalen Dokumentationstechniken. Sie beinhaltet alle relevanten Gegebenheiten und Zusammenhänge einer Stelle und informiert über die

- **Festlegung der Aufgaben**
  Dieser Teil der Stellenbeschreibung dokumentiert die sachliche Zuordnung der Teilaufgaben der Stelle, die zur ordnungsgemäßen Aufgabenerfüllung erforderlichen Befugnisse und die Art und Weise der Verantwortung.

- **Darstellung der persönlichen Anforderungen an den Stelleninhaber**
  Dieser Teil hält die notwendigen Anforderungen an den Stelleninhaber hinsichtlich der schulischen Vorbildung, Kenntnisse, Fähigkeiten, Fertigkeiten und charakterlichen Eigenschaften fest.

- **Einordnung der Stelle innerhalb des Leitungsaufbaus der Unternehmung**
  In diesem Teil erfolgt die Dokumentation der Über- und Unterordnung der Stelle und damit deren verbindliche horizontale und vertikale Eingliederung in die Organisationsstruktur.

Die drei Bereiche lassen sich auch als "Arbeitsbild", "Besetzungsbild" und "Instanzenbild" bezeichnen (*Kosiol* 1962, S. 94 f.; s. dazu auch *Reiß* 1992, Sp. 2133).

In der Praxis werden für den Begriff der Stellenbeschreibung auch synonyme Bezeichnungen wie Arbeitsplatzbeschreibung, Tätigkeits- oder Aufgabenbeschreibung und Positionsbeschreibung verwendet. Die Aussagen dieser Dokumentationen sind aber nicht mit denen der Stellenbeschreibung identisch und müssen daher von der Stellenbeschreibung abgegrenzt werden. Da die Erfüllung vieler Aufgaben nicht an einen festen oder einzelnen Arbeitsplatz gebunden ist und Arbeitsplatzbeschreibungen in erster Linie Grundlagen der Lohnermittlung sind oder arbeitswissenschaftlich-analytischer Untersuchungen des Arbeitsplatzes dienen, können die Begriffe Arbeitsplatzbeschreibung und Stellenbeschreibung nicht deckungsgleich verwendet werden (vgl. *Schwarz* 1975, Sp. 1880; *Grochla* 1982/95, S. 333). Tätigkeitsbeschreibungen sind im Gegensatz zur Stellenbeschreibung eine Dokumentationstechnik der Ablauforganisation. Da Stellenbeschreibungen aufbauorganisatorisch zu sehen sind, kann der Begriff der Tätigkeitsbeschreibung nicht synonym verwendet werden, denn Tätigkeitsbeschreibungen stellen die zeitliche und räumliche Abfolge von Arbeitsvorgängen dar. Die Bezeichnung Positionsbeschreibung, abgeleitet aus dem englischen Begriff 'job-description', kann dagegen als deckungsgleich mit dem Begriff der Stellenbeschreibung angesehen werden (vgl. *Wittlage* 1993, S. 114).

Für die Gestaltung von Stellenbeschreibungen gibt es kein einheitliches Muster oder eine Formvorschrift. Es existieren unternehmensspezifische Varianten entweder als formlose Beschreibungen oder als besondere Formblätter. Innerhalb eines Unternehmens sollte jedoch ein einheitlicher formaler Aufbau eingehalten werden. Dies begünstigt die Vergleichbarkeit der Stellen im Unternehmen, erhöht die Übersichtlichkeit und erleichtert die Aktualisierung. Unabhängig von der Form sollte eine Stellenbeschreibung im Einzelnen folgende **Angaben und Informationen** enthalten (vgl. *Schwarz* 1975, Sp. 1881; *Knebel/Schneider* 2000, S. 23 ff.):

- Stellenbezeichnung / Stellennummer

- Organisatorische Eingliederung (Über- und Unterstellungsverhältnis)
  * Unterstellung (Die Stelle ist der Stelle ..... unterstellt)
  * Überstellung (Die Stelle ist den Stellen ..... überstellt)

- Stellvertretung
  * passive Stellvertretung (Die Stelle wird vertreten durch .....)
  * aktive Stellvertretung (Die Stelle vertritt .....)

- Ziel der Stelle

- Einzelaufgaben der Stelle
  * Allgemeine (Fach-)Aufgaben
  * Sonderaufgaben

- Befugnisse des Stelleninhabers

- Verantwortlichkeiten des Stelleninhabers

- Schriftliche Informationen der Stelle
  * zugehende Informationen
  * abgehende Informationen (Berichtspflicht gegenüber .....)

- Zusammenarbeit mit anderen Stellen

- Mitarbeit in Kollegien (z. B. Arbeitskreise, Gremien, Ausschüsse, Konferenzen)

- Einzelaufträge (einmalige Aufgaben außerhalb des üblichen Aufgabengebietes)

- Anforderungen an den Stelleninhaber
  (Berufliche Vorbildung, Fachkenntnisse, Berufserfahrungen, Fähigkeiten, persönliche Eigenschaften)

- Bewertungsmaßstab für die Stelle
  (Dokumentation von Leistungsstandards, wenn die Stellenbeschreibung auch zur Arbeits- und Leistungsbewertung herangezogen wird)

Vorgehen

Damit Stellenbeschreibungen nicht zu einer Ansammlung zufällig zusammengestellter und auf Stelleninhaber übertragener Aufgaben werden, erfordern Stellenbeschreibungen in einem vorgelagerten Schritt eine ausführliche Aufgabenanalyse (s. Kap. 4). Dabei erfolgt eine detaillierte Aufgabengliederung des betreffenden Gesamtunternehmens oder bestimmter Organisationseinheiten. Erst das stellt die Gewinnung aller (Teil-)Aufgaben und deren Verteilung auf Aufgabenträger sicher und ermöglicht die Einordnung übertragener Aufgabenkomplexe und so geschaffener Stellen. Dies ist Voraussetzung für eine ordnungsgemäße und vollständige Dokumentation. Daran wird auch deutlich, dass Stellenbeschreibungen personenneutral sind und demzufolge ohne Berücksichtigung eines konkreten Stelleninhabers und dessen Qualifikationen erstellt werden.

Nach der Aufgabenanalyse und Aufgabensynthese (s. dazu z. B. *Mangler* 2006, S. 47 ff.) erfolgen die Entwürfe der Stellenbeschreibungen. Dabei fließen die aus der Analyse und Verteilung resultierenden Veränderungen ein und führen so zu einem neuen Soll-Zustand. Die Entwürfe der Stellenbeschreibung werden zwischen Stelleninhaber, dem Vorgesetzten und dem Ersteller diskutiert und dann endgültig abgefasst.

Die **Einführung von Stellenbeschreibungen** kann in Abhängigkeit von der Unternehmensgröße einheitlich und zeitgleich für das gesamte Unternehmen vorgenommen werden. Ist dies nicht möglich, sind folgende **Varianten der Implementierung** denkbar:

- **Top-down-Ansatz**
  Die Einführung beginnt auf der obersten Ebene bis hin zu den untersten Ebenen.

- **Bottom-up-Ansatz**
  Die Einführung beginnt auf der untersten Ebene bis hin zur obersten Ebene.

- **Bereichsweise Einführung**
  Dabei kann auf die besonderen Gegebenheiten bestimmter Organisationseinheiten (z. B. Abteilungen) Rücksicht genommen werden.

Sollen Stellenbeschreibungen aktuell bleiben, bedürfen sie der **Pflege**. Sie sind daher regelmäßig allen betrieblichen Veränderungen anzupassen. Wenn umfassende organisatorische Veränderungen nicht eine sofortige oder kurzfristige Anpassung erforderlich machen, sollten Stellenbeschreibungen in einem zweijährigen Turnus überprüft und aktualisiert werden.

Mit der Vorgehensweise und den Einsatzmöglichkeiten von Stellenbeschreibungen ist immer auch die Frage nach dem **Detaillierungsgrad** verbunden. Da Stellenbeschreibungen das Ziel haben, sowohl die Transparenz der Organisation zu erhöhen als auch den Mitarbeitern hinsichtlich ihrer Aufgaben, Kompetenzen und Verantwortung eine Orientierung zu geben, müssen Stellenbeschreibungen genau so detailliert sein, dass sie einerseits Übersicht herstellen und andererseits Stelleninhaber nicht durch zu umfangreiche und zu detaillierte Beschreibungen einschränken.

Leitlinie für Stellenbeschreibungen sollte stets das organisatorische Ziel sein, Zuständigkeitslücken und Kompetenzüberschneidungen zu vermeiden und nicht dazu führen, erforderliche Handlungsspielräume der Mitarbeiter einzuschränken. Bei der Einführung von Stellenbeschreibungen sind die davon betroffenen Mitarbeiter über den Sinn und Zweck der Stellenbeschreibung aufzuklären. Um Fehleinschätzungen hinsichtlich der Wirkung von Stellenbeschreibungen bei Mitarbeitern auszuschließen und die Akzeptanz gegenüber Stellenbeschreibungen zu erhöhen, kann die aktive Mitwirkung der Stelleninhaber sowohl bei der Einführung als auch bei der Aktualisierung hilfreich sein.

Die Bedeutung der Stellenbeschreibung wird dadurch herausgestellt, dass Stellenbeschreibungen nach der endgültigen Festlegung ihren **verbindlichen Charakter** durch die Unterschriften von Stelleninhaber, Vorgesetzten ggf. Geschäftsleitung oder Organisations-/Personalabteilung und Ersteller (z. B. Organisator) erhalten und formal in Kraft gesetzt werden.

Inhaltliche Unterschiede zwischen den Stellenbeschreibungen ergeben sich aus der Einordnung der betreffenden Stelle in der Unternehmenshierarchie. Stellen mit einem hohen Anteil von Routineaufgaben lassen sich detaillierter und ausführlicher beschreiben. Je höher Stellen im Hierarchiegefüge angesiedelt sind, desto weniger ausführlich können solche Stellen wegen der unvorhersehbaren Veränderungen der Aufgaben beschrieben werden. Die Beschreibungen solcher Stellen bestehen eher in der Dokumentation der Ziele dieser Stellen.

Stellenbeschreibungen dürfen nicht dazu führen, dass Mitarbeiter sie als Abwehrinstrument bei der Übertragung von neuen Aufgaben verwenden. Die Ablehnung von Aufgaben mit dem Hinweis, dass diese nicht in der Stellenbeschreibung festgehalten sind, verdeutlichen die Anstrengung mittels Stellenbeschreibung einen Mittelweg zwischen der Gewährung von Freiräumen auf der einen Seite und der Gefahr der Überorganisation auf der anderen Seite zu finden.

Beurteilung

Die **Bedeutung der Stellenbeschreibung** ergibt sich aus gesetzlichen Regelungen. So schreibt das Betriebsverfassungsgesetz (BetrVG) im § 81, Abs. 1 vor, dass der Arbeitgeber den Arbeitnehmer über dessen Aufgabe, Verantwortung und über die Art seiner Tätigkeit und deren Einordnung in den Arbeitsablauf des Betriebes zu unterrichten hat (vgl. *BetrVG* 1999). Obwohl der Begriff der Stellenbeschreibung im Gesetzestext nicht ausschließlich erwähnt wird und das BetrVG auch keine schriftliche Fixierung der Aufgaben vorschreibt, ist die Stellenbeschreibung geeignet, dieser gesetzlichen Vorschrift zu entsprechen.

Die **Vorteile** der Stellenbeschreibung ergeben sich aus der schriftlichen Fixierung der eindeutig abgegrenzten Aufgaben-, Kompetenz- und Verantwortungsbereiche. Dies schafft eindeutige Zuständigkeiten, klare Über- und Unterstellungsverhältnisse und abgegrenzte Delegationsbereiche. Damit werden Konfliktsituationen eingeschränkt, Koordinationsmaßnahmen begünstigt, Kontrollen der Aufgabenerfüllung erleichtert und insgesamt die Übersichtlichkeit gefördert. Stellenbeschreibungen erleichtern die Stellvertretung und neue Mitarbeiter können schneller und gezielter eingearbeitet werden. Stellenbeschreibungen liefern genauere Angaben für die Personalplanung, d. h. die Personalbedarfsermittlung, Personalbeschaffung sowie der Aus- und Fortbildungsbedarf lässt sich ebenfalls präziser bewerkstelligen. Darüber hinaus werden Förderungsmöglichkeiten transparent und Vertragsregelungen erleichtert. Stellenbeschreibungen liefern Bewertungsmaßstäbe für die Leistungsbeurteilung der Mitarbeiter. Stellenbeschreibungen können auch die Grundlage sein für die Objektivierung der Lohn- und Gehaltsstruktur und Basis für die Lohn- und Gehaltsfindung (vgl. *Schwarz* 1975, Sp. 1882 ff.).

Die **Nachteile** der Stellenbeschreibung liegen in erster Linie in dem sehr hohen Aufwand für die Einführung und die Änderung bzw. Aktualisierung. Werden Stellenbeschreibungen nicht regelmäßig angepasst, besteht die Gefahr, dass der Inhalt vom Ist abweicht. Werden Stellenbeschreibungen ohne eine vorherige Aufgabenanalyse, also lediglich durch das Zusammenstellen der von den Mitarbeitern gegenwärtig zu erledigenden Aufgaben und deren momentanen Befugnissen und Verantwortlichkeiten erstellt, lassen sich Schwachstellen organisatorischer Regelungen, z. B. Überschneidungen oder Lücken von Aufgaben, nicht unmittelbar erkennen. Einer der gravierendsten Nachteile besteht in der Gefahr, dass Mitarbeiter den Inhalt ihrer Stellenbeschreibung als Besitzstand verstehen und sich damit organisatorischen Veränderungen entgegenstellen können. Werden Mitarbeiter nicht über den eigentlichen Sinn und Zweck von Stellenbeschreibungen informiert, kann nicht ausgeschlossen werden, dass dadurch auch die Initiative und Kreativität von Mitarbeitern behindert wird, d. h. es werden exakt die Aufgaben getan, die in der Stellenbeschreibung aufgeführt sind und nicht mehr. In der Praxis ist dieses Argument - Stellenbeschreibungen führen zur Überorganisation, da sie Spielräume ausschließen - häufig auch von Vorgesetzten zu hören. Die befürchten und erleben zum Teil schon bei dem Versuch der Zuweisung neuer Aufgaben auf ihnen zugeordnete Mitarbeiter ein "... stellenbeschreibungskonformes Routineverhalten" (*Reiß* 1992, Sp. 2136).

4.6.1.2 Organisationsanweisungen

Beschreibung

Organisationsanweisungen gehören ebenfalls zu den verbalen Dokumentationstechniken der Aufbauorganisation. Sie dienen dazu, organisatorische Vorschriften schriftlich festzuhalten, diese gegenüber den Empfängern transparent zu machen und den Anweisungen damit einen verbindlichen Charakter zu geben. Organisationsanweisungen können sich auf folgende Bereiche beziehen (vgl. *Schmidt* 2000, S. 346 f.):

- **Ausführungsmaßnahmen / -bestimmungen,**
  die sich aus Grundsatzentscheidungen zur Geschäftspolitik ergeben. So kann z. B. die geschäftspolitische Grundsatzentscheidung lauten, dass von der Bestellung bis zur Lieferung nicht mehr als fünf Tage vergehen dürfen. Eine Organisationsanweisung könnte dann beispielsweise die daraus resultierende Behandlung von Kunden festlegen. Aus der geschäftspolitischen Entscheidung, im Unternehmen kooperativ zu führen, ergibt sich z. B. eine Führungsanweisung mit Richtlinien für das Führungsverhalten.

- **Festlegung der Aufbauorganisation des Unternehmens mit seinen Organisationseinheiten (z. B. Abteilungen, Bereiche)**

- **Festsetzung von Ordnungsbegriffen und Formularnormen**
  z. B. Systematik der Vergabe von Dokumentenbezeichnungen, wenn auf solche Dokumente in einem Netz von mehreren Nutzern zugegriffen wird.

- **Regelung des Informationswesens**
  Organisationsanweisungen legen dann fest, welche Informationen (Inhalte) von wem (Sender) über wen an wen (Empfänger) bis wann (Berichtstermine) zu erfolgen haben (z. B. Organisationsanweisung zur Regelung der Berichtspflicht der Verkäufer an die Verkaufsleitung).

Vorgehen
Damit den Empfängern der verbindliche Charakter der Organisationsanweisungen deutlich wird, muss eine Organisationsanweisung in Bezug auf den formalen Aufbau folgende **Rubriken** enthalten (vgl. *Schmidt* 2000, S. 347):

- Bezeichnung (Name der Anordnung und kurze Inhaltsangabe)
- Ordnungsnummer
- Verfasser (Stellennummer und Unterschrift des für den Inhalt verantwortlichen Mitarbeiters)
- Datum
- Seitenzahl und Seitennummer
- Genehmigt durch ..... (Unterschrift des Ressortleiters)
- Gültig ab ..... (Datum des Inkrafttretens)
- Ersatz für ..... (Hinweis, ob und welche bestehenden Anordnungen aufgehoben werden)
- Verteiler (Bezeichnungen der empfangenden Stellen)

Der formale Aufbau von Organisationsanweisungen sollte in einem Unternehmen einheitlich sein. Um die Aktualisierung und Verteilung (Herausgabe, Austausch) von Organisationsanweisungen abzuwickeln, darf ein Sachverhalt bzw. eine Anweisung immer nur innerhalb eines ein- oder mehrseitigen Formulars dokumentiert werden. Ändern sich Anweisungen oder erfolgen Nachträge, können so ungültige gegen geltende Anweisungen oder sogar nur einzelnen Seiten einer Anweisung ausgetauscht werden.

Beurteilung
Die **Vorteile** von Organisationsanweisungen liegen darin, dass die in einem Unternehmen erlassenen Anordnungen dadurch verbindlich werden. Durch ein empfängerorientiertes Verteilungssystem wird gewährleistet, dass Mitarbeiter nur die sie betreffenden Anweisungen erhalten und nicht mit unnötigen Informationen überflutet werden. Die Schriftlichkeit und der Verteiler stellen ferner sicher, dass die von einer Anordnung betroffenen Mitarbeiter bei später eventuell auftretenden Problemen nicht (mehr) behaupten können, eine derartige Anordnung nicht zu kennen.

Die **Nachteile** von Organisationsanweisungen ergeben sich aus der Gefahr einer Überorganisation, d. h. alles schriftlich regeln zu wollen, denn existieren Organisationsanweisungen, dann muss auch deren Koordination geregelt sein. Auch für die Pflege und die Verteilung müssen Zuständigkeiten festgelegt werden. Die schriftliche Fixierung von Anordnungen macht nur dann einen Sinn, wenn auch deren Einhaltung kontrolliert wird. Sowohl die Erstellung und Pflege als auch die Verteilung und Kontrolle binden personelle Kapazitäten.

4.6.1.3 Verzeichnisse

Beschreibung
Auch Verzeichnisse gehören zu den verbalen Dokumentationstechniken der Aufbauorganisation. Sie stellen eine lückenlose Aufzeichnung bestimmter organisatorischer Gegebenheiten unter einem gemeinsamen Kriterium dar. Dies können z. B. sein (vgl. *Wittlage* 1993, S. 150 u. 190; *Schmidt* 2000, S. 346):

- Verzeichnis der Befugnisse, z. B. sortiert nach
  - Mitarbeitergruppen (Verzeichnis der Personen mit bestimmten Befugnissen)
  - Arten von Befugnissen (z. B. Vertretungs-, Verfügungs-, Unterschriftenbefugnisse)
- Verzeichnis der Sachmittel
- Verzeichnis der Formulare
- Verzeichnis der Gremien
- Verzeichnis der Beschäftigten und deren Lohn-/Gehaltssumme

Vorgehen
Auch bei der Erstellung von Verzeichnissen sollte eine einheitliche Form gewählt werden (s. 4.6.1.2). So sollten Verzeichnisse mindestens folgende **Rubriken** haben:

- Bezeichnung
- Ordnungsnummer
- Verfasser
- Datum
- Seitenzahl und Seitennummer
- Gültig ab .....
- Ersatz für .....

Damit lässt sich die Pflege, Verteilung und der Austausch gewährleisten.

Beurteilung
Die **Vorteile** der Verzeichnisse liegen darin, dass die darin enthaltenen Informationen, obwohl sie bereits in anderen Dokumentationen erfasst sind (z. B. in Stellenbeschreibungen, Organigrammen oder Funktionsdiagrammen), in Verzeichnissen übergreifend für einen

bestimmten Sachverhalt festgehalten werden. Die in Verzeichnissen unter einem Kriterium gebündelt dokumentierten Informationen erhalten so eine besondere Bedeutung und ermöglichen die Überprüfung und Aufdeckung organisatorischer Schwachstellen.

Die **Nachteile** von Verzeichnissen liegen in dem Aufwand für die Erstellung und Pflege. Der Informationscharakter von Verzeichnissen ist nur dann gewährleistet, wenn Verzeichnisse jederzeit aktuell sind, d. h. dem Ist entsprechen. Insbesondere vor der Erstellung neuer Verzeichnisse ist daher jeweils zu überprüfen, welche Aufgaben bzw. Funktionen einer solchen Zusammenstellung von Informationen zukommen sollen. Die Katalogisierung bestimmter Sachverhalte ohne ein Ziel, bindet lediglich Ressourcen.

4.6.1.4 Organigramm

Beschreibung
Mit Hilfe des Organigramms lässt sich die Aufbauorganisation eines Unternehmens grafisch darstellen. Das Organigramm beinhaltet folgende **abzubildende Sachverhalte**:

- **Verteilung von Aufgaben**
  auf die einzelnen Organisationseinheiten (z. B. Stellen, Abteilungen)

- **Hierarchische Einordnung der Organisationseinheiten**
  (vertikal und horizontal bzw. Über-/Unterstellung und Gleichrangigkeit) zur Veranschaulichung der Gebildestruktur in Form der Gliederungstiefe und Leitungsspannen

- **Struktur der Weisungsbeziehungen**

Häufig werden anstelle der Begriffe Organigramm auch die Bezeichnungen Organisationsschaubild, Organisationsplan, Betriebs- bzw. Abteilungsgliederungsplan und Stellenplan verwendet.

Vorgehen
Die Erstellung und Gestaltung von Organigrammen erfolgt durch geometrische Zeichen. Um Differenzierungen hinsichtlich der Funktion und der hierarchischen Einordnung von Organisationseinheiten abbilden zu können, werden folgende **Stellensymbole** verwendet:

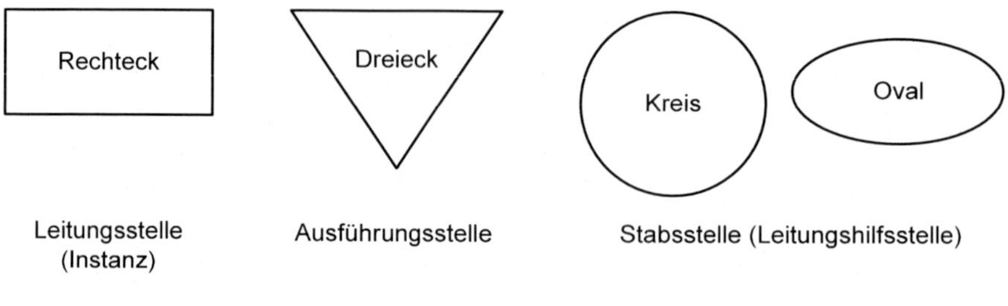

Abb. 4-27: Stellensymbole

Der Informationsgehalt des Organigramms lässt sich neben der Verwendung verschiedener Stellensymbole noch durch deren inhaltliche Gestaltung erhöhen. Dabei können in einem Stellensymbol z. B. folgende **Angaben** enthalten sein (Abb. 4-28):

Stellen-Nr. 53124	
Beschaffung	
W. Maier (Abteilungsleiter)	
KoStNr.: 1814	Telefon: -620

Abb. 4-28: Beispiel für die inhaltliche Gestaltung eines Stellensymbols

- Stellenummer
- aufgabenbezogene Kennzeichnung der Stellensymbole des Organigramms durch Angabe der Verrichtung oder des Objekts, auf die sich die Tätigkeit der Stelle bezieht.
- Stellenkurzbezeichnung
- Name, Titel, Funktion des Stelleninhabers
- Kostenstellennummer
- telefonische Durchwahl des Stelleninhabers

Eine besondere Problematik ergibt sich aus der **Angabe von persönlichen Daten des Stelleninhabers** (z. B. Name, Titel, telefonische Durchwahl), denn von seiner Zielsetzung her sollte das Organigramm personenunabhängig gehalten werden. Ob dennoch die Stelleninhaber namentlich genannt werden, ist vom Verwendungszweck des Organigramms abhängig. Dient das Organigramm eher internen Zwecken, beispielsweise den eigenen Mitarbeitern zur Information, erleichtern Namen und telefonische Durchwahlen die Erreichbarkeit der Stelleninhaber untereinander. Wird das Organigramm dagegen aus dem Unternehmen gegeben, werden in der Regel Stellen- und Kostenstellennummern nicht aufgeführt. Häufig wird dann auch auf die Namen und telefonische Durchwahl verzichtet und lediglich die Stellenbezeichnung genannt. Nicht zuletzt ist auch der Aufwand für den Änderungsdienst ein Argument dafür, die Angaben im Organigramm so knapp wie möglich zu halten.

Aus Gründen der inhaltlichen Gestaltung der Symbole hat sich die Unterscheidung zwischen dem Rechteck und dem Dreieck nicht durchgesetzt, so dass das Rechteck auch für die Darstellung von Ausführungsstellen verwendet wird. Das Rechteck lässt sich im Innern besser aufteilen und beschriften und durch unterschiedliche Kantenlängen auch beliebig vergrößern. Die Verwendung von Kreis und Oval zur Kennzeichnung von Stabsstellen wird hingegen häufig verwendet, denn damit lässt sich der Unterschied zwischen Linien- und Stabsstellen auf einen Blick erkennen.

Wenn der Platz zur Darstellung des Organigramms ausreicht, dies hängt von der Anzahl der Stellen und von der inneren Gestaltung der Symbole ab, wird im Regelfall für jede Stelle ein eigenes Symbol verwendet. Kann das nicht eingehalten werden, erfolgt oftmals eine **verdichtete Darstellung** durch Kennzeichnung der hinter dem Symbol stehenden Anzahl von Stellen (Abb. 4-29).

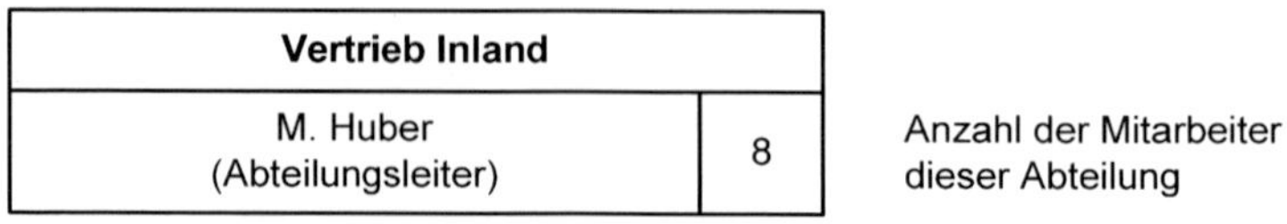

Abb. 4-29: Beispiel für ein Stellensymbol bei einem verdichteten Organigramm

Eine solche Komprimierung ermöglicht zwar eine Platz sparende Darstellung, schränkt aber den Informationsgehalt eines Organigramms ein. Ein Ausweg stellt daher die Verwendung von ausführlichen Teilorganigrammen dar, d. h. das verdichtete Hauptorganigramm wird in mehrere ausführliche Bereichs- oder Abteilungsorganigramme unterteilt.

Die schaubildliche Anordnung der Stellensymbole zueinander kann unterschiedlich sein. In der Praxis haben sich drei **Grundformen des Organigramms** etabliert.

- **Vertikale Pyramidenform**
  Bei dieser Variante erfolgt die Anordnung der Stellensymbole in der Form, dass sich die oberste Instanz im Schaubild oben befindet und hierarchisch tiefer liegende Ebenen grafisch darunter angeordnet sind (Abb. 4-30).

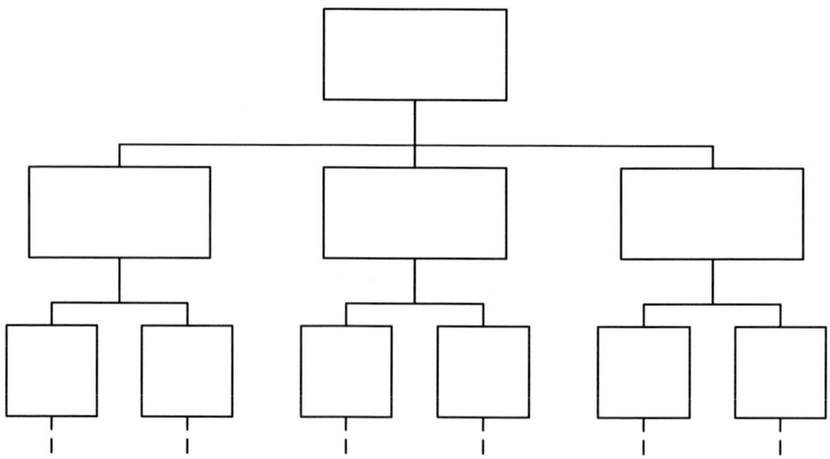

Abb. 4-30: Vertikale Pyramidenform

- **Horizontale Pyramidenform**
  Die Anordnung der Symbole erfolgt bei dieser Form von links nach rechts. Die oberste Instanz ist im Schaubild (Abb. 4-31) links angeordnet. Hierarchisch tiefer liegende Ebenen setzen sich in der Abbildung nach rechts fort.

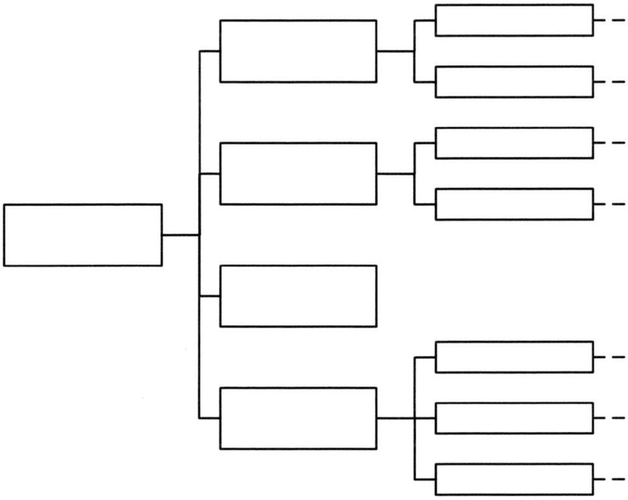

Abb. 4-31: Horizontale Pyramidenform

- **Säulenform**
  Die Säulenform (Abb. 4-32) entspricht auf den oberen Ebenen der vertikalen Pyramidenform. Die darunterliegenden Ebenen werden dann kolonnenförmig (vertikal) dargestellt.

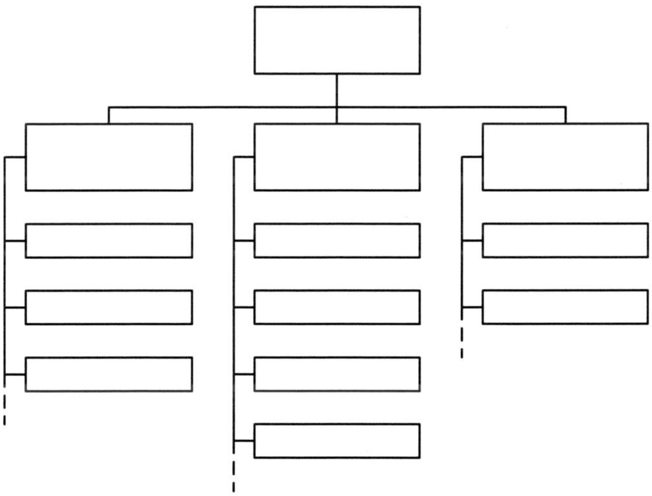

Abb. 4-32: Säulenform

Die Anordnung der Stellensymbole in Pyramidenform gilt als das klassische Organigramm, obwohl die vertikale Form bei sehr großen Leitungsspannen zu einer sehr breiten Darstellung führt. Demgegenüber nutzt die horizontale Form den zur Darstellung verfügbaren Platz besser, ist aber nicht so übersichtlich. Dennoch zählt die Pyramidenform in der Praxis zu den gebräuchlichsten Darstellungsformen, weil sich dem Betrachter mit dieser Struktur die Vorstellung von Aufbauorganisation mit der Über- und Unterordnung am ehesten vermittelt.

Neben den Standardformen lassen sich noch **weitere Formen** der Darstellung von Organigrammen unterscheiden:

- **Kreisform**
  Die oberste Instanz befindet sich in der Mitte. Hierarchisch untergeordnete Ebenen werden dann je nach der Rangstufe immer weiter außen angeordnet. Im Gegensatz zu den Pyramidenformen und der Säulenform sind die Über- und Unterstellungsverhältnisse nicht mehr so offensichtlich.

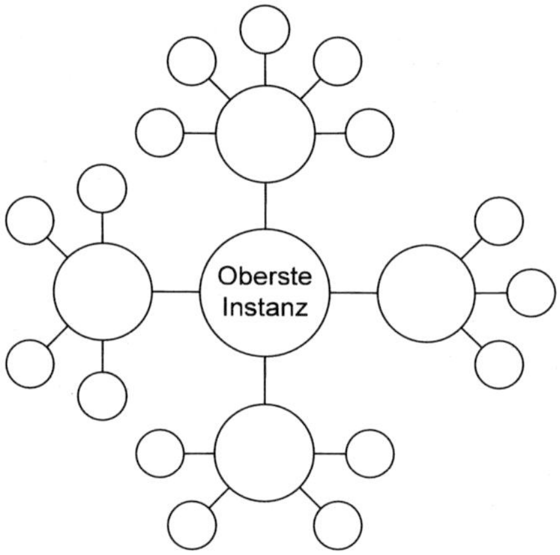

Abb. 4-33: Kreisform

- **Blockdiagramm**
  Die Stellensymbole werden über die gesamte Breite und Höhe der jeweiligen Hierarchieebene ausgedehnt (Abb. 4-34). Bei dieser Form werden die hierarchischen Abstufungen noch weniger deutlich. Sind bestimmten Instanzen Stabsstellen zugeordnet, lässt sich dies in einem Blockdiagramm nur sehr schlecht dokumentieren.

<table>
<tr><td colspan="13">Oberste Instanz</td></tr>
<tr><td colspan="6">Instanz A</td><td colspan="7">Instanz B</td></tr>
<tr><td colspan="4">A 1</td><td colspan="2">A 2</td><td colspan="4">B 1</td><td colspan="3">B 2</td></tr>
<tr><td>A 11</td><td>A 12</td><td>...</td><td>...</td><td>A 21</td><td>...</td><td>...</td><td>...</td><td>...</td><td>...</td><td>...</td><td>...</td><td>...</td></tr>
</table>

Abb. 4-34: Blockdiagramm

- **Ringsegmentform**
  Bei dieser Form wird die oberste Instanz im Zentrum der Abbildung angeordnet. Darunterliegende Hierarchieebenen werden ringförmig um die oberste Instanz angesiedelt (Abb. 4-35).

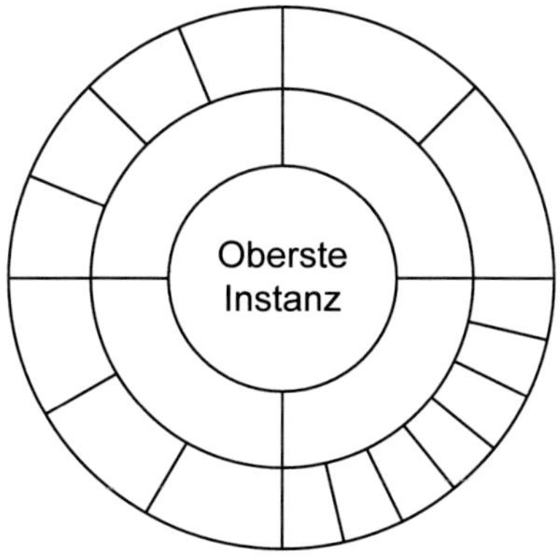

Abb. 4-35: Ringsegmentform

Im Gegensatz zu der Pyramidenform besteht hier weniger Platzbedarf. Stabs- bzw. Leitungshilfsstellen lassen sich nur schwer oder überhaupt nicht darstellen. Hierarchische Beziehungen sind nicht mehr so offensichtlich. Befinden sich in den einzelnen Unternehmensbereichen unterschiedliche Anzahlen von Hierarchieebenen, ergeben sich Probleme bei der Darstellung.

- **Mehrdimensionale Organisationsform (Matrixform)**
  Bei dieser Form der Darstellung (Abb. 4-36) ist es möglich, zwei nach unterschiedlichen Kriterien aufgebaute Weisungssysteme grafisch darzustellen. Gliederungsmerkmale beider Systeme sind einerseits Verrichtungen (Funktionen) und andererseits Objekte, z. B. Produkte, Regionen, Kundengruppen, Projekte (vgl. *Drumm* 1980, Sp. 1291 ff.; *Scholz* 1993, S. 672 ff.).

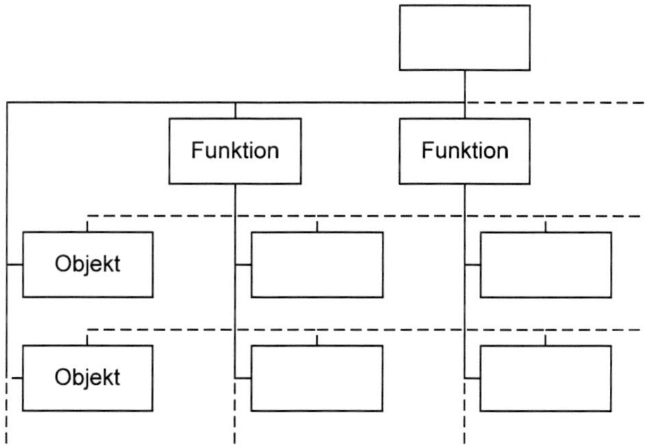

Abb. 4-36: Matrixform

Beurteilung

In den aufgezeigten Formen von Organigrammen lassen sich die fünf Beziehungszusammenhänge der Aufbauorganisation unterschiedlich darstellen.

- **Verteilungszusammenhang**
  Der Verteilungszusammenhang umfasst alle Stellen, die sich aus der sachbezogenen Aufgabenverteilung ergeben. Eine vollständige Erfassung bzw. Offenlegung dieses Zusammenhangs ist möglich. Das Ausmaß der Differenzierung hängt von der Anzahl der Stellen ab. Es ist jeweils im Einzelfall zu entscheiden, welche Gliederungstiefe auf den unteren Hierarchieebenen dargestellt werden soll oder ob nicht Stellen zu Stellenkomplexen zusammengefasst werden können, ohne dass der Aussagegehalt des Organigramms darunter leidet. Darüber hinaus besteht die Möglichkeit, einzelne Organisationsbereiche in Form von Teilorganigrammen zu dokumentieren und damit jede Stelle abzubilden.

- **Leitungszusammenhang**
  Dieser Zusammenhang dokumentiert die durch die Trennung von Entscheidungsbefugnissen einerseits und Ausführungs- oder Erfüllungsaufgaben andererseits bestehenden Rangmerkmale. Die Dokumentation des Leitungszusammenhangs stellt die Kernaufgabe des Organigramms dar und der eindeutigen Veranschaulichung ist daher besondere Bedeutung zuzumessen. Der Leitungszusammenhang wird durch die hierarchische Anordnung der Stellensymbole und ihrer Verbindung durch Linien veranschaulicht. Dadurch werden die Über-, Unter-, Gleich- und Nebenordnungsverhältnisse erkennbar. Der Leitungszusammenhang wird durch die vertikale und horizontale Pyramidenform und die Säulenform gut sichtbar. Kreis-, Block-, Ringsegment- und Matrixform besitzen im Hinblick auf die Abbildung des Leitungszusammenhangs nicht die gleiche Transparenz.

- **Stabszusammenhang**
  Dieser Zusammenhang dokumentiert die Ausgliederung von Hilfsaufgaben aus den Leitungsstellen (Instanzen) auf Leitungshilfsstellen (Stäbe). Stabsstellen werden durch das Stellensymbol des Kreises oder Ovals dargestellt und im Organigramm üblicherweise horizontal versetzt zu der zugehörigen Instanz abgebildet. Die vertikale Pyramidenform eignet sich am besten zur Veranschaulichung des Stabszusammenhangs. Horizontale Pyramidenform, Säulen-, Kreis- und Matrixform bieten eingeschränkte Darstellungsmöglichkeiten. Block- und Ringsegmentform lassen kaum Möglichkeiten, den Stabszusammenhang grafisch darzustellen. Verfügen spezialisierte Stabsstellen in Form von Dienstleistungsstellen, Servicestellen, zentralen Dienststellen oder Zentralabteilungen, z. B. die Organisation, Revision, Planung, das Personalwesen, über (begrenzte) Entscheidungskompetenzen und aufgabenbezogene fachliche Weisungsbefugnisse werden diese Stellen bzw. Abteilungen in den Leitungszusammenhang der Organisation eingebunden und können mit der vertikalen Organisationsform dokumentiert werden. Der zugrunde liegende Stabszusammenhang ist dann aus dem Organigramm selbst nicht mehr ohne weiteres, sondern allenfalls aus der Bezeichnung dieser (Stabs-)Stellen zu erkennen.

- **Arbeitszusammenhang**
  Der Arbeitszusammenhang kennzeichnet die für die Aufgabenerfüllung erforderlichen Informations- und Kooperationsbeziehungen. Hierbei handelt es sich um die Arbeitsbeziehungen zwischen Instanzen, Ausführungsstellen und Stabsstellen, die sowohl von oben nach unten (Weisungs- oder Befehlswege), von unten nach oben (Berichtswege) oder horizontal zwischen Stellen der gleichen Hierarchieebene oder zwischen Instanzen und Stabsstellen verlaufen. Zum Teil sind diese Arbeitsbeziehungen mit den durch den Leitungszusammenhang dargestellten Linien identisch. In diesem Fall sind Pyramiden-,

Säulen-, Kreis- und Matrixform geeignet, dies abzubilden. Die bei der Block- und Ringsegmentform fehlenden Verbindungslinien lassen diese Arbeitsbeziehungen nur erahnen. Die nicht mit den Leitungswegen übereinstimmenden Arbeitsbeziehungen werden wegen der entstehenden Linienvielfalt im Organigramm nicht dokumentiert.

- **Kollegienzusammenhang**
  Dieser Zusammenhang ist ein Sonderfall des Arbeitszusammenhangs, denn es geht um zeitlich befristete und periodisch wiederkehrende Kommunikationsbeziehungen zwischen mehreren Stelleninhabern in Form von Kollegien. Kollegien werden zur Bearbeitung von Sonderaufgaben ins Leben gerufen und können sowohl Stelleninhaber gleicher als auch unterschiedlicher Hierarchieebenen umfassen. Sie werden ohne Veränderungen des organisatorischen Aufbaus gebildet, verändert und aufgelöst. Inwieweit die grafische Darstellung des Kollegienzusammenhangs in einem Organigramm sinnvoll und notwendig ist, kann nur organisationsspezifisch entschieden werden. Neben der optischen Hervorhebung der einem Kollegium angehörenden Stellen durch Fettdruck (vgl. *Mangler* 2006, S. 51) könnte der Kollegienzusammenhang auch durch Einrahmung der beteiligten Stellen dokumentiert werden (Abb. 4-37).

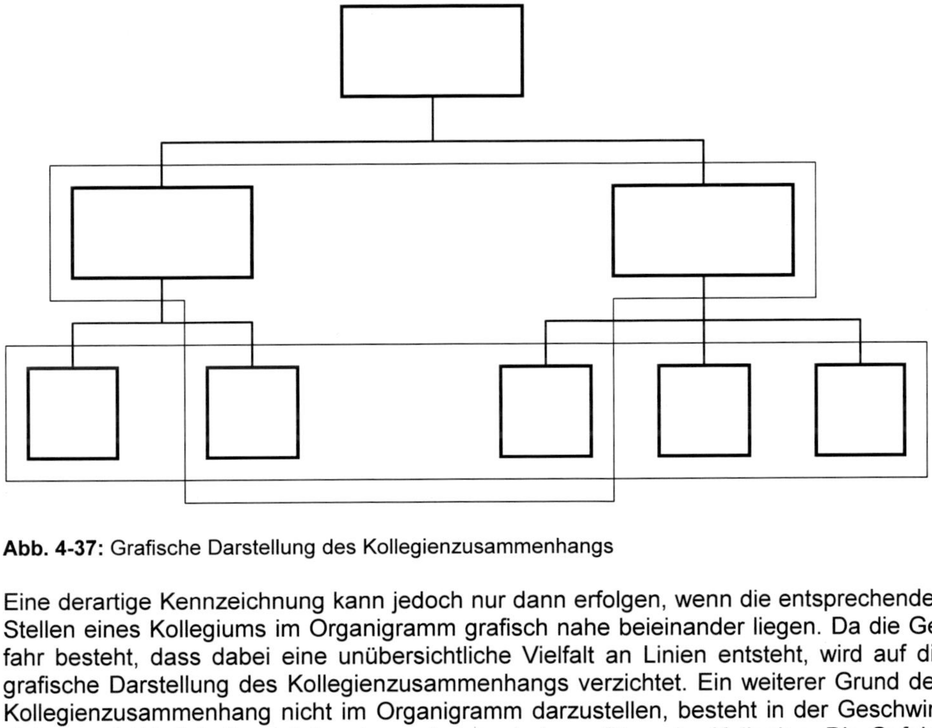

Abb. 4-37: Grafische Darstellung des Kollegienzusammenhangs

Eine derartige Kennzeichnung kann jedoch nur dann erfolgen, wenn die entsprechenden Stellen eines Kollegiums im Organigramm grafisch nahe beieinander liegen. Da die Gefahr besteht, dass dabei eine unübersichtliche Vielfalt an Linien entsteht, wird auf die grafische Darstellung des Kollegienzusammenhangs verzichtet. Ein weiterer Grund den Kollegienzusammenhang nicht im Organigramm darzustellen, besteht in der Geschwindigkeit und Häufigkeit entstehender und sich wieder auflösender Kollegien. Die Gefahr, dass deswegen die Darstellung der Ist-Situation nur mit einem erheblichen Änderungsaufwand möglich wäre, ist ein weiteres Argument dafür, auf die Darstellung des Kollegienzusammenhangs zu verzichten.

4.6.1.5 Funktionendiagramm

Beschreibung
Das Funktionendiagramm gehört zu den tabellarischen Dokumentationstechniken der Aufbauorganisation und **veranschaulicht die detaillierte Zuordnung von Aufgaben, Funktionen und Befugnissen auf Stellen bzw. Stelleninhaber**. Diese Dokumentationstechnik wurde von *Hijmans* (1929) entwickelt und von *Nordsieck* (1962, S. 21 ff.) vervollständigt. Statt des Begriffs Funktionendiagramm wird auch die Bezeichnung Funktionsmatrix verwendet.

Vorgehen
Die Erstellung eines Funktionendiagramms setzt zunächst die Kenntnis der einzelnen Aufgaben des Unternehmens oder der Abteilungen voraus. "Man legt hierbei zweckmäßigerweise einen logischen Aufgabengliederungsplan zugrunde ..." (*Nordsieck* 1962, S. 22). In einem zweiten Schritt werden die Aufgabenträger benötigt "... sowohl die "Instanzen" als auch die "letzten Aufgabenträger" ..." (*Nordsieck* 1962, S. 22). Diese beiden Elemente

- Aufgabenträger

- Einzelaufgaben

werden im Funktionendiagramm miteinander verbunden (Abb. 4-38)

Instanz/Stelle / (Teil-) Aufgabe	I 1	I 1.1	S 111	S 112	S 113	I 1.2	S 121	S 122	...
Aufgabe 1									
• TA 1.1									
• TA 1.2									
· TA 1.2.1									
· TA 1.2.2									
• TA 1.3									
· TA 1.3.1									
· TA 1.3.2									
• TA 1.4									
⋮									

Legende: I = Instanz; S = Stelle; TA = Teilaufgabe

Abb. 4-38: Funktionendiagramm (Ausschnitt)

Das Funktionendiagramm stellt eine **Verknüpfung von Aufgabengliederung und Organigramm** dar. Neben den (Teil-)Aufgaben aus der Aufgabengliederung und den Stellen aus dem Organigramm werden jedoch in den Schnittpunkten von Zeilen und Spalten der Matrix weitere Informationen eingetragen. Enthält das Diagramm an den Schnittpunkten **grafische Symbole**, z. B. ein Kreuz, kann so in einem Funktionendiagramm dargestellt werden, welche Stellen für welche (Teil-)Aufgaben zuständig sind. Gegenüber der aus dem Organigramm erkennbaren Verteilung globaler Aufgabengebiete auf Stellen, ist aus dem Funktionendiagramm damit die detaillierte Zuordnung der Aufgaben auf die Stellen zu erkennen. Der Informationsgehalt des Funktionendiagramms kann aber noch erhöht werden durch die **Kennzeichnung der Funktionen**, die eine entsprechende Stelle zur Erfüllung der jeweiligen Aufgabe übernimmt. Während *Nordsieck* ein ausgeklügeltes System der "Sinnzeichen für die Funktionen" (1962, S. 25) verwendet hat, mit der Gefahr, dass die Vielfalt der grafischen Symbole die Lesbarkeit des Funktionendiagramms erschweren, werden demgegenüber bis heute leicht verständliche **Buchstabenkombinationen** verwendet (s. dazu z. B. *Ulrich/Stärkle* 1959, S. 42 f.; *Acker* 1973, S. 61):

G = Gesamtzuständigkeit
EV = Entscheidungsvorbereitung
E = Entscheidung
A = Ausführung
K = Kontrolle

Durch die Benutzung solcher Kurzbezeichnungen informiert dann die Matrix nicht nur über die Zuständigkeiten, sondern auch in welchem Umfang und in welcher Art und Weise der Stelleninhaber zuständig ist. Zusammenfassend lassen sich aus dem Funktionsdiagramm ablesen

- spaltenweise
  alle (Teil-)Aufgaben und Funktionen der entsprechenden Stellen(inhaber)

- zeilenweise,
  die an der Erfüllung einer betreffenden (Teil-)Aufgabe beteiligten Stellen(inhaber).

"Man hüte sich davor, in einem Funktionen-Diagramm zuviel aussagen zu wollen. Einzelheiten müssen vielmehr den Stellenbeschreibungen vorbehalten bleiben" (*Acker* 1973, S. 60). Gerade die Information des Funktionendiagramms über die an der Erfüllung einer Aufgabe beteiligten Stellen macht deutlich, dass selbst bei der Verwendung unterschiedlicher Kurzbezeichnungen erst Stellenbeschreibungen eine detaillierte Abgrenzung der Beteiligung an einer Aufgabe dokumentieren.

Funktionsdiagramme liefern damit in erster Linie einen Überblick über das arbeitsteilige Zusammenwirken verschiedener Stellen. Dennoch ist es kaum möglich, große Unternehmen mit vielen Stellen in einem Funktionendiagramm abzubilden. Daher werden gerade bei komplexen Unternehmen oftmals auch **Funktionendiagramme für einzelne Organisationseinheiten** (z. B. Abteilungen) erstellt. Diese eignen sich dann besser, Aufgaben- und Kompetenzverteilungen ausführlicher darzustellen, während auf der Ebene der Gesamtunternehmung Funktionendiagramme lediglich die grobe Aufgabenverteilung abbilden.

Funktionendiagramme können zur **Darstellung eines organisatorischen Ist-Zustands** verwendet werden. Als Ergebnis einer Ist-Analyse lassen sich dann Lücken bei der Übertragung von Aufgaben auf die Stellen des Untersuchungsbereiches dokumentieren. Funktionendiagramme können aber auch zur **Darstellung eines gewünschten Soll-Zustands** benutzt werden. Dokumentiert wird dann, welche Aufgaben- und Kompetenzverteilungen und welches arbeitsteilige Zusammenwirken als anzustrebende organisatorische Alternative zu realisieren ist.

Beurteilung

Die **Vorteile** des Funktionendiagramms ergeben sich daraus, dass die Verdichtung einer Vielzahl von Informationen erfolgt. Die zwischen (Teil-)Aufgaben, Aufgabenträgern und Zuständigkeiten bestehenden Zusammenhänge werden kompakt dargestellt. Funktionendiagramme können nicht nur für unbefristet eingerichtete Organisationseinheiten, (z. B. Gesamtunternehmen, einzelne Unternehmensbereiche) erstellt werden, sondern dienen auch zur Darstellung der Aufgaben und Befugnisse von Projektbeteiligten (vgl. *Grün* 1992, Sp. 2112). Das Funktionendiagramm vereint die Inhalte einer Aufgabengliederung und des Organigramms und liefert eine Übersicht über die Abgrenzung von Aufgaben und Kompetenzen. Damit liefert das Funktionendiagramm bei der Dokumentation des Ist-Zustands im Rahmen der Würdigung und Bewertung Hinweise auf fehlende und unzureichende organisatorische Regelungen hinsichtlich eventueller Kompetenz- und Aufgabenüberschneidungen und unzureichender Informationsrechte und -pflichten. Im Vergleich zur Stellenbeschreibung verursachen die Erstellung und die Pflege einen geringeren Zeitaufwand.

Die **Nachteile** des Funktionendiagramms liegen darin, dass bei zu detailliert aufgeführten Aufgaben und Stellen und einer Vielzahl von graphischen Symbolen oder Buchstabenkombinationen die Gefahr der Unübersichtlichkeit besteht. Während die Stellenbeschreibung wegen ihrer verbalen Darstellung nicht erklärungsbedürftig ist und damit auch eine Arbeitsunterlage für den Stelleninhaber selbst ist, ist das Funktionendiagramm in erster Linie ein Instrument für Organisationsexperten. Infolge der verwendeten Symbole und Abkürzungen ist das Funktionendiagramm für den Laien nicht ohne weiteres zu verstehen. Da in einem Funktionendiagramm keine Informations- und Kommunikationsbeziehungen und keine Anforderungen dokumentiert werden, liefert die Zusammenfassung der aufgeführten Funktionsarten einer Stelle (spaltenweise) keine vollständige Beschreibung der Stellenaufgabe. Funktionendiagramme und Stellenbeschreibungen sind daher sowohl vom Inhalt als auch von der Perspektive der Betrachtung nicht identisch und damit auch nicht austauschbar. Beide Dokumentationen stellen hinsichtlich einer umfassenden Dokumentation der Gebildestruktur eine sinnvolle Ergänzung dar.

4.6.1.6 Anforderungsprofil

Beschreibung

Das Anforderungsprofil ist die **Zusammenstellung der erforderlichen Qualifikationen, denen ein Stelleninhaber genügen muss**. Dabei lassen sich z. B. die Anforderungsarten Schul- und Berufsausbildung, berufliche Fortbildung, Fachwissen, Berufserfahrung, Fertigkeiten und persönliche Eigenschaften unterscheiden. Anforderungsprofile werden vielfach in Stellenbeschreibungen verbal dargestellt. Sie enthalten dann die Höhe und das Ausmaß der Anforderungen für die einzelnen Anforderungsarten.

Vorgehen
Voraussetzung für die Erstellung eines Anforderungsprofils ist eine Anforderungsanalyse. Dabei werden Faktoren und Verhaltensweisen ermittelt, die bei der Aufgabenerfüllung Erfolg versprechend sind. Ausgangspunkt für die Anforderungsanalyse ist die Definition von Anforderungskriterien. Dabei wird entweder für alle oder für übereinstimmende Gruppen von Stellen ein gleich bleibender Katalog festgelegt, oder es werden für jede Stelle jeweils typische Kriterien bestimmt. Jedes Anforderungskriterium wird in der Regel durch mehrere Merkmale charakterisiert (vgl. *Bröckermann* 2003, S. 47).

Sollen die Zusammenhänge über alle Stellen eines Unternehmens oder bestimmte Stellen einer Organisationseinheit (z. B. Abteilung) aufgezeigt werden, kann dies in einer **Anforderungsprofilmatrix** erfolgen (Abb. 4-39).

Stellen / Anforderungen	Stelle 1	Stelle 2	Stelle 3	
Schul- und Berufsausbildung				
- Anforderung 1	X	X		
- Anforderung 2			X	
- Anforderung 3	X		X	
Berufliche Fortbildung				
- Anforderung 4		X		
- Anforderung 5		X	X	
Fachwissen	⋮	⋮	⋮	
⋮	⋮	⋮	⋮	
Berufserfahrung	⋮	⋮	⋮	
⋮	⋮	⋮	⋮	
Persönliche Eigenschaften	⋮	⋮	⋮	
⋮	⋮	⋮	⋮	

Abb. 4-39: Anforderungsprofilmatrix

Die Anforderungsprofilmatrix gibt Auskunft

- spaltenweise
  über die Anforderungen, denen ein bestimmter Stelleninhaber genügen muss. Je nachdem Detaillierungsgrad der Matrix ist der Informationsgehalt mit der Darstellung der Anforderungen in der entsprechenden Stellenbeschreibung identisch.

- zeilenweise
  über alle Stelleninhaber, die einer entsprechenden Anforderung genügen müssen.

Beurteilung
Die **Vorteile** der Anforderungsprofile liegen darin, dass sie eine konzentrierte Auflistung der von einem Stelleninhaber zu erfüllenden Anforderungen enthalten. Anforderungsprofile sind ein wichtiges Hilfsmittel für die Personalbeschaffung. Zur Auswahl des geeigneten Stelleninhabers wird das Anforderungsprofil der Stelle dem Eignungsprofil der in Frage kommenden Stelleninhaber gegenübergestellt.

Die Vorteile der Anforderungsprofilmatrix ergeben sich aus der Verknüpfung der Anforderungen von mehreren Stellen. Obwohl alle Informationen in Stellenbeschreibungen dokumentiert sein können, erleichtert die Zusammenführung dieser Informationen in der Matrix beispielsweise die Planung von Schulungsmaßnahmen. Ohne erst alle Stellenbeschreibungen durchsehen zu müssen, ist aus der Matrix sofort ersichtlich, welche Stelleninhaber z. B. Kenntnisse einer bestimmten Software oder Verhandlungsgeschick haben müssen und demzufolge (regelmäßig) zu schulen sind.

Die **Nachteile** von Anforderungsprofilen ergeben sich aus dem Zeitaufwand für die Erstellung, denn mit zunehmendem Detaillierungsgrad steigt der zeitliche Bedarf. Dies gilt auch für die Anforderungsprofilmatrix. Sollen Anforderungsprofile und Anforderungsprofilmatrix jedoch tatsächlich ein Hilfsmittel sein, ist ein bestimmter Grad der Detaillierung unverzichtbar.

4.6.1.7 Kommunikationstabellen und -schaubilder

Beschreibung
Diese Dokumentationstechniken dienen dazu **Kommunikations- und Interaktionsbeziehungen** (vgl. *Mag* 1980, Sp. 1031 ff.; *Gebert* 1992, Sp. 1110 ff.) **tabellarisch und graphisch darzustellen**. Für die organisatorische Gestaltung im Allgemeinen, insbesondere aber im Hinblick auf die Gestaltung der Kommunikations- und Interaktionsbeziehungen, ist die Kenntnis dieser zwischen den Organisationseinheiten bestehenden Beziehungen von Bedeutung. Die dabei interessierenden Beziehungen lassen sich durch folgende **Kriterien** kennzeichnen:

- Am Kommunikationsprozess beteiligte Organisationseinheiten (Sender, Empfänger)
- Kommunikationsinhalt (Information)
- Kommunikationsart (mündlich/schriftlich)
- Art und Länge des Kommunikationsweges
- Benutzte Sprache
- Kommunikationsmittel
- Kommunikationsdauer und -häufigkeit

Vorgehen
Zur Erfassung der betrieblichen Kommunikations- und Interaktionsbeziehungen werden Erhebungstechniken (s. 4.1) eingesetzt. Nicht alle diese Techniken sind dafür jedoch glei-

chermaßen gut geeignet. Neben den grundsätzlichen Nachteilen dieser Erhebungstechniken (s. 4.1.1 bis 4.1.7) sind sie hinsichtlich ihrer Eignung für die Analyse von Kommunikations- und Interaktionsbeziehungen unterschiedlich zu beurteilen.

Die Ermittlung quantitativer Daten mit Hilfe mündlicher und schriftlicher **Befragungen** ist problematisch, da die von den Befragten angegebenen Größen nur Schätzwerte sind. Die für eine Kommunikationsanalyse benötigten exakten quantitativen Werte (Zeiten, Mengen) lassen sich so nicht gewinnen. Demgegenüber eignet sich die **direkte Beobachtung** sehr gut zur Ermittlung von Kommunikationsart, -häufigkeit und -dauer. In erster Linie wird die Technik der **Selbstaufschreibung** eingesetzt. Dies setzt jedoch voraus, dass die am Kommunikations- und Interaktionsprozess Beteiligten bekannt sind, denn die Mitarbeiter müssen in vorbereiteten Formularen Sender, Empfänger, Kommunikationsmittel, Kommunikationsinhalt und -dauer selbst erfassen. Um repräsentative Daten zu gewinnen, ist sowohl die Länge als auch die Lage des Erhebungszeitraumes entsprechend zu planen. Zur Analyse der schriftlichen Kommunikation eignet sich besonders gut das **Dokumentenstudium**. Mit Hilfe dieser Technik lassen sich insbesondere Informationssender, -träger und -inhalt ermitteln. Dies gilt auch für das **Laufzettelverfahren**. Da sich damit die Wege von Arbeitsvorgängen und Dokumenten verfolgen lassen, können so auch die an der Kommunikation Beteiligten ermittelt werden.

Für die Darstellung der Kommunikations- und Interaktionsbeziehungen stehen unterschiedliche **Techniken** zur Verfügung. Keine der Techniken ist jedoch geeignet, alle Kriterien der Kommunikations- und Interaktionsbeziehungen gleichzeitig darzustellen. Somit ist die einzusetzende Technik vom Untersuchungsziel und den abzubildenden Informationen abhängig.

(1) Kommunikationstabelle

Die Kommunikationstabelle (Abb. 4-40) ist ein Hilfsmittel zur **Darstellung der Kommunikationsbeziehungen einer Organisationseinheit für eine bestimmte Periode**, z. B. eine Woche oder einen Monat (vgl. *Acker* 1973, S. 62 f.; *Wittlage* 1993, S. 144 ff.; *Schmidt* 1997, S. 339 f).

Kommunikationsbeziehungen der Organisationseinheit „…"						
Kommunikationspartner / Informationsgehalt	Intern			Extern		
	OE 1 H Øt Σt	…	Summe H Øt Σt	U 1 H Øt Σt	…	Summe H Øt Σt
-						
-						
-						
⋮						
Summe						

Legende: OE = Organisationseinheit; U = Unternehmen;
H = Häufigkeit; Øt = Durchschnittliche Dauer; Σt = Gesamtdauer

Abb. 4-40: Kommunikationstabelle

Dabei werden dokumentiert:

- Kommunikationspartner
- Informationsinhalt (z. B. Terminabstimmung) oder Kommunikationsart (z. B. mündlich)
- Kommunikationshäufigkeit (Anzahl je Informationsinhalt oder Kommunikationsart)
- Durchschnittliche Dauer der Interaktion
- Gesamtdauer

In jedem Feld erfolgen drei **Zahlenangaben**:

H = Häufigkeit (Anzahl) des entsprechenden Informationsinhalts oder der Kommunikationsart
Øt = durchschnittliche Dauer
Σt = Gesamtdauer

Das Zahlenmaterial der Tabelle kann zusätzlich verdichtet werden. Dann ergibt sich

- zeilenweise
  die gesamte Anzahl (Häufigkeit) des entsprechenden Informationsinhalts oder der Kommunikationsart und die insgesamt dafür verwendete Dauer

- spaltenweise
  die gesamte Anzahl (Häufigkeit) und Dauer der Kommunikationsbeziehungen einer bestimmten Organisationseinheit mit der betrachteten Organisationseinheit.

(2) Kommunikationsdiagramm in Dreiecksform
Diese Dokumentationstechnik konzentriert sich nicht mehr auf die stellenbezogene Sicht, sondern stellt einen **Gesamtzusammenhang** her. Das Kommunikationsdiagramm erlaubt für eine Organisation oder einen Organisationsbereich die anzahlmäßige Darstellung der folgenden Größen (Abb. 4-41):

- Gesamtdauer der Kommunikation (Zeiteinheiten)
- Gesamthäufigkeit
- bevorzugte Kommunikationsarten (schriftlich, mündlich, telefonisch)
- überwiegende Kommunikationsrichtung (↓einseitig, ↑einseitig, ↓↑zweiseitig)

Die Schnittpunkte der jeweiligen Diagonalen dokumentieren die gesamte Kommunikationszeit zwischen den beiden Organisationseinheiten. Die Zahl 12 bedeutet in diesem Beispiel, dass die Organisationseinheit I und die Organisationseinheit II im Untersuchungszeitraum insgesamt 12 Stunden miteinander Kontakt hatten. Die Zahlen in den Dreiecken am Ende einer Zeile geben die gesamte Kommunikationszeit einer Organisationseinheit mit allen anderen Organisationseinheiten an. Die Zahl 25 (= 12 +13) bedeutet, dass die Organisationseinheit II insgesamt 25 Stunden (mit der Organisationseinheit I 12 und mit der Organisationseinheit III 13 Stunden) Kontakt gehabt hat.

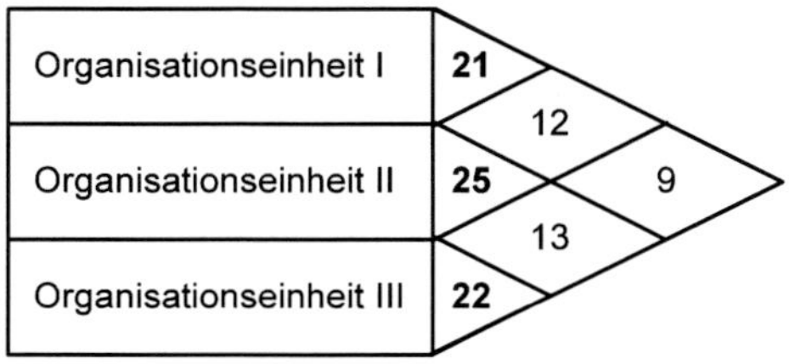

Abb. 4-41: Kommunikationsdiagramm in Dreiecksform (Gesamtdauer in Stunden)

(3) Kommunikationsdiagramm in Kreisform

Auch diese Dokumentationstechnik dient der **Abbildung von Kommunikationsbeziehungen zwischen mehreren Organisationseinheiten**. Dabei kann in dem Kreisdiagramm eine der beiden Sachverhalte schaubildlich dargestellt werden:

- Kommunikationshäufigkeiten
- Kommunikationsdauer

Das Diagramm (Abb. 4-42) zeigt die einer Betrachtung zugrunde liegenden Organisationseinheiten und die zwischen diesen im Betrachtungszeitraum stattgefundene Kommunikations- und Interaktionsdauer in schematischer Form.

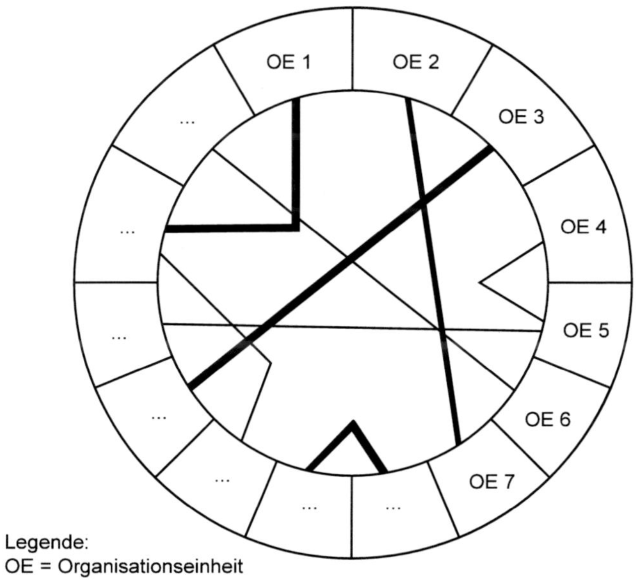

Abb. 4-42: Kommunikationsdiagramm in Kreisform (Kommunikationsdauer)

Ziel des Kreisdiagramms ist es, lediglich **Relationen** aufzuzeigen. Um die Aussagekraft zu erhöhen, ist dem Kreisdiagramm jedoch eine Legende beizufügen, die der Stärke der Linien "Von-Bis-Werte" zuordnet. Der Vorteil dieser grafischen Veranschaulichung darf jedoch nicht dadurch zunichte gemacht werden, dass zu viele Organisationseinheiten mit einbezogen werden. Bei einer großen Anzahl von Organisationseinheiten und vielfältigen Dokumentationsbeziehungen besteht die Gefahr, dass das Diagramm unübersichtlich wird.

(4) Kommunikationsmatrix

Mit Hilfe der Kommunikationsmatrix (Abb.4-43) können folgende Sachverhalte der Kommunikation zwischen Kommunikationspartnern veranschaulicht werden:

- Häufigkeit
- Dauer
- Richtung

Sender \ Empfänger	OE 1	OE 2	OE 3	...
OE 1	0	4	5	
OE 2	4	0	3	
OE 3	2	1	0	
⋮				

Legende: OE = Organisationseinheit

Abb. 4-43: Kommunikationsmatrix

Geben die Ziffern in der Matrix die Kommunikationshäufigkeit an, so bedeutet die Ziffer 5 in diesem Beispiel, dass in dem Betrachtungszeitraum von der Organisationseinheit I ("sendende" Organisationseinheit) fünfmal Informationen an die Organisationseinheit III ("empfangende" Organisationseinheit) abgegeben wurden. Demgegenüber sind in umgekehrter Richtung (von Organisationseinheit III an I) nur zweimal Kontakte ausgegangen.

(5) Kommunikationsnetzwerk

In einem Kommunikationsnetzwerk lassen sich folgende Sachverhalte schematisch abbilden (Abb. 4-44):

- Kommunikationsdauer oder -häufigkeit
- Kommunikationsrichtung
- Länge der Kommunikationswege
- Standorte der Kommunikationspartner

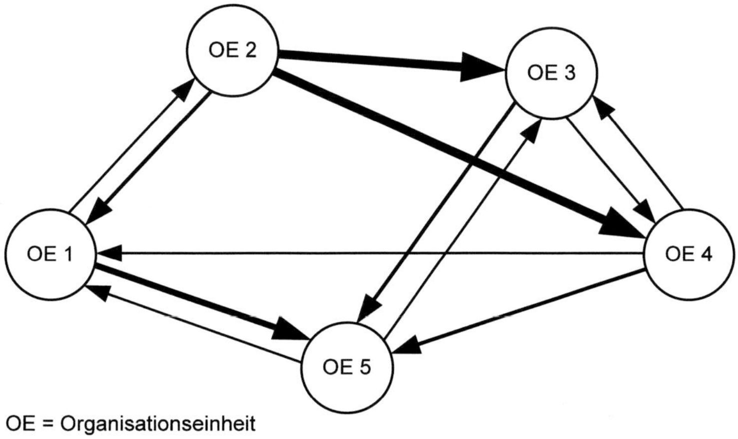

Abb. 4-44: Kommunikationsnetzwerk

Die Organisationseinheiten werden als Kreis (Knoten), die Richtung der Kommunikation als Pfeile dargestellt. Die Kommunikationsdauer oder -häufigkeit wird durch die Stärke der Verbindungslinien veranschaulicht. Auch hier ist eine Legende, welche Strichstärke welcher Zeitdauer oder Häufigkeit entspricht, zur Interpretation der Abbildung erforderlich. Damit lassen sich in einem Kommunikationsnetzwerk die gleichen Sachverhalte aufzeigen wie in einem Kreisdiagramm. Zusätzlich kann aber durch die Anordnung der Knoten noch die Entfernung zwischen den Kommunikationspartnern angedeutet werden. Im Vergleich zum Kreisdiagramm ist das Kommunikationsnetzwerk variabler, da die Knoten so angeordnet werden können, dass möglichst viele Linien gerade und ohne Überschneidungen verlaufen. Im Vergleich zum Kommunikationsdiagramm ist das Kommunikationsnetzwerk übersichtlicher.

Beurteilung

Der **Vorteil** der Dokumentationstechniken für Kommunikations- und Interaktionsbeziehungen liegt darin, dass sich diese Beziehungen schematisch und quantitativ darstellen lassen. Von ihrer Aussagekraft her zielen Kommunikationstabellen, Kommunikationsdiagramme in Dreiecksform und Kommunikationsmatrizen in erster Linie auf die zahlenmäßige Genauigkeit ab. Demgegenüber sind Kommunikationsdiagramme in Kreisform und Kommunikationsnetzwerke eher geeignet, Relationen der Kommunikations- und Interaktionsbeziehungen transparent zu machen.

Der **Nachteil** dieser Gruppe von Dokumentationstechniken liegt darin, dass sich qualitative Merkmale von Kommunikations- und Interaktionsbeziehungen, beispielsweise Inhalte, nicht oder nur eingeschränkt (z. B. in Kommunikationstabellen) aufzeigen lassen. Die Form der Beziehungen lässt sich dagegen nicht darstellen. Die Techniken liefern ebenfalls keine Aussage über die Bedeutung bzw. den Gehalt (z. B. die Wichtigkeit oder den Wert der Information) der Kommunikation.

4.6.2 Darstellung der Ablauf-/Prozessorganisation

Diese Dokumentationstechniken beziehen sich auf die **Darstellung der Folge der Aufgabenerfüllung**. Dabei werden folgende **Beziehungen** aufgezeigt:

- zeitliche Beziehungen (Zeitpunkt, zeitliche Folge, Zeitraum und Dauer der Aufgabenerfüllung)
- räumliche Beziehungen (Standort und Weg)
- mengenmäßige Beziehungen (Anzahl)
- logische Beziehungen (Bedingungen, Wenn-dann-Beziehungen, Parallelaktivitäten)

Die Aufgabe der Darstellungstechniken der Ablauf- bzw. Prozessorganisation ist es, die Inhalte eines Arbeitsablaufs

- Verrichtungen und deren zeitliche Reihenfolge
- Objekte
- Bearbeiter (Aufgabenträger)
- Arbeitsmittel und -unterlagen
- Verknüpfungen (Schnittstellen) mit anderen Abläufen

aufzuzeigen (vgl. *Wittlage* 1993, S. 158 f.; *Schmidt* 2000, S. 366 f.).

4.6.2.1 Verbale Beschreibung von Arbeitsabläufen

Beschreibung
Bei der verbalen Beschreibung erfolgt die **Darstellung eines Arbeitsablaufs durch fortlaufenden Text.** Organisatorische Regelungen werden mit Hilfe sprachlicher Ausdrucksmittel dokumentiert.

Vorgehen
Die verbale Darstellung beschreibt Arbeitsgänge in Form von **Fließtext.** Um die Verständlichkeit und Übersichtlichkeit zu fördern, kann durch Bildung von Absätzen, Einrückungen, Unterstreichungen, Fett- und Kursivdruck, Wechsel der Schriftart und -größe eine optische Unterstützung des Lesers erfolgen.

Beurteilung
Die **Vorteile** der verbalen Beschreibung liegen darin, dass diese Dokumentationstechnik leicht verständlich ist. Mitarbeiter müssen nicht geschult werden, um diese Technik verstehen zu können. Verbale Beschreibungen sind zwingend erforderlich für Sachverhalte, die sich nicht oder nur unzureichend durch bildliche Darstellungen veranschaulichen lassen, z.

B. Beschreibung von Kompetenzen, Verantwortlichkeiten, Anforderungen an Stelleninhaber und erwartetes Führungs- und Mitarbeiterverhalten (vgl. *Grochla* 1982/95, S. 327 f.).

Die **Nachteile** der verbalen Beschreibung ergeben sich daraus, dass sich diese Technik eigentlich nur für die Darstellung des Arbeitsablaufs von Einzelpersonen eignet. Die verbale Beschreibung ist jedoch nicht oder nur sehr schlecht in der Lage, Zusammenhänge darzustellen. Da aufgabenbezogene Arbeitsabläufe aber gleichzeitig eine personale, zeitliche, räumliche, mengenmäßige und logische Dimension beinhalten, kann diese Mehrdimensionalität mit Hilfe der rein verbalen Darstellung nicht oder nur zu Lasten der Übersichtlichkeit wiedergegeben werden. Insbesondere komplexe Abläufe können daher, da sie auf das visuelle Element zur Darstellung von Zusammenhängen verzichten, nur mit einem hohen Aufwand vollständig und richtig erfasst werden. Verbale Beschreibungen bergen darüber hinaus die Gefahr in sich, Ungenauigkeiten und Unklarheiten durch sprachliche Formulierungen zu überdecken (vgl. *Wittlage* 1993, S. 160).

4.6.2.2 Matrix

Beschreibung
Die Matrix gehört zu den grafisch-verbalen Dokumentationstechniken. In den Zeilen und Spalten werden unterschiedliche Sachverhalte verbal festgehalten. Durch die Anordnung der Texte in Feldern erfolgt auch eine grafische Aufbereitung.

Vorgehen
Bei der Matrix steht zwar der Text im Vordergrund, d. h. grafische Aufbereitung bedeutet nicht Einfügen von Grafiken oder Schaubildern, aber durch die Bildung von optisch abgesetzten Textfeldern lassen sich Elemente nach festgelegten Kriterien systematisieren. In den Schnittfeldern von Zeilen und Spalten der Matrix können so Beziehungen dargestellt werden (s. dazu z. B. Abb. 4-38 bis 4-40 und 4-43).

Beurteilung
Die Matrix ist eine der grundlegendsten Techniken der Ablauforganisation. Die Vorteile dieser Technik liegen darin, dass diese Dokumentationsform die Vollständigkeit fördert und Plausibilitätsprüfungen erleichtert. Die Darstellungsform ist übersichtlich, transparent und auch für den Laien verständlich.

Die **Nachteile** bestehen darin, dass in den Schnittfeldern von Zeilen und Spalten immer nur ein begrenzter Platz zur Verfügung steht. Ausführliche textliche Beschreibungen sind nicht möglich. Der Zwang zur Verdichtung kann zu einer sehr kompakten Darstellung führen.

4.6.2.3 Geblockte Texte

Beschreibung
Geblockte Texte gehören ebenfalls zu den grafisch-verbalen Techniken. Mit Hilfe dieser Technik können Ablaufbeziehungen graphisch unterstützt dokumentiert werden (s. dazu *Schmidt* 2000, S. 381 ff.).

Vorgehen
Die Erstellung geblockter Texte erfolgt in der Form, dass darzustellende Aufgaben und alle dafür erforderlichen Informationen in speziell gebildete Felder ("Blöcke") geschrieben werden. Diese durch horizontale und vertikale Trennlinien entstehenden Blöcke beinhalten neben den (Teil-)Aufgaben dann beispielsweise die beteiligten Aufgabenträger und erforderliche Bedingungen (Abb. 4-45).

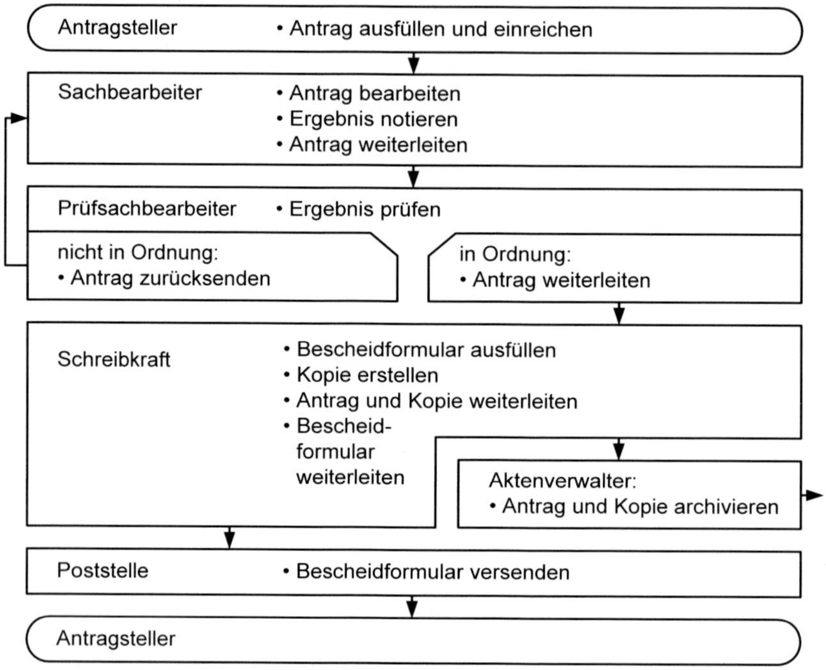

Abb. 4-45: Geblockter Text

Die Lesbarkeit wird durch folgende **graphische Elemente** unterstützt:

- Blockungen der Texte (Umrahmungen)
- Anordnung der Texte im Fluss des Ablaufs (von oben nach unten, von links nach rechts)
- Symbole (z. B. für Beginn, Ende, Abbruch und Unterbrechungen des Arbeitsablaufs)
- Schriftstärke (z. B. Fettdruck).

Die Lesbarkeit lässt sich darüber hinaus durch folgende **Regeln der Erstellung** unterstreichen:

- Es sollte möglichst die gesamte Breite des Blattes genutzt werden.
- Der Hauptast des Ablaufs ist links anzuordnen.
- Leere Blöcke sind zu vermeiden.
- Rücksprünge bzw. Rückkopplungen im Arbeitsablauf sind durch Linien am Rand darzustellen.

Beurteilung
Die **Vorteile** geblockter Texte liegen im Vergleich zu den verbalen Beschreibungen in der eindeutigen Darstellung von Arbeitsabläufen. Der Leser erhält einen Überblick über den gesamten Ablauf. Geblockte Texte bieten damit eine größere Transparenz als die verbale Beschreibung.

Die **Nachteile** der geblockten Texte liegen darin, dass diese Technik erklärungsbedürftig ist. Sowohl die Erstellung als auch das Lesen ist ohne eine Schulung oder eine Einführung nicht möglich. Arbeitsabläufe mit sehr vielen Rücksprüngen werden schnell unübersichtlich. Enthält ein Arbeitsablauf mehrere Verzweigungen, sind diese mit zunehmender Anzahl schwer darzustellen, da die dafür erforderlichen Felder (Blöcke) immer schmaler werden.

4.6.2.4 Balkendiagramm

Beschreibung
Balkendiagramme dienen der Darstellung zu welcher Zeit bzw. in welchen Zeiträumen welche Aufgaben erledigt werden, oder welche Aufgabenträger oder Sachmittel in welchen Zeiträumen in Anspruch genommen werden. Balkendiagramme werden auch als Zeitbänder bezeichnet.

Vorgehen
Dem Balkendiagramm liegt ein zweidimensionales Koordinatensystem zugrunde. Der Aufbau erfolgt in der Form, dass horizontal ein Zeitmaßstab abgebildet wird. Vertikal lassen sich unterschiedliche Zuordnungen vornehmen:

- Verrichtungen/Aufgaben (Auftrags- bzw. Projektfortschrittsplan)
- Sachmittel und deren Kapazitäten (z. B. Maschinenbelegungsplan)
- Aufgabenträger (Inanspruchnahme)

Die geplante oder tatsächliche Dauer für die Durchführung der Aufgaben oder Inanspruchnahme der Sachmittel oder Aufgabenträger wird durch entsprechend lange Balken bzw. Bänder veranschaulicht (Abb. 4-46). Damit wird auch der Start- und Endzeitpunkt der Aufgaben oder Inanspruchnahme dokumentiert. Durch die Lage der Balken zueinander können zeitliche Abhängigkeiten abgebildet werden.

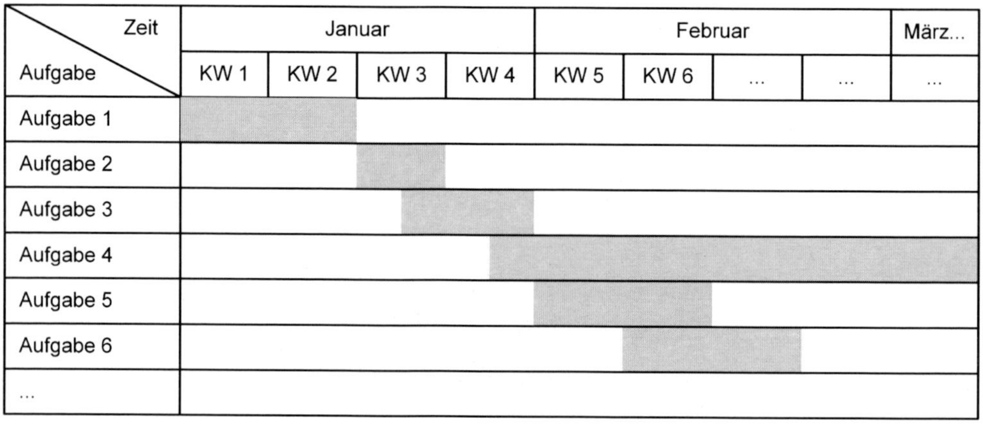

Legende: KW = Kalenderwoche

Abb. 4-46: Balkendiagramm

Mit Hilfe des Balkendiagramms lassen sich entweder geplante oder tatsächliche Werte, aber auch beide gemeinsam, z. B. durch Balken unterschiedlicher Farben oder Graustufen, darstellen.

Beurteilung
Die **Vorteile** des Balkendiagramms liegen darin, dass es auch für Nichtexperten lesbar und verständlich ist. Mit Hilfe dieser Dokumentationstechnik lassen sich der Fortschritt eines Auftrages oder Projektes und die Inanspruchnahme von Sachmitteln und Aufgabenträgern übersichtlich veranschaulichen.

Die **Nachteile** des Balkendiagramms liegen darin, dass die Übersichtlichkeit mit zunehmender Anzahl von zu berücksichtigenden Verrichtungen bzw. Aufgaben abnimmt. Das Balkendiagramm beinhaltet nur geringe Aussagemöglichkeiten über die Verbesserung von Arbeitsabläufen.

4.6.2.5 Folgeplan

Beschreibung
Der Folgeplan gehört zu den grafisch-strukturellen Dokumentationstechniken. Mit Hilfe dieser Technik lassen sich zwei **Sachverhalte** abbilden:

- Logische und zeitliche Folge der in der Aufgabenanalyse (s. dazu z. B. *Mangler* 2006, S. 35 ff.) ermittelten Aufgaben
- Zeitliche Folge, in der Aufgabenträger tätig werden

Vorgehen
Ein wesentlicher Nachteil der bereits aufgezeigten Techniken liegt darin, dass sich damit Verzweigungen, Zusammenführungen und Rückkopplungen in Arbeitsabläufen entweder

nicht oder nur so darstellen lassen, dass die Übersichtlichkeit und Lesbarkeit erheblich eingeschränkt wird.

Die Strukturen betrieblicher Abläufe (z. B. Aktivitäten, Teilprozesse, Arbeitsplätze, vollständige Arbeitssysteme) können höchst unterschiedlich sein, lassen sich jedoch, wie aus der Abb. 4-47 zu ersehen, auf sechs **Grundformen von Folgebeziehungen** zurückführen (vgl. *REFA* 1985, S. 14 ff.; *Liebelt/Sulzberger* 1993, S. 40 ff.):

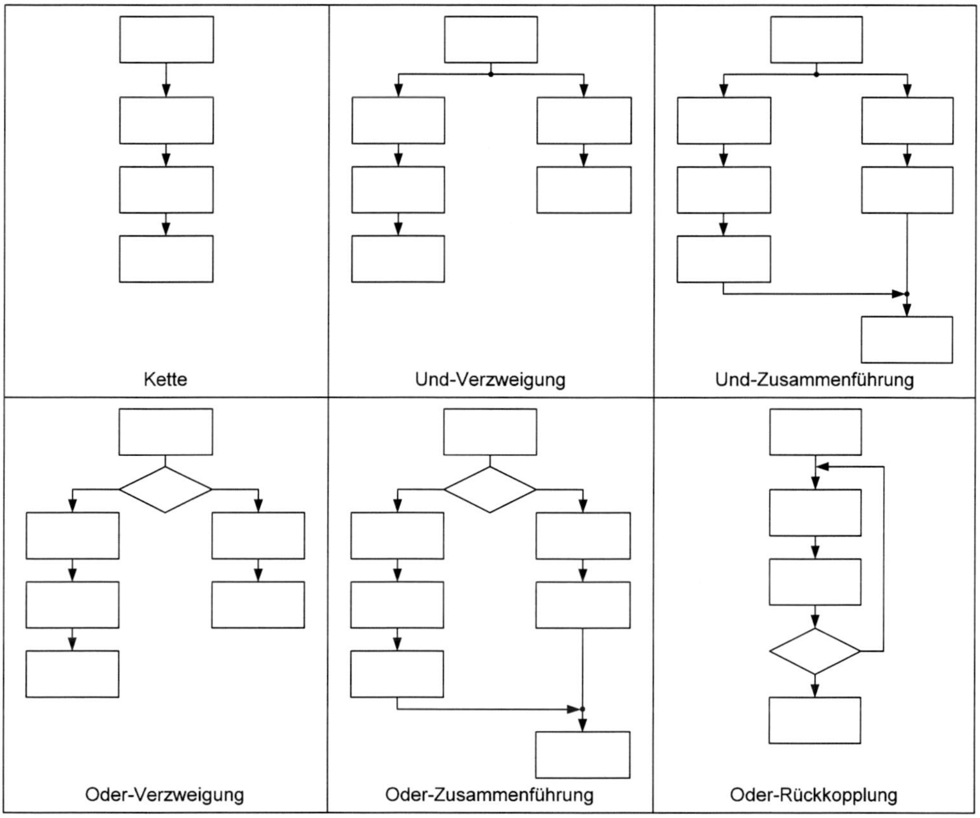

Abb. 4-47: Grundformen von Folgebeziehungen

- **Kette**
  Diese Form dient der Darstellung einer Aufeinanderfolge von Elementen ohne Verzweigungen. Die Richtung der Folge dieser Ablaufelemente wird durch Pfeile veranschaulicht.

- **UND-Verzweigung**
  Mit Hilfe dieser Form lassen sich Aktivitäten veranschaulichen, die in parallelen Ablaufzweigen unabhängig voneinander erfolgen. Die UND-Verzweigung verdeutlicht ein in

zeitlicher wie räumlicher Hinsicht bestehendes "Nebeneinander" oder "Sowohl-als-auch" und steht daher zu Beginn von zwei oder mehreren parallelen Ablauffolgen. Alle nachfolgenden Zweige werden durchlaufen.

- **UND-Zusammenführung (UND-Verknüpfung)**
  Werden die nach einer UND-Verzweigung parallelen Ablauffolgen nicht getrennt abgeschlossen, sondern wieder zusammengeführt und gemeinsam fortgeführt, wird dies durch die UND-Zusammenführung bzw. UND-Verknüpfung abgebildet. Optisch wird diese Zusammenführung durch einen Punkt gekennzeichnet. Es müssen erst beide parallelen Folgen durchlaufen und abgeschlossen sein, bevor der (erste) Ablaufschritt nach der Zusammenführung ausgeführt werden kann.

- **ODER-Verzweigung**
  Diese Form veranschaulicht die aus einer Weichenstellung, d. h. aufgrund einer Bedingung, entstehende Parallelbearbeitung. Derartige Verzweigungen werden durch eine Raute dargestellt. Dieses Symbol beinhaltet die Bedingung, deren Erfüllung den einen Ablaufstrang und deren Nichterfüllung den anderen Ablaufstrang nach sich zieht. Die parallelen Ablaufelemente werden alternativ abgewickelt, d. h. nur ein nachfolgender Zweig wird durchlaufen.

- **ODER-Zusammenführung (ODER-Verknüpfung)**
  Haben die nach einer ODER-Verzweigung alternativen (Teil-)Abläufe eine gemeinsame Fortsetzung und müssen deshalb wieder verknüpft werden, wird dies mit Hilfe der ODER-Zusammenführung dargestellt. Optisch wird diese Zusammenführung durch einen auf die senkrechte Flusslinie treffenden Pfeil gekennzeichnet.

- **ODER-Rückkopplung**
  Diese Form dient der Darstellung einer ODER-Zusammenführung nach einer ODER-Verzweigung. Diese Zusammenführung erfolgt jedoch nicht wie bei der ODER-Zusammenführung an einem der Verzweigung nachgelagerten, sondern an einem der Verzweigung vorgelagerten Element des Ablaufs. In Abhängigkeit von der Bedingung werden die zwischen der Verzweigung und Zusammenführung liegenden Ablaufschritte noch einmal durchlaufen. Dies geschieht so lange bis die Bedingung erfüllt ist.

Theoretisch ist auch eine UND-Rückkopplung denkbar (Abb. 4-48).

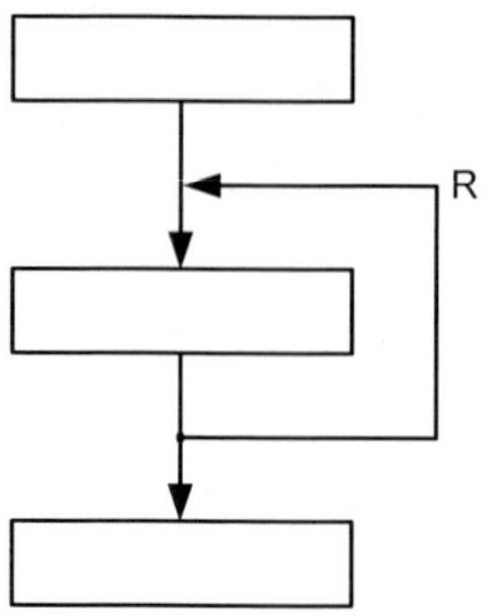

Abb. 4-48: UND-Rückkopplung

Dabei erfolgt immer ein Rücklauf zu einem im Ablauf vorgelagerten Abschnitt. Dies führt jedoch zu einer Schleife ohne Ende und ist daher bei der praktischen Gestaltung zu vermeiden.

Neben den Grundformen von Folgebeziehungen existieren **Symbole und Regeln zur Darstellung von Ablaufstrukturen** (Abb. 4-49) mit Hilfe von Folgeplänen (vgl. *REFA* 1985, S. 20 ff.; *Liebelt/Sulzberger* 1993, S. 103 ff.; *Schmidt* 2000, S. 384 f.)

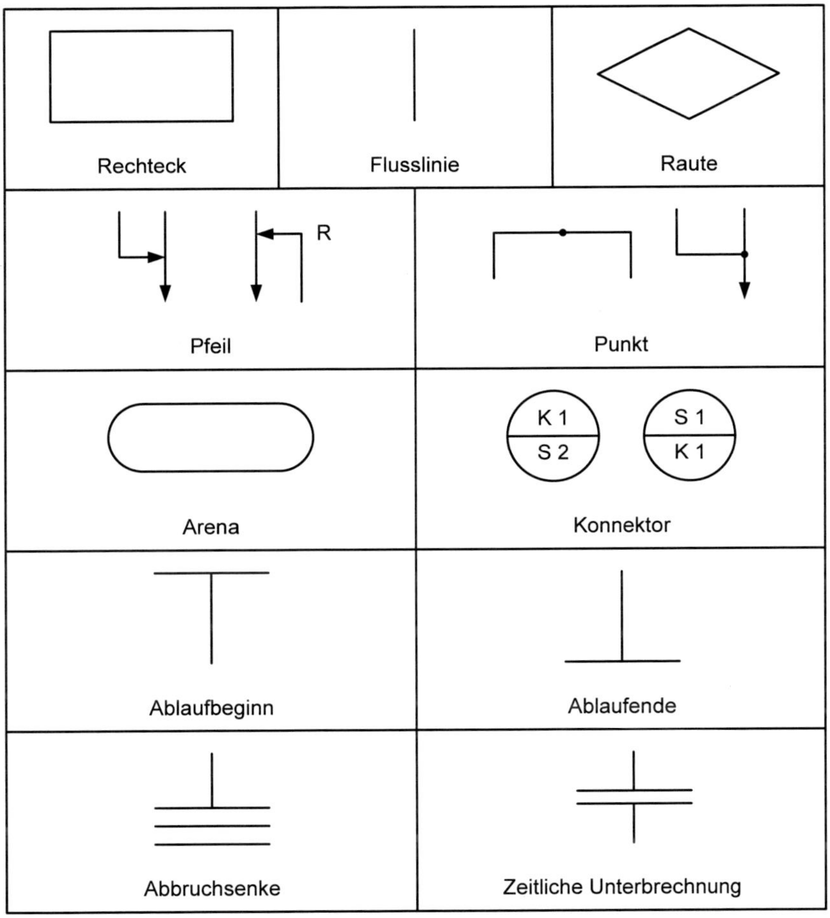

Abb. 4-49: Symbole und Regeln zur Darstellung von Ablaufstrukturen

- **Rechteck**
  dient der Darstellung von Aktivitäten

- **Flusslinie**
  verbindet die Aktivitäten (Rechtecke) miteinander

- **Raute**
  dient der Darstellung einer ODER-Verzweigung

- **Pfeil**
  Führt er auf die Flusslinie zurück, veranschaulicht er die ODER-Zusammenführung.

- **Punkt**
  macht UND-Rückkopplungen und UND-Zusammenführungen kenntlich

- **R**
  kennzeichnet Rückkopplungen vor der Zusammenführung

- **Arena**
  befindet sich in der Regel zu Beginn (Quelle) und am Ende (Senke) des Ablaufs und kennzeichnet die Nahtstelle zwischen dem abgebildeten Bereich des Ablaufs und dem Systemumfeld. Zu Beginn des Ablaufs symbolisiert die Arena den externen Auslöser oder Impulsgeber (externe Quelle) des Ablaufs. Am Ende des Ablaufs kennzeichnet die Arena die externe Fortsetzung des Ablaufs (externe Senke). Liegen bestimmte Aktivitäten innerhalb des Ablaufs aber außerhalb des betrachteten Bereichs, wird die Arena auch innerhalb eines Ablaufs verwendet.

- **Konnektor**
  Müssen Abläufe aus Platzgründen seitenübergreifend dargestellt werden, beschreiben Konnektoren die Verbindungsstellen. Die Bezeichnung K1 bis Kn kennzeichnet den Konnektor und mit S1 bis Sn werden die Seiten angegeben, auf dem der unterbrochene Ablauf fortgesetzt wird und auf welcher Seite der fortgesetzte Ablauf unterbrochen wurde.

- **Ablaufbeginn**
  innerhalb des Untersuchungsbereiches (interne Quelle)

- **Ablaufende**
  innerhalb des abzubildenden Bereichs (interne Senke)

- **Abbruchsenke**
  Der Ablauf soll nicht weiter dargestellt werden.

- **Zeitliche Unterbrechung des Ablaufs**

Für alle Arten von Folgedarstellungen gilt, dass die Symbole gemäß der zeitlichen Reihenfolge des Verlaufs immer von oben nach unten angeordnet und mit einer Flusslinie versehen werden. Diese Linien verlaufen grundsätzlich senkrecht oder waagerecht (bei Verzweigungen oder Zusammenführungen). Zusammenführungen erfolgen immer auf der Flusslinie.

Im Hinblick auf den darzustellenden Inhalt lassen sich folgende **Arten von Folgeplänen** unterscheiden:

- **Aufgabenfolgeplan** (Abb. 4-50)
  dokumentiert die in einer Aufgabenanalyse ermittelten Aufgaben in der logischen und zeitlichen Abfolge und kann ergänzt werden um Informationen, Informationsträger, Objekte und Sachmittel.

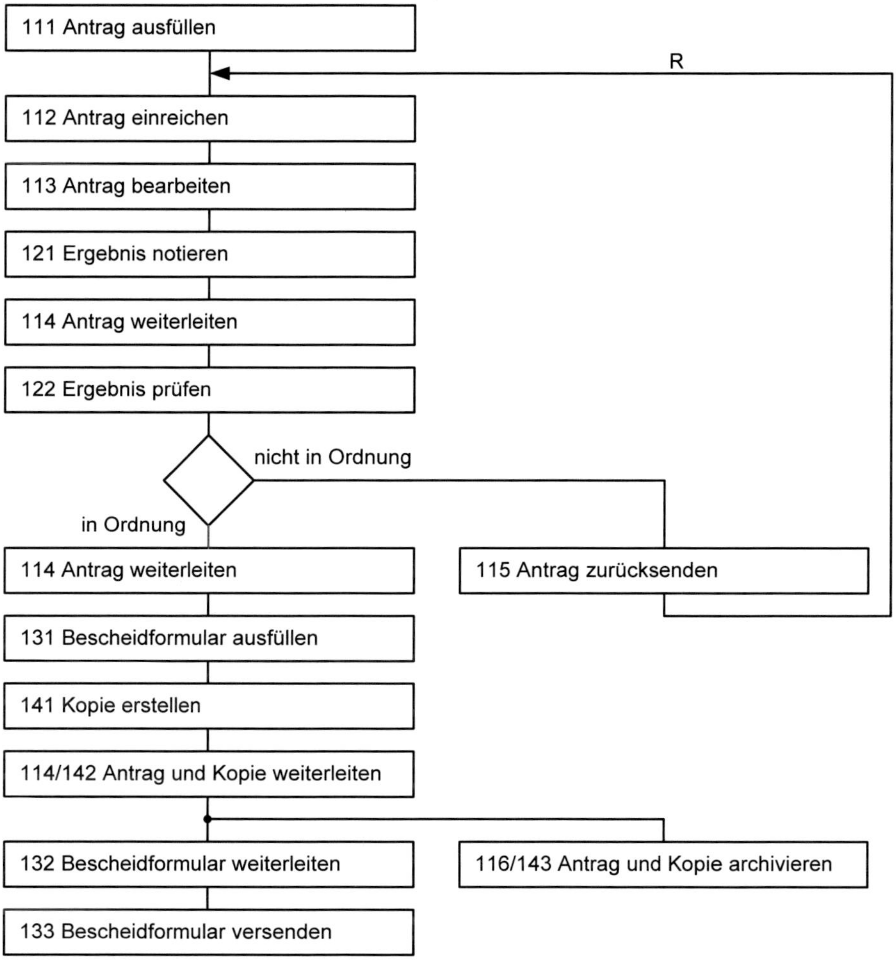

Abb. 4-50: Aufgabenfolgeplan

- **Aufgabenträger-Folgeplan**
  dient der Darstellung der an der Aufgabenerfüllung beteiligten Aufgabenträger.

- **Aufgabenfolgeplan mit Aufgabenträgern**
  verbindet die beiden ersten Arten in der Form, dass in den Rechtecken sowohl die Aufgabenträger als auch die von ihnen ausgeführten Aufgaben dokumentiert werden.

Beurteilung
Die **Vorteile** des Folgeplans liegen darin, dass Ablaufstrukturen übersichtlich dargestellt werden. Diese Technik ist für den Ersteller leicht erlernbar und für den Empfänger bzw. Leser gut verständlich.

Die **Nachteile** liegen darin, dass insbesondere Aufgabenfolgepläne einen sehr hohen Platzbedarf haben können. Dies kann sich zu Lasten der Übersichtlichkeit auswirken. Für Nicht-Experten sind Folgepläne daher nur bedingt geeignet oder aber erklärungsbedürftig.

4.6.2.6 Folgestruktur

Beschreibung
Die Technik der Folgestruktur ist eng verwandt mit der Technik des Folgeplans (s. 4.6.2.5). Wie mit dem Folgeplan lassen sich auch mit der Folgestruktur alle Aufgaben, Aufgabenträger, Sachmittel und Informationen in ihrer logischen und zeitlichen Folge dokumentieren. Im Gegensatz zum Folgeplan erfolgt die Darstellung der Folgebeziehungen jedoch in verdichteter Form (vgl. *REFA* 1985, S. 66 ff.).

Vorgehen
Die Verdichtung des Ablaufs geschieht durch die Trennung von Symbolen und Texten (Abb. 4-51). Da die Texte nicht in den Symbolen enthalten sind, sondern in einem getrennten Erläuterungsteil aufgeführt werden, kann auch durch die Größe der Symbole eine weitere **Verdichtung** erreicht werden. Bezüglich der Form besteht ein Unterschied zum Folgeplan darin, dass für die Darstellung von Aktivitäten und Teilaufgaben nicht das Rechteck, sondern der Kreis verwendet wird. Sonst entsprechen die Symbole und die Regeln über deren Einsatz nahezu denen des Folgeplans (vgl. *Liebelt/Sulzberger* 1993, S. 122 f.)

Vergleichbar dem Folgeplan lassen sich auch **Arten von Folgestrukturen** unterscheiden:

- **Aufgaben-Folgestruktur**
- **Aufgabenträger-Folgestruktur**

Beurteilung
Die **Vorteile** der Folgestruktur liegen in der Möglichkeit der Platz sparenden Dokumentation. Durch die Verdichtung wird die Übersichtlichkeit verbessert. Folgestrukturen lassen sich leicht in Arbeitsanweisungen, z. B. in der Form des Folgeplans oder der geblockten Texte, übertragen.

Die **Nachteile** der Folgestruktur liegen darin, dass sie durch die Trennung von Symbolen und Texten schwer lesbar sind. Als Arbeitsanweisungen für Mitarbeiter sind sie daher nicht geeignet. Folgestrukturen sind erklärungsbedürftig. Sie können demzufolge auch schlecht als Schulungsunterlage oder für Präsentationen eingesetzt werden. Sowohl das Erstellen als auch das Lesen erfordern einen höheren Lernaufwand als beim Folgeplan.

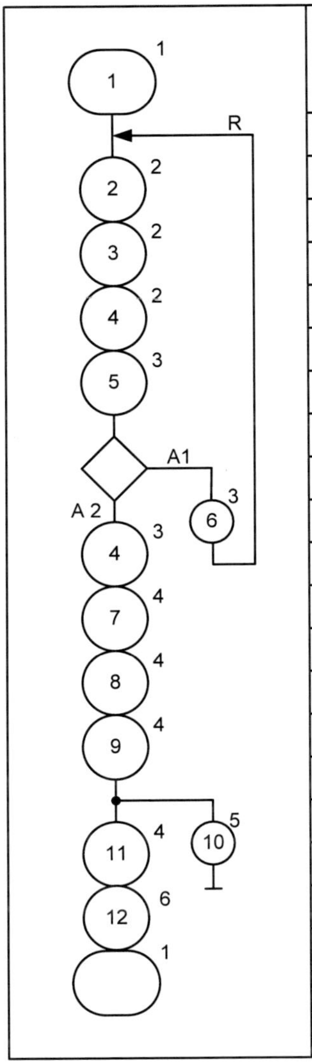

	Aufgabenträger	Bedingung	Aufgabe	Erläuterung	Bemerkung*
a	b	c	d	e	f
	1			Antragsteller	
a			1	**Antrag** ausfüllen und einreichen	
	2			Sachbearbeiter	
			2	a bearbeiten	
			3	Ergebnis notieren	
			4	a weiterleiten	
	3			Prüfsachbearbeiter	
			5	Ergebnis prüfen	
		A 1		nicht in Ordnung	
		A 2		in Ordnung	
			6	a zurücksenden	
	4			Schreibkraft	
b			7	Bescheidformular ausfüllen	
c			8	Kopie erstellen	
			9	c weiterleiten	
	5			Aktenverwalter	
			10	a + c archivieren	
			11	b weiterleiten	
			12	b versenden	
	6			Poststelle	

Abb. 4-51: (Aufgaben-)Folgestruktur

4.6.2.7 Blockdiagramm

Beschreibung
Das Blockdiagramm gehört ebenfalls zu den grafisch-strukturellen Dokumentationstechniken und ist ein Hilfsmittel um **Abläufe informationsverarbeitender Systeme** darzustellen (s. dazu *Liebelt/Sulzberger* 1993, S. 134 ff.; *Schmidt* 2000, S. 396 ff.). Der Begriff Blockdia-

gramm ist ein Oberbegriff und beinhaltet die beiden Varianten Datenflussdiagramm (Datenflussplan) und Programmablaufplan.

Vorgehen
Sowohl für die Erstellung von Datenflussdiagrammen als auch für Programmablaufpläne sind durch die DIN 66001 (vgl. *DIN* 1983) einheitliche Regelungen für die Begrifflichkeiten und verwendete Symbole bzw. Sinnbilder (Abb. 4-52) festgelegt.

(1) Datenflussdiagramm
Das Datenflussdiagramm ist ein Hilfsmittel um den Gesamtzusammenhang eines organisatorischen Datenverarbeitungskonzepts darzustellen und den **Datenfluss durch ein informationsverarbeitendes System**, d. h. Dateneingabe, Verarbeitung, Speicherung und Datenausgabe, zu veranschaulichen. Die eigentliche Verarbeitung wird dabei als Blackbox betrachtet und demzufolge in der Darstellung nur angedeutet.

Für diese genormte Darstellungstechnik gelten einige grundlegende **Regelungen** (vgl. *DIN* 1983; *Liebelt/Sulzberger* 1993, S. 139; *Schmidt* 1997, S. 375):

- Die Darstellung muss immer die Reihenfolge "Eingabe-Verarbeitung-Ausgabe" einhalten.
- Die Verbindungslinien zwischen den Symbolen verlaufen immer senkrecht (von oben nach unten) oder waagerecht (von links nach rechts oder umgekehrt). Wird von dieser Grundregel abgewichen, muss die entsprechende Flusslinie durch eine Pfeilspitze gekennzeichnet sein.
- Wegen der Übersichtlichkeit sind Kreuzungen von Flusslinien zu vermeiden.
- Datenflusspläne bilden nur Ketten, UND-Verzweigungen und -zusammenführungen ab, aber keine ODER-Verzweigungen, -zusammenführungen und -Rückkopplungen.
- Die Kombination von Symbolen (aufeinander gezeichnet ohne Verbindungslinien) ist möglich.
- Reine Eingabedateien werden wie Datenträger oberhalb des Verarbeitungssymbols, reine (vom Programm erstellte) Ausgabedateien unterhalb des Verarbeitungssymbols dargestellt.
- Stamm- und Bestandsdateien, die nach dem Prinzip "Einlesen-Verarbeiten-Zurückschreiben" verarbeitet werden, sind links vom Symbol für Verarbeitung zu dokumentieren.

(2) Programmablaufplan
Im Gegensatz zum Datenflussplan liegt das Schwergewicht der grafisch-strukturellen Dokumentationstechnik des Programmablaufplans auf der **Darstellung der Art und Reihenfolge der Verarbeitungen in einem informationsverarbeitenden System**. Die Blackbox wird geöffnet, denn der Programmablaufplan bildet die Verarbeitungsschritte ab, die erforderlich sind, dass aus Eingabedaten bestimmte geforderte Ausgabedaten werden.

Symbol	Datenflussplan	Programm-ablaufplan
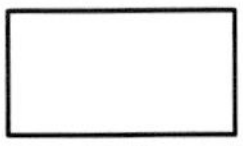	Bearbeiten, allgemein	Bearbeiten, allgemein
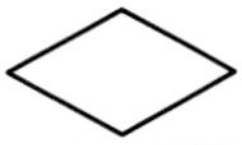	Verzweigung	Verzweigung
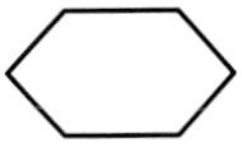	-	Programm-modifikation
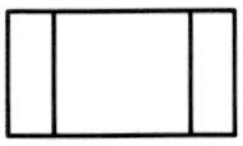	Verfahren	Unter-programm
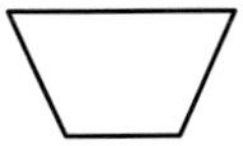	Manuelle Operation (allgemein)	-
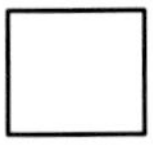	Hilfsoperation	-
	Mischen	-
	Trennen	-
	Mischen mit gleichzeitigem Trennen	-
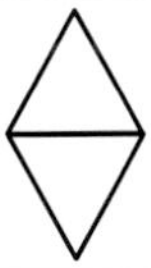	Sortieren	-
	Eingabe, Ausgabe	Ein-/Ausgabe-Funktion
	Manuelle Eingabe	Manuelle Eingabe
	Anzeige	-

Symbol	Datenflussplan	Programm-ablaufplan
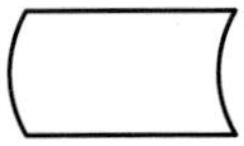	Rechner-abhängiger Speicher	Rechnerabhängiger Speicher Ein-/Ausgabe
	Platten-speicher	Platten-speicher Ein-/Ausgabe
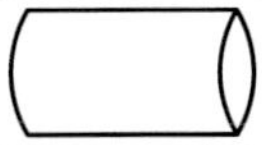	Trommel-speicher	Trommel-speicher Ein-/Ausgabe
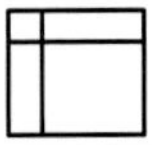	Matrixspeicher	-
	Rechner-unabhängiger Speicher	-
	Schriftstück	Schriftstück Ein-/Ausgabe
	Lochkarte	Lochkarte Ein-/Ausgabe
	Lochstreifen	Lochstreifen Ein-/Ausgabe
	Kontroll-Loch-streifen oder Protokollband	-
	Magnetband	Magnetband Ein-/Ausgabe
	Daten-übertragung	Daten-übertragung
	Übergangs-stelle	Übergangs-stelle
	Frequenz-angabe	Manchmal benutzt als Übergangsstelle von o. zu einer anderen Seite
	Datenfluss-richtung	Programm-ablaufrichtung
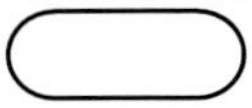	Grenzstelle, z.B. Beginn, Ende, Zwischenhalt	Grenzstelle, z.B. Beginn, Ende, Zwischenhalt
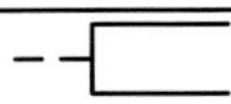	Bemerkung	Bemerkung

Abb. 4-52: Symbole für Blockdiagramme nach DIN 66001

Auch für die Darstellung von Programmablaufplänen werden **Symbole** verwendet (Abb. 4-52), und es gelten ebenfalls einige grundlegende **Regeln** (vgl. *DIN* 1983; *Liebelt/Sulzberger* 1993, S. 144; *Schmidt* 2000, S. 399):

- Programmablaufpläne bilden nur Ketten, ODER-Verzweigungen, ODER-Zusammenführungen und ODER-Rückkopplungen ab, aber keine UND-Verzweigungen und –zusammenführungen.

- Programmablaufpläne beginnen und enden immer mit einer Grenz- oder Verbindungsstelle.

- Mit Ausnahme von Rückkopplungen verlaufen Flusslinien von oben nach unten oder waagerecht (von links nach rechts oder umgekehrt).

- Vom Symbol der ODER-Verzweigung (Raute) dürfen auch mehr als zwei Flusslinien (Alternativen) ausgehen.

Beurteilung
Die **Vorteile** des Blockdiagramms liegen darin, dass ein schneller Überblick möglich ist. Durch die genormten Symbole ist das Blockdiagramm relativ einfach zu lesen.

Die **Nachteile** dieser Dokumentationstechnik liegen darin, dass trotz der Symbole häufig textliche Ergänzungen erforderlich sind. Ergeben sich daraus Darstellungen über mehrere Seiten, kann der Überblick verloren gehen. Sowohl Datenflussdiagramme als auch Programmablaufpläne sind wegen ihrer Kompaktheit für Personen, die über keine DV-Kenntnisse verfügen und die Technik des Blockdiagramms nicht beherrschen, nur schwer zu verstehen.

4.6.2.8 Netzplantechnik

Beschreibung
Die Netzplantechnik ist eine grafische Technik zur Dokumentation der Ablaufstrukturen komplexer Vorhaben (Projekte) und zugleich ein Verfahren zur Planung, Steuerung und Überwachung der Dauer, Anfangs- und Endtermine, (Teil-)Aufgaben sowie des Kapazitätsbedarfs und Kostenverlaufs. Der Netzplan stellt die Abläufe des Planungsgegenstandes und ihrer gegenseitigen Abhängigkeiten außer in grafischer noch in tabellarischer und algebraischer Form dar (vgl. *DIN* 1987a; *Zimmermann* 1980, Sp. 1379 ff.; *Grochla* 1982/95, S. 347; *Schwarze* 1989, Sp. 1237 ff.; *Fischermanns/Liebelt* 2000, S. 281 ff.).

Vorgehen
Der Netzplantechnik liegen vier **Betrachtungsweisen** zugrunde:

(1) Strukturplanung
Die Strukturplanung hat das Ziel, die **Ablaufstrukturen des Projektes grafisch darzustellen**. Dies setzt voraus, in einem ersten Schritt die zu erledigenden Vorgänge zu ermitteln und in einer Vorgangsliste zusammenzufassen. In einem zweiten Schritt ist die Reihenfolge

der Bearbeitung bzw. Folgebeziehungen festzustellen, d. h. zeitliche und sachliche Abhängigkeiten zwischen den Vorgängen zu erkennen.

(2) Zeitplanung
Die Zeitplanung erfolgt in mehreren Teilschritten und ermittelt oder berechnet folgende **Größen**:

- Dauer jedes Vorgangs
- Früheste zeitliche Lage jedes Vorgangs (früheste Anfangs- und Endzeitpunkte)
- Späteste zeitliche Lage jedes Vorgangs (späteste Anfangs- und Endzeitpunkte)
- Pufferzeit(en) (Zeitreserven je Vorgang, d. h. Zeitspanne, um die die Dauer eines Vorgangs verlängert und dessen Lage verändert werden kann)
- Projektdauer (und Endtermin)
- Kritischer Weg (Der Weg durch das Projekt, der über keine Zeitreserven verfügt, d. h. auf dem Ereignisse so angeordnet sind, dass die gesamte Pufferzeit minimal ist)

(3) Kapazitätsplanung
Zur **Ermittlung des Kapazitätsbedarfs eines Vorhabens** müssen die Art der Kapazitäten (Aufgabenträger, Sachmittel) sowie deren Anzahl, Zeitdauer und Zeitpunkt des Einsatzes ermittelt werden. Den Schätzungen über den Zeitverbrauch der Vorgänge liegt eine Annahme über die Menge der einzusetzenden Aufgabenträger und Sachmittel zugrunde. Aus der Berechnung der frühesten und spätesten Lage der Vorgänge lässt sich ermitteln, in welchem Zeitraum welche Anzahl an Aufgabeträgern und Sachmittel erforderlich sind.

(4) Kostenplanung
Die Kostenplanung ist der Kapazitätsplanung ähnlich. Aus den für das Projekt generell anfallenden Kosten (allgemeine Projektkosten) und den Kosten, die den einzelnen Vorgängen direkt zurechenbar sind (Vorgangskosten), sowie eventuellen Verlängerungskosten ergeben sich die Projektgesamtkosten.

Grundsätzlich lassen sich drei **Arten von Netzplänen unterscheiden**, die auf drei historische Formen zurückgehen:

(1) Vorgangspfeil-Netzplan
Bei dieser auf der Critical Path Method (CPM) basierenden Art von Netzplan (Abb. 4-53) werden die **Vorgänge** (Aufgaben) durch Pfeile dargestellt. Die Pfeile dokumentieren auch die zeitlichen und sachlichen Folgebeziehungen. Unterhalb des Pfeils wird die Dauer des Vorgangs angegeben. Jeder Vorgang ist durch Anfangs- und Endereignisse (Knoten) begrenzt.

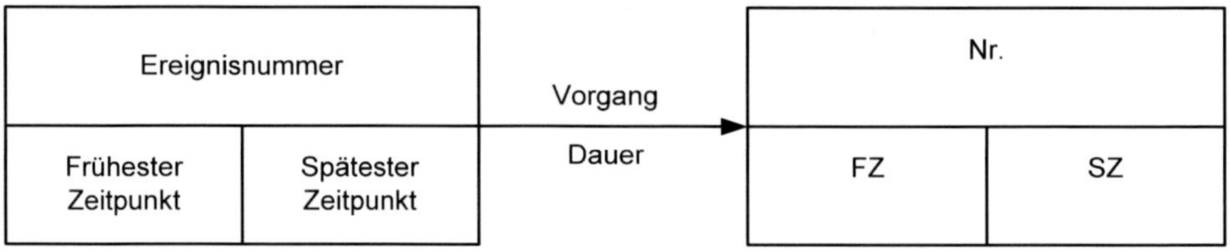

Abb. 4-53: Vorgangspfeil-Netzplan

(2) Ereignisknoten-Netzplan
Bei dieser auf der Program Evaluation and Review Technique (PERT) basierenden Art entfallen die Vorgänge (Abb. 4-54). Die Ereignisse werden durch Knoten und die Folgebeziehungen durch Pfeile abgebildet. Der Zeitabstand zum folgenden Ereignis wird unterhalb des Pfeils angegeben.

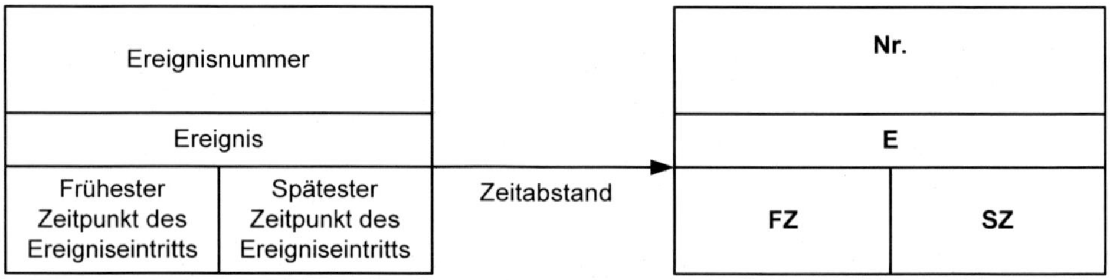

Abb. 4-54: Ereignisknoten-Netzplan

(3) Vorgangsknoten-Netzplan
In diesem auf der Metra-Potential-Methode (MPM) basierenden Netzplan werden die Vorgänge durch Knoten dargestellt. In den Knoten werden alle relevanten Informationen angegeben (Abb. 4-55). Der Vorgangsknoten-Netzplan ist die am weitesten verbreitete Art.

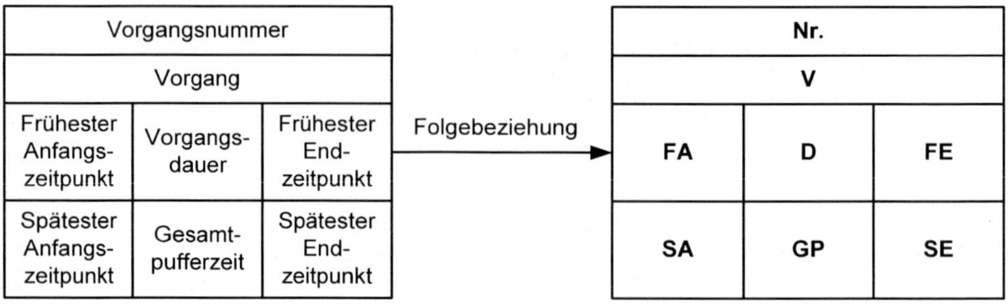

Abb. 4-55: Vorgangsknoten-Netzplan

Beurteilung
Die **Vorteile** der Netzplantechnik liegen darin, dass mit Hilfe dieser Technik ein Überblick über ein Projekt möglich ist. Der Netzplan erlaubt eine eindeutige Darstellung des logischen

Ablaufs der Vorgänge und Abhängigkeiten, und er veranschaulicht auch den kritischen Weg eines Projektes. Für alle Arbeitsgänge des Vorhabens lassen sich weitere Informationen (Anfangs- und Endtermine, Dauer, Zeitreserven) angeben. Außer dem Aspekt der grafischen Darstellung ermöglicht der Netzplan auch Kapazitäts- und Kostenplanungen.

Die **Nachteile** der Netzplantechnik liegen in der Erklärungsbedürftigkeit. Sowohl das Erstellen als auch das Lesen eines Netzplans setzt Kenntnisse dieser Technik voraus. Zu den Nachteilen oder Grenzen der Netzplantechnik gehört auch, dass die Aussagefähigkeit immer nur so gut ist wie die Qualität und Aktualität der einfließenden Daten. Die Struktur- und Zeitplanungskomponente verdeutlicht, dass mit der Netzplantechnik nur Konsequenzen bereits getroffener Ablaufentscheidungen aufgezeigt werden.

4.6.3 Organisationshandbuch

Beschreibung
Ein Organisationshandbuch ist eine **systematisch gegliederte Zusammenfassung aller gültigen betrieblichen Regelungen**. Es beinhaltet die durch Organisations-, Geschäfts-, Dienst- und Arbeitsanweisungen sowie durch Rundschreiben und Betriebsvereinbarungen in Kraft gesetzten Vorschriften. Das Organisationshandbuch gibt lediglich die Regelungen und Vorschriften wider, schafft diese jedoch nicht (vgl. *Müller-Nobiling* 1980, Sp. 1557 ff.; *Müller-Pleuß* 1992, Sp. 1506 ff.).

Als **Zielsetzung eines Organisationshandbuchs** lassen sich folgende Aspekte anführen:

- Fixierung organisatorischer Tatbestände (Dokumentation)
  (Insofern enthält ein Organisationshandbuch viele der unter 4.6.1 und 4.6.2 behandelten Dokumentationen.)
- Klarlegung organisatorischer Regelungen (Transparenz)
- Sicherung und Weiterentwicklung aller organisatorischen Regelungen und Vorschriften
- Sicherung der zielgerichteten Unternehmenstätigkeiten
- Unterstützung der Unternehmenssteuerung und -führung
- Nachschlagewerk und Unterweisungsmittel

Vorgehen
Beim Aufbau bzw. der Erstellung eines in der Regel aus mehreren Bänden bestehenden Organisationshandbuchs sollte wegen des Umfangs der Materialien folgende **Gliederungssystematik** gewählt werden:

(1) Einleitung
- Vorwort
- Inhaltsverzeichnis
- Benutzeranleitung (Erläuterung des Klassifizierungssystems)
- Abkürzungsverzeichnis

(2) Allgemeiner Teil
- Unternehmensziele
- Unternehmenspolitik
- Geschäftspolitische Grundsätze
- Satzung der Unternehmung (bei einer Aktiengesellschaft)
- Führungsgrundsätze/Führungsanweisung
- Grundsätze für die Mitarbeiterbeurteilung
- Unternehmensgeschichte

(3) Aufbauorganisation
- Organigramm
- Funktionendiagramm
- Stellenbesetzungsplan
- Kostenstellenplan
- Stellenbeschreibungen
- Unterschriftenregelung
- Kompetenzregelungen (Vollmachten, Befugnisse)

(4) Ablauforganisation / Prozessorganisation
- Arbeitsanweisungen (Ablauf-/Prozessbeschreibungen)
- Verfahrensanweisungen (z.B. Dienstreiseregelungen/Spesenordnung, Postordnung)

(5) Anhang
- Begriffssystem
- Formularverzeichnus
- Aktenplan
- Organisationsmittel-Verzeichnis
- Kontenplan
- Internes Telefonverzeichnis/Liste der Diktatzeichen
- Raum- und Wegeplan
- Alarmplan/Fluchtplan

Abb. 4-56: Beispiel für die Gliederungssystematik eines Organisationshandbuchs

Wegen der Vielfalt der Dokumentationen gehen Unternehmen dazu über, verschiedene **Organisationshandbücher** zu führen. Dabei haben sich folgende **Varianten** herausgebildet (vgl. *Müller-Nobiling* 1980, Sp. 1559; *Schmidt* 2000, S. 410):

- Handbücher für das Gesamtunternehmen (entspricht dem Inhalt der Abb. 4-56)
- Handbücher für Teilbereiche des Unternehmens (ohne den allgemeinen Teil)
- Handbücher für die Darstellung von Abläufen und Verfahren spezieller Arbeitszusammenhänge (z. B. Personalhandbuch, Einkaufshandbuch, Verkaufshandbuch)
- Handbücher für das organisatorische Vorgehen (z. B. Projekthandbuch, Handbuch der Systementwicklung)

Die technische Vorbereitung, die laufende Überwachung und die ständige Aktualisierung des Organisationshandbuchs liegt in der Zuständigkeit der Organisationsabteilung. Dies erfordert eine ständige Abstimmung mit den Leitern der Fachbereiche und mit der Unternehmensleitung. Soll die mit dem Organisationshandbuch verbundene Zielsetzung erreicht werden, ist das Organisationshandbuch allen betroffenen Mitarbeitern zur Verfügung zu stellen, und neue Mitarbeiter müssen in das Organisationshandbuch eingewiesen werden.

Die **formale Gestaltung eines Organisationshandbuches** sollte folgende Aspekte berücksichtigen (vgl. *Müller-Nobiling* 1980, Sp. 1562):

- Lose-Blatt-Form (Ringordner)
- DIN A 4-(Hoch-)Format
- Dekadische Nummerierung der Kapitel und Sachgebiete
- Nummernsystematik muss freie Bereiche für Zusätze und Ergänzungen enthalten
- Zweckmäßiges Erfassungs-, Pflege- und Vervielfältigungsverfahren
- Zielgruppenorientierte Verteilung

In zunehmendem Maße existieren heute Organisationshandbücher neben der Papierform auch in elektronischer Form.

Beurteilung

Die **Vorteile** des Organisationshandbuchs liegen in der umfassenden Zusammenstellung aller in der Organisation geltenden Vorschriften und Regelungen. Das Organisationshandbuch stellt so sicher, dass diese Dokumentationen nicht verstreut im Unternehmen existieren. Das Organisationshandbuch erhält den Charakter eines Gesetzestextes (vgl. *Schmidt* 2000, S. 409), d. h. es dokumentiert, was gegenwärtig in der Organisation Gültigkeit hat.

Die **Nachteile** des Organisationshandbuchs ergeben sich aus der Gefahr einer Überorganisation. Das Handeln der Mitarbeiter wird dann häufig durch die formale Erfüllung festgeschriebener Inhalte bestimmt. Mitarbeiter tun dann lediglich exakt das, was sie, da schriftlich fixiert, tun müssen und nichts darüber hinaus. Das Ziel des Organisationshandbuchs und damit der darin dokumentierten Regelungen und Vorschriften sollte daher darin bestehen, lediglich einen Handlungsrahmen aufzeigen, der Eigeninitiative nicht einschränkt, sondern innerhalb dessen Freiräume für eigenverantwortliches Handeln bleibt.

4.6.4 Darstellung der informalen Organisation

Die schriftlich fixierte und dokumentierte offizielle Struktur (Soll-Struktur) der Aufbau- und Ablauforganisation ist in der betrieblichen Realität genau genommen nicht vorhanden. Vielmehr lassen sich Handlungssysteme beobachten, die sich aus Wechselbeziehungen zwischen offiziellen bzw. formalen und inoffiziellen bzw. informalen Strukturen ergeben. Die tatsächliche Organisationsstruktur resultiert daher aus dem Zusammentreffen von dokumentierter Soll-Struktur und dem realen Verhalten der Organisationsmitglieder. Obwohl die formale Struktur der informalen Struktur Grenzen setzt, ist zu beobachten, dass in betrieblichen Arbeitssituationen entstehende inoffizielle Beziehungen die offiziell vorgegebene Ordnung modifizieren können (vgl. *Hall* 1971, S. 69 ff.).

Die informale Organisation tritt in der betrieblichen Realität als informale Gruppen, informale Kommunikation, informelle Führung und informelle Normen in Erscheinung (s. dazu z. B. *Mangler* 2006, S. 6). Die im Folgenden aufgezeigten Dokumentationstechniken beziehen sich auf die Darstellung der in einer Organisation bestehenden informalen Organisation.

4.6.4.1 Soziogramm

Beschreibung
Mit Hilfe dieser Dokumentationstechnik lassen sich zwischen Mitarbeitern bestehende Beziehungen sowie deren Zielrichtung und Intensität grafisch veranschaulichen.

Vorgehen
Der Abbildung derartiger Beziehungen gehen Erhebungen in Form von soziometrischen Tests bzw. Befragungen voraus (vgl. *Mayntz/Holm/Hübner* 1978, S. 122 ff.; *Friedrichs* 1985, S. 255 ff.). Dabei können folgende **Beziehungen** erfragt werden:

- **Zuneigung und Ablehnung**
  (z. B.: Welches andere Gruppenmitglied mag man am liebsten bzw. überhaupt nicht?)

- **Erwünschte Beziehungen** (subjektive Interaktionspräferenzen)
  (z. B.: Mit wem würde man am liebsten zusammenarbeiten?; Wen würde man am ehesten um Rat fragen?)

- **Tatsächliche Beziehungen** (faktische Interaktionsbeziehungen)
  (z. B.: Von wem holt man sich tatsächlich Rat?; Mit wem geht man in die Kantine essen?)

Für eine aus fünf Personen bestehende Gruppe könnte ein Soziogramm zur Darstellung der erwünschten Beziehungen beispielsweise wie folgt aussehen (Abb. 4-57):

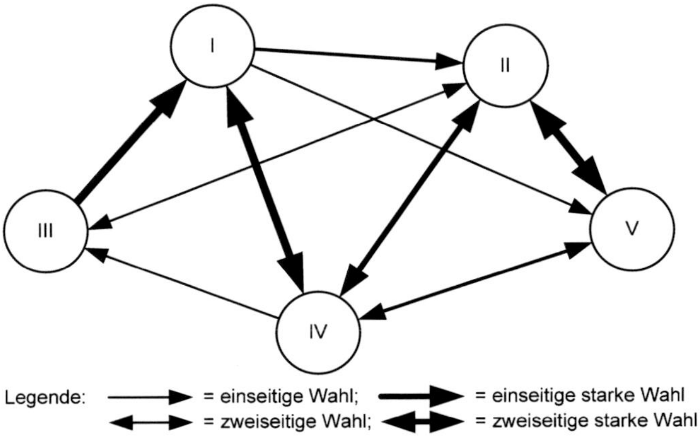

Abb. 4-57: Soziogramm

Um der Gefahr eines Informationsverlustes zu entgehen, können bei zunehmender Zahl der Befragten **Teil-Soziogramme** erstellt werden. Ein **Individual-Soziogramm** als besondere Form des Teil-Soziogramms bildet die soziometrische Stellung einer Einzelperson ab.

Die Auswertung eines Soziogramms versucht, bestimmte **soziometrische Konfigurationen** zu entdecken. Dabei bestehen **typische Konstellationen** (vgl. *Mayntz/Holm/Hübner* 1978, S. 125 ff.):

- **Paar**, d. h. zwei Personen wählen sich gegenseitig.
- **Dreieck**, d. h. drei Personen wählen sich gegenseitig.
- **Kette**, d. h. die Beziehungen sehen wie folgt aus: I ⟶ II ⟶ III ⟶ IV
- **Stern**, d. h. eine Person wird überdurchschnittlich häufig von anderen Personen gewählt, die sich untereinander kaum wählen.
- **Clique**, d. h. bestimmte Personen wählen sich untereinander sehr häufig, wählen aber andere Gruppenmitglieder kaum und werden auch von diesen nur wenig gewählt.
- **Star**, d. h. eine von vielen anderen Personen gewählte Person (Mittelpunkt des Sterns)
- **Graue Eminenz**, d. h. eine von anderen isolierte Person, hat aber eine gegenseitige Beziehung zum Star.
- **Isolierte**, d. h. diese Personen werden von anderen nicht gewählt und wählen auch niemand anderen.
- **Vergessene**, d. h. diese Personen wählen andere, werden aber von den anderen nicht gewählt.
- **Abgelehnte**, d. h. diese Personen erfahren nur Ablehnung.

Beurteilung

Die **Vorteile** des Soziogramms liegen darin, bestehende aber nicht immer offensichtliche Beziehungen transparent zu machen. Ein Soziogramm ist in der Lage, konfliktäre Beziehungen zu veranschaulichen. Dies kann einerseits Aufschluss geben über die gegenwärtige Zusammensetzung bestehender Arbeitsgruppen und andererseits wichtige Hinweise liefern für die Zusammenstellung neuer Arbeitsgruppen oder etwa bei der Vergabe von Führungspositionen oder der Belegung von Zwei- oder Mehrpersonenbüros. Nicht zuletzt können daraus Schlussfolgerungen für erforderliche Mitarbeitergespräche und Schulungsmaßnahmen im Verhaltensbereich (z. B. Führungsschulungen, Schulung der Teamfähigkeit, Konfliktmanagement) gezogen werden.

Die **Nachteile** dieser Dokumentationstechnik liegen darin, dass Soziogramme und die zuvor erforderlichen soziometrischen Befragungen nur von Experten, d. h. Sozialforschern vorgenommen werden können. Nicht-Experten sind daher gut beraten, sich des Expertenwissens zu bedienen. Dennoch sollten Organisatoren in der Lage sein, Soziogramme lesen und interpretieren zu können. Ein weiterer Nachteil liegt darin, dass ein Soziogramm keine eindeutige Interpretation zulässt. Mit hoher Wahrscheinlichkeit stellen zwei oder mehrere Sozialforscher die Ergebnisse einer soziometrischen Befragung in nicht identischen Soziogrammen dar, zumindest was die optische Anordnung der Personen zueinander betrifft. Dies spricht jedoch nicht grundsätzlich gegen dieses Verfahren, sondern bedeutet nur, Interpretationen stets von mindestens zwei Personen vornehmen zu lassen, um keine einseitigen Schlussfolgerungen zu ziehen.

4.6.4.2 Soziomatrix

Beschreibung

Mit Hilfe dieser Dokumentationstechnik lassen sich die **Ergebnisse soziometrischer Tests bzw. Befragungen in Form von Zahlen oder Symbolen aufzeigen.**

Vorgehen

Im Anschluss an die soziometrischen Befragungen werden die Ergebnisse in den Zeilen und Spalten der Soziomatrix (Abb. 4-58) festgehalten (s. dazu *Mayntz/Holm/Hübner* 1978, S. 126 ff.; *Friedrichs* 1985, S. 260 ff.).

Wählender \ Gewählter	I	II	III	IV	Summe (abgegeben)
I	-	-3	+3	+1	+4 / -3
II	-1	-	+3	+2	+5 / -1
III	+2	+1	-	-2	+3 / -2
IV	+2	+3	-2	-	+5 / -2
Summe (erhalten)	+4 / -1	+4 / -3	+6 / -2	+3 / -2	

Abb. 4-58: Soziomatrix

Enthält die Matrix lediglich **Symbole** (z. B. * oder ●), gibt die Summe der Symbole in der Summenzeile der Matrix an, wie häufig eine Person (Gewählter) von den anderen Personen (Wählende) gewählt wurde.

Die Soziomatrix kann durch **Zahlenangaben** weiter differenziert werden. Bei einer aus vier Personen bestehenden Gruppe drücken beispielsweise die Zahlen von +1 bis +3 eine Rangordnung in der Wahl und die Zahlen von -1 bis -3 eine Rangordnung in der Ablehnung aus. Die Zahlen in der Matrix verdeutlichen dann

- tatsächlich abgegebene Wahlen oder Ablehnungen
- tatsächlich erhaltene Wahlen oder Ablehnungen

Weitere Differenzierungen lassen sich vornehmen, wenn die Personen aufgefordert werden, beispielsweise anzugeben

- Personen, von denen sie sich positiv gewählt glauben
- Personen, von denen sie sich negativ gewählt glauben
- Personen, die sich von ihnen positiv gewählt glauben
- Personen, die sich von ihnen negativ gewählt glauben

Die Matrizenrechnung ermöglicht es, aus der Soziomatrix Strukturen zu ermitteln, z. B. Paare, Cliquen, Stars (s. 4.6.4.1). Auf der Basis der soziometrischen Daten können mit Hilfe mathematisch-statistischer Formeln **soziometrische Koeffizienten** errechnet werden. Diese Maßzahlen lassen beispielsweise Aussagen zu über Individuen (z. B. sozialer Status der Person) oder geben Informationen über kollektive Merkmale der untersuchten Gruppe, wie z. B. Gruppenzusammenhalt, Integrationsgrad, Interesse der Mitglieder einer Teilgruppe füreinander, Grad der Anziehungskraft der Teilgruppe für die Restgruppe (vgl. *Mayntz/Holm/Hübner* 1978, S. 128 ff.; *Friedrichs* 1985, S. 261 ff.).

Beurteilung
Die **Vorteile** der Soziomatrix liegen darin, dass durch die Zahlenangaben nicht nur eine optische Verdeutlichung der Gruppenbeziehungen vorgenommen wird, wie beim Soziogramm (s. 4.6.4.1), sondern auch quantitative Aussagen möglich sind. Die in Form der soziometrischen Koeffizienten ermittelten Maßzahlen lassen quantitative Aussagen über die untersuchte Gruppe und den einzelnen Mitgliedern zu. Für eine Interpretation der Gruppenbeziehungen ist die Soziomatrix daher eine unverzichtbare Ergänzung zum Soziogramm.

Die **Nachteile** der Soziomatrix liegen darin, dass sie für sich allein betrachtet, im Vergleich zum Soziogramm, weniger anschaulich ist. Problematisch ist auch, dass trotz quantitativer Angaben Interpretationsspielräume verbleiben. Ein weiterer Nachteil besteht darin, dass sowohl das Erstellen einer Soziomatrix als auch die daraus folgende Ermittlung soziometrischer Koeffizienten für den Laien nicht möglich ist. Um der Gefahr von Fehlinterpretationen aus dem Weg zu gehen, sollte der Einsatz dieser Technik dem Experten vorbehalten bleiben.

C Arbeitsaufgaben

1. Grenzen Sie Interviewformen voneinander ab.
2. Charakterisieren Sie mögliche Verhaltensformen des Interviewers.
3. Erläutern Sie die Phasen eines Interviews.
4. Beschreiben Sie unterschiedliche Fragetechniken und deren Vor- und Nachteile.
5. Stellen Sie den Verlauf einer schriftlichen Befragung dar.
6. Skizzieren Sie Beobachtungsformen.
7. Erläutern Sie die Phasen einer Beobachtung.
8. Was versteht man unter einer Multimomentstudie, und erläutern sie die Arbeitsschritte?
9. Welche Voraussetzungen sollten für die Durchführung einer Selbstaufschreibung gegeben sein?
10. Was versteht man unter dem Laufzettelverfahren, und beschreiben Sie das Vorgehen?
11. Skizzieren Sie Anwendungsmöglichkeiten des Laufzettelverfahrens.
12. Erläutern Sie die Erhebungstechnik des Dokumentenstudiums.
13. Welche Schritte beinhaltet eine Schätzung des Zeitbedarfs von Tätigkeiten?
14. Erklären Sie die vier logisch möglichen Formen der Aufgabenanalyse.
15. Beschreiben Sie die Vorgehensweise einer Aufgabenanalyse.
16. Auf welche zwei Ursachen lässt sich der Bedarf an Information(en) zurückführen?
17. Charakterisieren Sie unterschiedliche Formen der Ermittlung des Informationsbedarfs.
18. Was versteht man unter einer unsystematischen Problemanalyse?
19. Beschreiben Sie das Vorgehen einer systematischen Problemanalyse.
20. Erläutern Sie die konventionelle Technik der Alternativen- oder Lösungssuche.
21. Welche vier grundsätzlichen Regeln liegen dem Brainstorming zugrunde?
22. Erläutern Sie Durchführungsempfehlungen des Brainstormings.
23. Was versteht man unter der Methode 635?
24. Skizzieren Sie die Kreativitätstechnik des "kollektiven Notizbuchs".

25. Erläutern Sie das Prinzip des "morphologischen Kastens" an einem selbst gewählten Beispiel.

26. Nennen Sie Kriterien zur Operationalisierung von Zielen.

27. Beschreiben Sie Zielbeziehungen.

28. Charakterisieren Sie die Prozessstufen der Entwicklung von Zielen.

29. Was versteht man unter einer Präferenzmatrix?

30. Charakterisieren Sie das Prinzip der Bewertungstechniken.

31. Grenzen Sie Kosten-, Gewinn- und Rentabilitätsvergleichsrechnungen voneinander ab.

32. Welche Schritte sind zur Ermittlung der Punktwerte einer Nutzwertanalyse erforderlich?

33. Was versteht man unter einer Sensitivitätsanalyse?

34. Charakterisieren Sie die Vorgehensweise der Kosten-Wirksamkeits-Analyse.

35. Beschreiben Sie die Vor- und Nachteile der verbalen und visuellen Bewertung.

36. Über welche Gegebenheiten und Zusammenhänge einer Stelle informiert die Stellenbeschreibung?

37. Grenzen Sie unterschiedliche Möglichkeiten der Einführung von Stellenbeschreibungen ab.

38. Stellen Sie Vor- und Nachteile von Stellenbeschreibungen gegenüber.

39. Auf welche Bereiche beziehen sich Organisationsanweisungen?

40. Welche Rubriken sollten Verzeichnisse enthalten, und geben Sie Beispiele für Verzeichnisse?

41. Welche Sachverhalte bildet ein Organigramm ab?

42. Beschreiben Sie Grundformen des Organigramms.

43. Beurteilen Sie die Darstellungsmöglichkeiten von Organigrammen hinsichtlich der Beziehungszusammenhänge der Aufbauorganisation.

44. Was versteht man unter einem Funktionendiagramm?

45. Grenzen Sie Anforderungsprofil und Anforderungsprofilmatrix voneinander ab.

46. Welche Informationen lassen sich durch eine Kommunikationstabelle abbilden?

47. Charakterisieren Sie Gemeinsamkeiten und Unterschiede von Kommunikationsdiagrammen in Dreiecks- und in Kreisform.

48. Was versteht man unter einer Kommunikationsmatrix?

49. Beschreiben Sie an einem selbst skizzierten Kommunikationsnetzwerk die Inhalte sowie die Vor- und Nachteile dieser Dokumentationstechnik.

50. Diskutieren Sie Vor- und Nachteile der verbalen Beschreibung von Arbeitsabläufen.

51. Erläutern Sie die Möglichkeiten einer Matrix zur Darstellung ablauforganisatorischer Sachverhalte.

52. Was versteht man unter der Technik der geblockten Texte?

53. Erläutern Sie Vor- und Nachteile von Balkendiagrammen zur Darstellung ablauforganisatorischer Sachverhalte.

54. Welche Darstellungsmöglichkeiten bietet ein Folgeplan?

55. Beschreiben Sie Grundformen von Folgebeziehungen.

56. Erläutern Sie die in Folgeplänen verwendeten Symbole und geltenden Regeln zur Darstellung von Ablaufstrukturen.

57. Grenzen Sie die Technik der Folgestruktur von der Technik des Folgeplans ab.

58. Welche Gemeinsamkeiten und Unterschiede bestehen zwischen Datenflussdiagrammen und Programmablaufplänen?

59. Was versteht man unter der Netzplantechnik?

60. Beschreiben Sie die der Netzplantechnik zugrunde liegenden Betrachtungsweisen.

61. Erläutern Sie die drei grundsätzlichen Arten von Netzplänen.

62. Was versteht man unter einem Organisationshandbuch, und welche Zielsetzungen werden damit verfolgt?

63. Beschreiben Sie die grundsätzliche Gliederungssystematik von Organisationshandbüchern, und nennen Sie Varianten von Organisationshandbüchern.

64. Charakterisieren Sie Vor- und Nachteile von Organisationshandbüchern.

65. Erklären Sie mögliche Beziehungen, die sich mit Hilfe eines Soziogramms darstellen lassen.

66. Welche soziometrischen Konstellationen lassen sich aus einem Soziogramm ermitteln?

67. Was versteht man unter einer Soziomatrix?

68. Charakterisieren Sie Gemeinsamkeiten und Unterschiede der Darstellungsmöglichkeiten von Soziogramm und Soziomatrix.

Quellenverzeichnis

Abts, D./Mülder, W. (2004): Grundkurs Wirtschaftsinformatik, 5. Auflage, Wiesbaden 2004

Acker, H. (1973): Organisationsanalyse. Verfahren und Techniken praktischer Organisationsarbeit, Baden-Baden 1973

Atteslander, P. (1984): Methoden der empirischen Sozialforschung, 5. Auflage, Berlin 1984

Atteslander, P. (1995): Methoden der empirischen Sozialforschung, 8. Auflage, Berlin 1995

Atteslander, P. (2003): Methoden der empirischen Sozialforschung, 10. Auflage, Berlin 2003

Bea, F. X./Schnaitmann, H. (1995): Begriff und Struktur betriebswirtschaftlicher Prozesse, in: WiSt 6/1995, S. 278 - 282

Bendixen, P. (1989): Kreativität, in: Szyperski, N. (Hrsg.): HWPlan, Stuttgart 1989 Sp. 923 – 929

Berthel, J. (1992): Informationsbedarf, in: Frese, E. (Hrsg.): HWO, 3. Auflage, Stuttgart 1992, Sp. 872 - 886

BetrVG (1999): Betriebsverfassungsgesetz, in: Arbeitsgesetze (Beck-Texte im dtv), 56. Auflage, München 1999

Birker, K. (2003): Projektmanagement, 3. Auflage, Berlin 2003

Blum, E. (1991): Betriebsorganisation. Methoden und Techniken, 3. Auflage, Wiesbaden 1991

Bröckermann, R. (2003): Personalwirtschaft, 3. Auflage, Stuttgart 2003

Büchi, R./Chrobok, R. (1997): Organisations- und Planungstechniken im Unternehmen, 2. Auflage, Stuttgart 1997

Cannell, C. F./Kahn, R. L. (1968): Interviewing, in: Lindzey, G./Aronson, E. (1968): The Handbook of Social Psychology, Volume 2, 2nd Edition, Reading, Mass. 1968, S. 526 - 595

Champy, J. (1995): Reengineering im Management, Frankfurt am Main 1995

Chmielewicz, K. (1992): Organisation der Unternehmensleitung, in: Frese, E. (Hrsg.): HWO, 3. Auflage, Stuttgart 1992, Sp. 2464 - 2480

Corsten, H. (1996): Grundlagen des Prozeßmanagement, in: WISU 2/1996, S. 1089 - 1095

Dempfle, E. (1995): Business Process Reengineering - eine Zwischenbilanz, in: St. Galler Management Letter November 1995, S. 1 - 4; in: Gablers Magazin 11/1995

DIN (1983): DIN 66001 Informationsverarbeitung, Berlin 1983

DIN (1987a): DIN 69900 Netzplantechnik, Berlin 1987

DIN (1987b): DIN 69901 Projektmanagement, Berlin 1987

Drumm, H. J. (1980): Matrix-Organisation, in: Grochla, E. (Hrsg.): HWO, 2. Auflage, Stuttgart 1980, Sp. 1291 - 1301

Eiff, W. von (1996): Geschäftsprozeßmanagement, in: FB/IE 1/1996, S. 4 - 11

Eversheim, W. (1996): Prozeßorientierte Unternehmensorganisation, 2. Auflage, Berlin 1996

Fischermanns G./Liebelt, W. (2000): Grundlagen der Prozeßorganisation, 5. Auflage, Gießen 2000

Frese, E. (1980a): Aufgabenanalyse und -synthese, in: Grochla, E. (Hrsg.): HWO, 2. Auflage, Stuttgart 1980, Sp. 207 - 217

Frese, E. (1980b): Projektorganisation, in: Grochla, E. (Hrsg.): HWO, 2. Auflage, Stuttgart 1980, Sp. 1960 - 1974

Frese, E. (Hrsg.) (1992): Handwörterbuch der Organisation, 3. Auflage, Stuttgart 1992

Friedrichs, J. (1985): Methoden empirischer Sozialforschung, 13. Auflage, Opladen 1985

Gaitanides, M. (1983): Prozeßorganisation. Entwicklung, Ansätze und Programme prozeßorientierter Organisationsgestaltung, München 1983

Gaitanides, M. (1992): Ablauforganisation, in: Frese, E. (Hrsg.): HWO, 3. Auflage, Stuttgart 1992, Sp. 1 - 18

Gaitanides, M./ Raster, M./Rießelmann, D. (1994): Die Synthese von Prozeßmanagement und Kundenmanagement, in: Gaitanides, M./Scholz, R./Vrohlings, A./Raster, M.: Prozeßmanagement - Konzepte, Umsetzungen und Erfahrungen des Reengineering, München 1994, S. 207 - 224

Gaitanides, M./Scholz, R./Vrohlings, A. (1994): Prozeßmanagement - Grundlagen und Zielsetzungen, in: Gaitanides, M./Scholz, R./Vrohlings, A./Raster, M.: Prozeßmanagement - Konzepte, Umsetzungen und Erfahrungen des Reengineering, München 1994, S. 1 – 19

Gaitanides, M./Scholz, R./Vrohlings, A./Raster, M. (1994): Prozeßmanagement - Konzepte, Umsetzungen und Erfahrungen des Reengineering, München 1994

Gaugler, E. (Hrsg.) (1975): HWP, 1. Auflage, Stuttgart 1975

Gaugler, E. (1980): Instanzenbildung, in: Grochla, E. (Hrsg.): HWO, 2. Auflage, Stuttgart 1980, Sp. 959 – 969

Gaugler, E./Weber, W. (Hrsg.) (1992): HWP, 2. Auflage, Stuttgart 1992

Gebert, D. (1992): Kommunikation, in: Frese, E. (Hrsg.): HWO, 3. Auflage, Stuttgart 1992, Sp. 1110 - 1121

Grochla, E. (Hrsg.) (1969): Handwörterbuch der Organisation, 1. Auflage, Stuttgart 1969

Grochla, E. (1972): Unternehmungsorganisation, Reinbek 1972

Grochla, E. (Hrsg.) (1980): Handwörterbuch der Organisation, 2. Auflage, Stuttgart 1980

Grochla, E. (1982/95): Grundlagen der organisatorischen Gestaltung, Stuttgart 1982/95

Grün, O. (1992): Projektorganisation, in: Frese, E. (Hrsg.): HWO, 3. Auflage, Stuttgart 1992, Sp. 2102 - 2116

Gutenberg, E. (1958): Einführung in die Betriebswirtschaftslehre, Wiesbaden 1958, Nachdruck 1990

Habberfellner, R./Nagel, P./Becker, M./Büchel, A./von Massow, H. (1997): Systems Engineering - Methodik und Praxis, 9. Auflage, Zürich 1997

Hall, R. H. (1971): Die dimensionale Natur bürokratischer Strukturen, in: Mayntz, R. (Hrsg.): Bürokratische Organisation, 2. Auflage, Köln 1971, S. 69 - 81

Haller-Wedel, E. (1962): Multimoment-Aufnahmen in Theorie und Praxis, München 1962

Hammer, M. (1997): Das prozessorientierte Unternehmen. Die Arbeitswelt nach dem Reengineering, Frankfurt am Main 1997

Hammer, M./Champy, J. (1994): Business Reengineering: Die Radikalkur für das Unternehmen, 4. Auflage, Frankfurt am Main 1994

Hammer, M./Stanton, S. A. (1995): Die Reengineering Revolution, Frankfurt am Main 1995

Hansel, J./Lomnitz, G. (2000): Projektleiter-Praxis. Erfolgreiche Projektabwicklung durch verbesserte Kommunikation und Kooperation, 3. Auflage, Berlin 2000

Hansen, H. R./Neumann, G. (2005): Wirtschaftsinformatik 1, Grundlagen und Anwendungen, 9. Auflage, Stuttgart 2005

Hijmans, E. (1929): Une nouvelle méthode d' organisation par les graphiques de liaisons et d' attributions. Communication. Bulletin du Comité National de l' Organisation Francaise III/1929, S. 1 - 13

Hill, W./Fehlbaum, R./Ulrich, P. (1994): Organisationslehre 1. Ziele, Instrumente und Bedingungen der Organisation sozialer Systeme, 5. Auflage, Bern 1994

Hillengaß, H. W. (1987): Ping-Pong-Brainstorming, in: zfo 1/1987, S. 53 -54

Höhn, R. (1969): Stabsstellen, in: Grochla, E. (Hrsg.): HWO, 1. Auflage, Stuttgart 1969, Sp. 1543 - 1556

Hoffmann, F. (1980): Begriff der Organisation, in: Grochla, E. (Hrsg.): HWO, 2. Auflage, Stuttgart 1980, Sp. 1425 - 1431

Hoffmann, F. (1992): Aufbauorganisation, in: Frese, E. (Hrsg.): HWO, 3. Auflage, Stuttgart 1992, Sp. 208 - 221

Kepner, C. H./Tregoe, B. B. (1991): Entscheidungen vorbereiten und richtig treffen, 5. Auflage, Landsberg am Lech 1991

Keßler, H./Winkelhofer, G. (2004): Projektmanagement. Leitfaden zur Steuerung und Führung von Projekten, 4. Auflage, Berlin 2004

Kieser, A. (1996): Business Process Reengineering - neue Kleider für den Kaiser?, in: zfo 3/1996, S. 179 - 185

Kieser, A./Walgenbach, P. (2003): Organisation, 4. Auflage, Stuttgart 2003

Klötzl, G. L. (1989): Methoden der Ideenfindung, in: Personal 9/1989, S. 395 - 396

Knebel, H./Schneider, H. (2000): Die Stellenbeschreibung, 7. Auflage Heidelberg 2000

Knieß, M. (1995): Kreatives Arbeiten. Methoden und Übungen zur Kreativitätssteigerung, München 1995

Koenigsmarck, O. von/Trenz, C. (1996): Einführung von Business Reengineering. Methoden und Praxisbeispiele für den Mittelstand, Frankfurt am Main 1996

König, R. (Hrsg.) (1973): Handbuch der empirischen Sozialforschung, Band 2 Grundlegende Methoden und Techniken der empirischen Sozialforschung, 1. Teil, 3. Auflage, Stuttgart 1973

König, R. (Hrsg.) (1974): Das Interview. Formen, Technik, Auswertung, 9. Auflage, Köln 1974

Kosiol, E. (1962): Organisation der Unternehmung, Wiesbaden 1962

Kosiol, E. (1969a): Aufbauorganisation, in: Grochla, E. (Hrsg.): HWO, 1. Auflage, Stuttgart 1969, Sp. 172 - 191

Kosiol, E. (1969b): Aufgabenanalyse, in: Grochla, E. (Hrsg.): HWO, 1. Auflage, Stuttgart 1969, Sp. 199 - 212

Kraus, G./Westermann, R. (1995): Projektmanagement mit System, Wiesbaden 1995

Krüger, W. (o. J. [a]): Aufgabenanalyse, Wiesbaden o. J.

Krüger, W. (o. J. [b]): Techniken der organisatorischen Problemanalyse, Wiesbaden o. J.

Krüger, W. (1981): Aufgabenanalyse: Renaissance einer Organisationstechnik, in: ZO 4/1981, S. 185 - 198

Krüger, W. (1983): Grundlagen der Organisationsplanung, Gießen 1983

Krüger, W. (1992): Organisationsmethodik, in: Frese, E. (Hrsg.): HWO, 3. Auflage, Stuttgart 1992, Sp. 1572 - 1589

Krüger, W. (1994): Organisation der Unternehmung, 3. Auflage, Stuttgart 1994

Liebelt, W./Sulzberger M. (1993): Grundlagen der Ablauforganisation, 3. Auflage, Gießen 1993

Litke, H.-D. (2004): Projektmanagement. Methoden, Techniken, Verhaltensweisen, 4. Auflage, München 2004

Macoby, E. E./Macoby, N. (1974): Das Interview: Ein Werkzeug der Sozialforschung, in: König, R. (Hrsg): Das Interview. Formen, Technik, Auswertung, 9. Auflage, Köln 1974, S. 37 - 85

Mag, W. (1980): Kommunikation, in: Grochla, E. (Hrsg.): HWO, 2. Auflage, Stuttgart 1980, Sp. 1031 - 1040

Mangler, W.-D. (1992): Technikeinsatz und absatzorientiertes Mitarbeiterverhalten Frankfurt am Main 1992

Mangler, W.-D. (1999): Projektmanagement, in: Pepels, W. (Hrsg): Business to Business-Marketing, Neuwied, Kriftel 1999, S. 444 - 470

Mangler, W.-D. (2006): Aufbauorganisation, Norderstedt 2006

Mayntz, R. (Hrsg.) (1971): Bürokratische Organisationen, 2. Auflage, Köln 1971

Mayntz, R./Holm, K./Hübner, P. (1978): Einführung in die Methoden der empirischen Soziologie, 5. Auflage, Opladen 1978

Müller-Nobiling, J. (1980): Organisationshandbuch, in: Grochla, E. (Hrsg.): HWO, 2. Auflage, Stuttgart 1980, Sp. 1557 - 1563

Müller-Pleuß, J. (1992): Organisationshandbuch, in: Frese, E. (Hrsg.): HWO, 3. Auflage, Stuttgart 1992, Sp. 1506 - 1514

Nippa, M./Picot, A. (Hrsg) (1995): Prozeßmanagement und Reengineering. Die Praxis im deutschsprachigen Raum, Frankfurt am Main 1995

Nordsieck, F. (1962): Die schaubildliche Erfassung und Untersuchung der Betriebsorganisation, 6. Auflage, Stuttgart 1962

Nordsieck, F. (1968): Betriebsorganisation. Betriebsaufbau und Betriebsablauf, 3. Auflage, Stuttgart 1968

Osborn, A. F. (1963): Applied imagination. Principles and procedures of creative problemsolving, 3. Auflage, New York 1963

Osterloh, M./Frost, J. (1994): Business Reengineering: Modeerscheinung oder "Business Revolution"?, in: zfo 6/1994, S. 356 - 363

Osterloh, M./Frost, J. (1997): So wird Reengineering zum Erfolg, in: Gablers Magazin 4/1997, S. 39 - 41

Pärli, H. (1980): Problemanalyse, in: Grochla, E. (Hrsg.): HWO, 2. Auflage, Stuttgart 1980, Sp. 1912 - 1917

Pepels, W. (1996): Die Kreativitätstechniken, in: WISU 10/1996, S. 871 - 884

Pfetzing, K./Rohde, A. (2001): Ganzheitliches Projektmanagement, Gießen 2001

Pfohl, H.-C. (1980): Problemlösungstechniken, in: Grochla, E. (Hrsg.): HWO, 2. Auflage, Stuttgart 1980, Sp. 1917 - 1923

Pfohl, H.-C./Krings, M./Betz, G. (1996): Techniken der prozessorientierten Organisationsanalyse, in: zfo 4/1996, S. 246 - 251

Picot, A./Franck, E. (1995): Prozeßorganisation. Eine Bewertung der neuen Ansätze aus Sicht der Organisationslehre, in: Nippa, M./Picot, A. (Hrsg): Prozeßmanagement und Reengineering. Die Praxis im deutschsprachigen Raum, Frankfurt am Main 1995, S. 13 - 38

Porter, M. E. (1996): Wettbewerbsvorteile (Competitive Advantage). Spitzenleistungen erreichen und behaupten, 4. Auflage, Frankfurt am Main 1996

REFA (1985): Methodenlehre der Organisation für Verwaltung und Dienstleistung, Teil 2 Ablauforganisation, München 1985
REFA (1992): Methodenlehre des Arbeitsstudiums, Teil 2 Datenermittlung, 7. Auflage München 1992
Reiß, M. (1992): Stellenbeschreibung, in: Gaugler, E./Weber, W. (Hrsg.): HWP, 2. Auflage, Stuttgart 1992, Sp. 2132 - 2141
Reiß, M. (1993): In Prozessen denken, in: Gablers Magazin 6-7/1993, S. 49 - 53
Rinza, P. (1998): Projektmanagement: Planung, Überwachung und Steuerung von technischen und nichttechnischen Vorhaben, 4. Auflage, Berlin 1998
Rohrbach, B. (1969): Kreativ nach Regeln. Methode 635 eine neue Technik zum Lösen von Problemen, in: Absatzwirtschaft Heft 19, Oktober 1969, S. 73 - 76

Schanz, G. (1992): Organisation, in: Frese, E. (Hrsg.): HWO, 3. Auflage, Stuttgart 1992, Sp. 1459 - 1471
Scheuch, E. K. (1973): Das Interview in der Sozialforschung, in: König, R. (Hrsg.): Handbuch der empirischen Sozialforschung, Band 2 Grundlegende Methoden und Techniken der empirischen Sozialforschung 1. Teil, 3. Auflage, Stuttgart 1973, S. 66 - 190
Schlicksupp, H. (1985): Innovation, Kreativität & Ideenfindung, 2. Auflage, Würzburg 1985
Schlicksupp, H. (1989): Kreativitätstechniken, in: Szyperski, N. (Hrsg.): HWPlan, Stuttgart 1989 Sp. 930 - 943
Schmidt, G. (1997): Methode und Techniken der Organisation, 11. Auflage, Gießen 1997
Schmidt, G. (2000): Methode und Techniken der Organisation, 13. Auflage, Gießen 2000
Scholz, C. (1993): Matrixorganisation, in: WISU 8-9/1993, S. 672 - 685
Scholz, R./Vrohlings, A. (1994a): Prozeß-Leistungs-Transparenz, in: Gaitanides, M./ Scholz, R./Vrohlings, A./Raster, M.: Prozeßmanagement - Konzepte, Umsetzungen und Erfahrungen des Reengineering, München 1994, S. 57 - 98
Scholz, R./Vrohlings, A. (1994b): Prozeß-Redesign und kontinuierliche Prozeßverbesserung, in: Gaitanides, M./Scholz, R./Vrohlings, A./Raster, M.: Prozeßmanagement - Konzepte, Umsetzungen und Erfahrungen des Reengineering, München 1994, S. 99 - 122
Scholz, R./Vrohlings, A. (1994c): Prozeß-Struktur-Transparenz, in: Gaitanides, M./ Scholz, R./Vrohlings, A./Raster, M.: Prozeßmanagement - Konzepte, Umsetzungen und Erfahrungen des Reengineering, München 1994, S. 37 - 56
Scholz, R./Vrohlings, A. (1994d): Realisierung von Prozeßmanagement, in: Gaitanides, M./Scholz, R./Vrohlings, A./Raster, M.: Prozeßmanagement - Konzepte, Umsetzungen und Erfahrungen des Reengineering, München 1994, S. 21 - 36
Schrader, A. (1973): Einführung in die empirische Sozialforschung, 2. Auflage, Stuttgart 1973
Schröder, H. (1970): Projekt-Management. Eine Führungskonzeption für außergewöhnliche Vorhaben, Wiesbaden 1970
Schuh, G./Katzy, B./Dresse, S. (1995): Prozessmanagement erfolgreich einführen, in: ioManagement Zeitschrift 12/1995, S. 64 - 67
Schulte-Zurhausen, M. (2005): Organisation, 4. Auflage, München 2005
Schwarz, H. (1969): Instanzen, in: Grochla, E. (Hrsg.): HWO, 1. Auflage, Stuttgart 1969, Sp. 750 - 758
Schwarz, H. (1975): Stellenbeschreibung (Arbeitsplatzbeschreibung), in: Gaugler, E. (Hrsg.): HWP, Stuttgart 1975, Sp. 1879 - 1887
Schwarz, H. (1980): Stelle, in: Grochla, E. (Hrsg.): HWO, 2. Auflage, Stuttgart 1980, Sp. 2113 - 2118

Schwarze, J. (1989): Netztechniken, in: Szyperski, N. (Hrsg.): HWPlan, Stuttgart 1989, Sp. 1231 - 1251
Schwarze, J. (1995): Systementwicklung, Herne 1995
Sempf, U. (1994): Prozeßcontrolling. Informatikunterstützung leicht gemacht, in: Diebold Management Report 4/1994, S. 15 - 17
Sheatsley, P. B. (1974): Die Kunst des Interviewens, in: König, R. (Hrsg): Das Interview. Formen, Technik, Auswertung, 9. Auflage, Köln 1974, S. 125 - 142
Stahlknecht, P./Hasenkamp, U. (2005): Einführung in die Wirtschaftsinformatik, 11. Auflage, Berlin 2005
Steinbuch, P. A. (1997): Organisation, 10. Auflage, Ludwigshafen (Rhein) 1997
Stier, W. (1996): Empirische Forschungsmethoden, Berlin 1996
Szyperski, N. (Hrsg.) (1989): HWPlan, Stuttgart 1989

Theuvsen, L. (1996): Business Reengineering - Möglichkeiten und Grenzen einer prozeßorientierten Organisationsgestaltung -, in: zfbf 1/1996, S. 65 - 82
Tiemeyer, E. (1995): Computerunterstützte Optimierung von Geschäftsprozessen - Softwaretools zur Unterstützung der Organisationsarbeit, in: FB/IE 6/1995, S. 304 - 313

Uebele, H. (1992): Kreativität und Kreativitätstechniken, in: Gaugler, E./Weber, W. (Hrsg.): HWP, 2. Auflage, Stuttgart 1992, Sp. 1165 - 1179
Ulrich, H./Staerkle, R. (1959): Verbesserung der Organisationsstruktur von Unternehmungen, Bern 1959

Vahs, D. (2005): Organisation, Einführung in die Organisationstheorie und –praxis, 5. Auflage, Stuttgart 2005

Weidner, W./Freitag G./Gernet, E./Ulbrich K. (1998): Organisation in der Unternehmung, 6. Auflage, München 1998
Wild, J. (1982): Grundlagen der Unternehmensplanung, 2. Auflage, Reinbek 1982
Wildemann, H. (1989): Kepner/Tregoe-Technik, in: Szyperski, N. (Hrsg.): HWPlan, Stuttgart 1989 Sp. 820 - 827
Wirtz, B. W. (1996): Business Process Reengineering - Erfolgsdeterminanten, Problem und Auswirkungen eines neuen Reorganisationsansatzes, in: zfbf 11/1996, S. 1023 - 1036
Wittlage, H. (1993): Methoden und Techniken praktischer Organisationsarbeit, 3. Auflage, Herne 1993

Zehnder, C. A. (1991): Informatik-Projektentwicklung, 2. Auflage, Stuttgart 1991
Zimmermann, H.-J. (1980): Netzplantechnik, in: Grochla, E. (Hrsg.): HWO, 2. Auflage, Stuttgart 1980, Sp. 1379 - 1388
Zink, K. J./Brandstätt, T. (1996): Gestaltung von Geschäftsprozessen im Rahmen umfassender Qualitätsmanagement-Konzepte, in: WISU 8-9/1996, S. 743 - 749
Zwicky, F. (1971): Entdecken, Erfinden, Forschen im morphologischen Weltbild, München 1971

Stichwortverzeichnis

Praxisorientierte Organisation

herausgegeben von Prof. Dr. Wolf-Dieter Mangler

Mangler, W.-D.:
Aufbauorganisation,
Norderstedt 2006, ISBN 3-8334-5334-6

Mangler, W.-D.:
Prozessorganisation und Organisationsgestaltung,
Norderstedt 2006, ISBN 3-8334-6415-1 / 978-3-8334-6415-7